China City Gas Technology Development Re[

中国城镇燃气科技发展报告
（2015—2019）

中国城市燃气协会科学技术委员会　著

中国建筑工业出版社

图书在版编目（CIP）数据

中国城镇燃气科技发展报告：2015-2019 = China City Gas Technology Development Report / 中国城市燃气协会科学技术委员会著. —北京：中国建筑工业出版社，2021.3

ISBN 978-7-112-25997-7

Ⅰ. ①中… Ⅱ. ①中… Ⅲ. ①城市燃气-科技发展-研究报告-中国- 2015-2019 Ⅳ. ①TU996

中国版本图书馆 CIP 数据核字（2021）第 047124 号

本书包括 4 章，分别是：城镇燃气科技发展概况、中国燃气行业近年主要技术进展、科技成果、技术展望。文后还有附录。本书首次对国内外燃气行业研发体系现状进行整理归纳，对我国燃气方向的高等院校专业技术人才培养情况进行调研分析。在气源方面，除传统的天然气气源外，纳入了生物天然气、氢能等新型能源利用技术；应用方面，除传统应用领域外，还涉及近年来迅速发展的燃气能源综合利用及节能减排技术；在科技成果方面，展示了国家重大科技项目，从中可以了解到近年我国在城镇燃气领域的科研重点和取得的技术突破。本书最后对城镇燃气未来的发展方向做出了展望。随着信息化技术与燃气行业的深度融合，城市燃气输配系统及终端应用产品不断向着节能、环保、安全、高效、智能化的方向发展。

本书可供从事城镇燃气行业的工程技术人员、管理人员使用，也可供从事燃气管理的政府工作人员和相关专业大专院校师生使用。

责任编辑：胡明安
责任校对：芦欣甜

中国城镇燃气科技发展报告（2015—2019）
China City Gas Technology Development Report
中国城市燃气协会科学技术委员会　著

*

中国建筑工业出版社出版、发行(北京海淀三里河路 9 号)
各地新华书店、建筑书店经销
北京鸿文瀚海文化传媒有限公司制版
北京建筑工业印刷厂印刷

*

开本：787 毫米×1092 毫米　1/16　印张：14　字数：348 千字
2021 年 4 月第一版　2021 年 4 月第一次印刷
定价：**58. 00** 元
ISBN 978-7-112-25997-7
（37104）

顾 问

李猷嘉　刘贺明　李雅兰　王者洪　张天华　王颂秋　李　真
张　毅　李海防　韩继深　王传栋　刘明辉　陈永坚　叶国标
李颜强

编 委 会

主 任 委 员：曹育军
副主任委员（按姓氏拼音排序）：
陈　立　胡恒进　贾兆公　江　枫　李　帆　刘　杰　刘秀生
马长城　万　云　王秀桥　杨　光　杨　阳　殷剑君　张雄君
钟　军
委　　　员（按姓氏拼音排序）：
陈　敏　陈文健　高文学　龚　勋　黄小美　简　捷　焦文玲
梁海滨　李俊龙　林雅蓉　刘建辉　刘　薇　潘季荣　钱　倩
王　健　王书淼　玉建军　张海梁　张鲁冰
主　审　人：李颜强
主　笔　人（按姓氏拼音排序）：
陈　敏　高文学　黄小美　简　捷　焦文玲　玉建军　张雄君
特 别 感 谢：
解东来　席　丹　张姝丽　田　堃　刘　璐　赵玺灵　乔　佳
刘　军　马迎秋　王佩广　陈　鹏　于玉良　闫　松　刘宗奇
杨　林　王　艳　武凤阳　丁　斌　金祖玲　杨　炯　罗东晓
王　丹　俞善东　李　琦　李鱼鱼　孙秀卿　刘　翔　蔡　磊
张佳维

3

主编单位：中国城市燃气协会科学技术委员会
参编单位：华润燃气投资（中国）有限公司
　　　　　中国燃气控股有限公司
　　　　　香港中华煤气有限公司
　　　　　新奥能源控股有限公司
　　　　　中国市政工程华北设计研究总院有限公司
　　　　　北京市燃气集团有限责任公司
　　　　　上海燃气有限公司
　　　　　深圳市燃气集团股份有限公司
　　　　　天津能源投资集团有限公司
　　　　　重庆燃气集团股份有限公司
　　　　　陕西燃气集团有限公司
　　　　　沈阳燃气集团有限公司
　　　　　成都燃气集团股份有限公司
　　　　　中石油昆仑燃气有限公司燃气技术研究院
　　　　　北京市燃气集团研究院
　　　　　港华投资有限公司
　　　　　北京优奈特燃气工程技术有限公司
　　　　　佛燃能源集团股份有限公司
　　　　　哈尔滨工业大学建筑学院
　　　　　清华大学建筑节能研究中心
　　　　　重庆大学土木工程学院
　　　　　天津城建大学能源与安全工程学院

序　　一

世界城市燃气已有 200 余年的发展历史。从用于照明开始，经历了煤制气、油制气（包括液化石油气）和天然气三个阶段。自陕气进京、西气东输逐步实现后，我国城镇燃气才进入了与发达国家燃气行业共同的发展道路。到 2010 年前后，天然气的年利用率增长在 10% 以上，使我国城市的环境发生了根本的变化。从 2013 年世界经济总量处前十位的统计资料看，我国天然气的利用量已处于世界第三位，仅低于美国和俄罗斯。在城市燃气基础设施不断发展与建设的同时，从数据采集和监控系统到当今的大数据、人工智能、新型材料，先进的应用技术和设备的更新方面均有所受益，万千公里的建设、新设备的引进、数千企业的运行管理，已成为我国城市建设现代化中不可或缺的行业。

在"十三五"以来，面对错综复杂的国际形势和艰巨繁重的国内改革任务，在习近平主席新时代思想指导下，在能源建设中起重要作用的"气候变化"影响因素，成为联合国已参与研究和解决的重要议题，涉及的范围也越来越大。从 1997 日本京都会议（COP3）到 2015 年法国巴黎会议（COP21），各缔约国均有"共同但有区别的责任"（京都会议）和"缔约国自主贡献"（巴黎会议）的承诺要求。为此，我国也曾经历了众所周知的"煤改电""煤改气"为减排温室气体的要求。之后，又实行了"宜电则电""宜气则气""宜煤则煤"的方针。

我国天然气的资源禀赋较差，产量的增长远低于消费量的增长，导致进口的依存度逐年攀升，目前已接近 45%，使天然气的顺利发展受到影响。各国应对"气候变化"要求减排的承诺也逐渐转向可再生能源，我国对核能和可再生能源的发展也在积极推进。2008 年我国二氧化碳的排放量开始成为世界首位，2019 年已占世界总排放量的 30%。专家们普遍认为，我国温室气体的减排面临三大挑战：一是制造业产品的能耗较高；二是煤炭消费量占比较高；三是单位 GDP 的能耗较高，是世界平均水平的 1.5 倍，是发达国家的 2～3 倍。建立绿色低碳的经济体系任务很重。

在第 75 届联合国大会上习近平主席宣布，中国将提高国家自主贡献力量，争取用更加有力的政策和措施，使二氧化碳的排放力争于 2030 年达到峰值，努力争取 2060 年前实现碳中和。12 月 12 日，在联合国气候变化雄心会上，习近平主席又发表了重要讲话，宣布了中国国家自主贡献一系列新举措，指明了我国应对气候变化的方向，是我国的行动指南，必须深刻理解与贯彻。

天然气是化石燃料中单位发热量温室气体排放量最小的能源。与煤炭相比，排放量可减少 40% 左右；有天然气的组分可准确的算出二氧化碳的排放量。

不久前 BP 公司（英国石油公司）公布了一个《世界能源展望（2020 年版）》报告，探讨了到 2050 年的 30 年中，研究全球各种能源在 2050 年总能耗为 630EJ（10^{18}）前提下，按快速模式（指控制在 2℃）和零碳模式（指控制在 1.5℃）情景下的分布，根据简单的附图经数字化后的结果：对快速模式：可再生、水力、核能占比为 60%；煤炭、天然气和石油占比为 40%，其中天然气占比 22%。对零碳模式：前三项占比为 76%，后三项占比为 24%，化石燃料仍占一定比例，要继续使用，其中天然气占比 16%（相当热值为 39MJ/m³ 的天然气 25800 亿 m³）我国要达到继续发展，仍有一段艰巨的路要走。

"十四五"规划研究资料中，天然气的开发利用仍在重要的位置上，对非常规天然气产量和煤层气抽量均有要求，城镇燃气必然有很好的前景。（上述说明中 630EJ 相当标煤 214.96 亿吨，对比 2013 年全球总能耗为 182.196 亿吨标煤，以便比较时可得清晰的概念）。

中国城市燃气协会在创新思想的引领下，在新时代为反映城镇燃气在 2015～2019 年所做的工作和取得的成果，组织编写了《中国城镇燃气科技发展报告》。根据我国的实际情况，从概况到技术进展以及科技成果均有翔实的分析和研究成果介绍。最后并讨论了技术展望，并在附件中列出了完成的项目。科技发展报告创造了"三个首次"：即首次对国内外主要研发机构，调研分析了我国燃气方向的高等院校专业技术人才的培养情况；首次系统性对参编单位 2015～2019 年在城镇燃气领域的重要科研项目、研究报告、专利技术、技术标准和获奖项目进行了集中汇总。可为城镇燃气"十四五"科技发展的编制工作提供先导性研究；可作为向国家申请加强燃气行业科技投入改革时的研究依据；可作为行业内燃气企业对标指南和燃气科技人员的工作指南。

应该感谢科技委和所有为此报告付出的人。"十四五"是城镇燃气向前发展的重要 5 年，祝城镇燃气在新时代取得更大发展。

中国工程院院士 李猷嘉

2020 年 12 月 30 日于天津

序　二

中燃协科技委认真研究，克服新冠肺炎疫情期间给工作造成的困难，完成了《中国城镇燃气科技发展报告》，报告涵盖从气源、输配和应用的燃气科技发展现状和展望，以及国际燃气科技发展的对比、人才培养和科技创新能力及近年科技成果等内容，并展示了燃气行业市场化和现代企业建设取得的科技创新能力提升和丰硕的科技成果，为开展城镇燃气行业十四五科技发展规划研究打下了良好基础。当前燃气行业向高质量发展转型，而科技发展正是加速转型的驱动力。燃气行业科技工作者、人才教育培养者担负重要职责，本报告的完成将为燃气从业者提供燃气行业科技基本情况、发展水平和努力方向，可作为燃气工作者的工具书，为促进燃气行业科技创新服务。

中国城市燃气协会理事长　刘贺明

2020 年 10 月 19 日

序　三

清洁、低碳、安全、高效是能源转型发展的根本理念。中国天然气产业的发展是推动中国能源生产和消费革命的重要基础，在长期的能源转型过程中将发挥至关重要的作用。

从 20 世纪 80 年代初期"煤气管道"走进中国寻常百姓家，发展至今，天然气已经被广泛应用于城市燃气、交通、工业、发电等领域。随着中国天然气产供储销体系的不断完善、天然气消费的蓬勃发展，天然气产业已经进入成熟发展阶段。

由于天然气与煤炭相比，具有低排放的优势；与可再生能源相比，又具有产业链完整、技术稳定、市场成熟的特点，因此，在今后较长的时期，天然气作为清洁低碳的化石能源将迎来更大发展机遇。在清洁化、分散化、智能化的能源转型浪潮里，天然气是替代煤炭、改善环境、减少排放、提高能效的最现实可行的选择。"十四五"期间，虽然面临很多困难和挑战，但是，中国天然气行业仍将处于一个快速发展期。

习近平总书记指出，科学技术是第一生产力，创新是引领发展的第一动力。当前，全球新一轮科技革命孕育兴起，正在深刻影响世界发展格局，深刻改变人类生产生活方式。城镇燃气行业必须依靠科技创新，推动行业转型升级，才能在日益激烈的市场竞争中立于不败之地，实现高质量可持续发展。

城镇燃气行业的科技发展方向是政府相关部门、行业、企业以及广大燃气科技工作者密切关注的热点。在中国城镇燃气协会科技委成员单位的共同努力下，历时近两年的时间，《中国城镇燃气科技发展报告》（以下简称《报告》）即将出版。《报告》的首次出版，是燃气行业贯彻中央精神的实际举措，开创性的工作成果对燃气行业科技发展具有里程碑式意义。《报告》从行业发展需求出发，全面、系统、客观地总结了我国城镇燃气技术发展现状，并以支撑行业可持续发展的天然气输配技术为主线，较为全面地汇总了近五年来中国城镇燃气行业取得的主要科技成果。《报告》的出版，将进一步加强中燃协科技委在燃气行业中的科技引领作用，为政府、行业、企业制定相关政策、技术标准、研发方向提供借鉴，并为城镇燃气"十四五"科技发展规划的编制工作提供先导性研究。

凡是过往，皆为序章；低碳所向，智启未来。能源转型不可能一蹴而就，城镇燃气企业要顺应能源革命和数字革命的发展趋势，在智慧能源和数字化建设方面，从行业需求和用户需求出发，探索产学研合作模式，加大科技投入，提高城镇燃气供应系统的综合保障能力，保障经济社会发展和人民群众对天然气供应安全性、稳定性、便捷性和可持续性的需要。在我国迈向第二个百年奋斗目标的征程中，科技必将引领城镇燃气行业发展走向清洁绿色发展之路！

中国城市燃气协会执行理事长

北京市燃气集团有限责任公司党委书记、董事长　　李雅兰

前　言

1　编制背景

随着我国天然气资源勘探开发不断取得突破，探明储量和产量不断增加，特别是随着2004年"西气东输"管道项目正式开始商业运营，我国天然气工业进入快速发展期，天然气消费市场迅速扩大，天然气在一次能源消费结构中的比例逐步提高，据国家统计局数据显示，2001～2019年天然气消费量年均增速约14.2%，高于同期国内生产总值9.0%和能源消费总量6.6%的增速。

据《中国城乡建设统计年鉴2019》统计数据显示，全国城镇用气人口从2000年的2.07亿人增长至2019年的6.47亿人；全国城镇燃气管网长度从2000年的9.54万km增加至2019年的95.5万km。

我国城镇燃气利用规模呈跨越式增长，加速了燃气行业科技发展水平的快速提升。城镇燃气供应已经形成多元化格局，城市燃气市场发展趋于理性，城市燃气企业不断加大基础设施和科技研发投入，提高燃气供应的安全、稳定和灵活性；依托人工智能、大数据等数字技术，以用户需求为导向，开发智能终端产品，发展增值业务，优化用户体验；推动能源高效利用和低碳减排技术进步，促进能源行业低碳转型，实现天然气与可再生能源协同发展。中国城镇燃气行业的发展已经成为国家建设清洁低碳、安全高效的能源供应体系的重要组成部分。

2019年是天然气储产量增长成绩最好的一年，国家油气管网公司组建成立，标志着"管住中间、放开两头"的油气体制改革迈出关键一步。据《中国天然气发展报告2020》数据显示，2019年，中国天然气表观消费量为3064亿m³，同比增长8.6%，占一次能源总消费量的8.1%；从消费结构看，城市燃气占比37.2%，是拉动天然气消费增长的主要动力；预计2020年天然气年消费量3200亿m³，在一次能源消费中占比10%，京津冀及周边地区、长三角等重点地区的"煤改气"项目，将继续带动城市燃气领域用气量的较快增长。

习近平总书记在科学家座谈会上指出，"研究方向的选择要坚持需求导向，从国家急迫需要和长远需求出发，真正解决实际问题"。"十三五"期间，支撑中国经济发展的能源产业进入高质量发展阶段，能源低碳转型进入关键期，天然气作为传统化石能源中的低碳清洁能源，在能源转型过程中发挥重要的作用。

站在"两个一百年"奋斗目标的历史交汇点，面对世界天然气供需格局深度调整，国内天然气市场正迎来新的转折，同时也面临更大的挑战，根据英国石油公司BP发布的《世界能源展望（2020年版）》，在未来30年间，中国经济体量接近翻倍，而能源强度将下降超过60%，在我国能源发展进入增量放缓、注重能效的新常态形势下，中国能源产业发展面临支撑中国经济体持续增长的重大任务。

《中国城镇燃气科技发展报告》（以下简称"《报告》"）旨在从行业发展需求出发，全面、系统、客观地反映我国城镇燃气技术发展现状，展示行业科技成果，梳理支撑行业可持续发展的技术主线，为城镇燃气"十四五"科技发展规划的编写工作提供先导性研究，为政府、行业、企业制定相关政策、技术标准、研发方向提供借鉴。

2 编制内容

目前我国城镇燃气基本形成了以天然气为主，液化石油气和人工煤气为辅的供气格局。本报告以天然气技术为主要研究对象，紧密围绕城镇燃气市场深度利用、燃气管网安全运行、智能化用户服务水平提升，描述近5年下游城镇燃气供应系统，在气源、输配、应用和管网运行管理等方面取得的技术进展及科技成果，总结城镇燃气行业在清洁低碳经济、改善城市污染环境、推动行业可持续发展等方面的科技创新活动。

本《报告》主要包括：城镇燃气科技发展概况、中国燃气行业近年主要技术进展、科技成果、技术展望4部分主要内容，首次对国内外燃气行业研发体系现状进行整理归纳，对我国燃气方向的高等院校专业技术人才培养情况进行调研分析。在气源方面，除传统的天然气气源外，还纳入了生物天然气、氢能等新型能源利用技术；应用方面，除传统应用领域外，还涉及近年来迅速发展的燃气能源综合利用及节能减排技术；在科技成果方面，展示了国家重大科技项目，从中可以了解到近年我国在城镇燃气领域的科研重点和取得的技术突破。

行业可持续发展，归根结底要靠科技创新驱动。《报告》最后对城镇燃气未来的发展方向做出了展望。随着信息化技术与燃气行业的深度融合，城市燃气输配系统及终端应用产品不断向着节能、环保、安全、高效、智能化的方向发展。

3 编制过程

中国城市燃气协会成立于1988年5月，是国内城市燃气经营企业、设备制造企业、科研设计及大专院校等单位自愿参加组成的全国性行业组织，至今已拥有618家会员单位，会员覆盖全国30个省、自治区和直辖市。该协会设立15个工作机构，科学技术委员会（以下简称"科技委"）是在中国城市燃气协会领导下从事科技工作的专业机构，定位于关注行业科技发展的热点和难点问题，搭建行业共享平台，积极开展燃气技术创新活动，推进燃气行业技术进步，促进燃气行业的良性发展。

2018年11月，新一届科技委组建成立，成立之初即完成了对各主任单位3年科研成果的收集工作，此项工作为《报告》编制打下了基础。在后续科技委秘书处为开展工作广泛征求意见时，委员们提出：应尽快梳理掌握行业科技发展情况，为编制"十四五"科技发展规划做好基础性工作，切实发挥科技委引领行业可持续发展的作用。

在2019年3月的主任会议上，编制《报告》的工作议案一经提出，得到大家一致认可，并最终确定《报告》编写工作为科技委年度重点工作。为落实主任会议精神，秘书处制定了详尽的工作方案，对编写工作进行了分工和部署；各副主任委员单位和委员单位积极认领编写任务，并协调资源开展《报告》编写工作。在2019年5月秘书长会上，确定联合科技委22家单位启动《报告》的编写工作。

为有序推进编写工作开展，保证《报告》质量，科技委组织召开专家研讨会10余次，针对编写过程中存在的问题进行了详细研讨，统一了各编写单位《报告》编制的思路。在中燃协领导和各专业工作机构的支持协助下，科技委秘书处统筹协调，编写单位各司所长，专家们技术把关，经各团队密切配合，《报告》于2020年10月编写完成。

《报告》以天然气输配与应用技术为主体内容，收集了大量研究文献及资料，较为全面地总结了近年来城镇燃气科技发展概况，较为详细地介绍了近 5 年来中国城镇燃气行业取得的主要技术进展，并对其中较为重要的科技成果进行了简要介绍。

　　本报告属行业首次发布，调研资料主要来自中国城市燃气协会科技委成员单位，资料统计期为 2015 年 1 月～2019 年 12 月，由于报告统计口径的差异和来源的局限性，报告内数据仅供行业内部参考使用。另外，由于突发疫情，原定赴各企业实地走访调研的计划，最终以调查问卷形式开展，缺点和不足在所难免，敬请谅解，竭诚欢迎各界读者和专家批评指正，提出宝贵改进意见。

　　2020 年席卷全球的新冠疫情，打乱了全球高度依存的经济供应链，世界经济将面临衰退的风险，但中国经济正在逐步走出阴霾，中国天然气持续稳定发展的基本面没有改变，支持天然气高质量发展的要素条件仍在增加。在我国实施创新驱动发展战略这个新的历史时期，推动天然气高质量发展，逐步将天然气培育成为中国主体能源之一，达成"2030 年碳达峰，2060 年碳中和"的减碳目标，实现中国对国际社会的承诺，将成为城镇燃气领域科技发展的战略目标。

目　　录

第一章　城镇燃气科技发展概况

第一节　国外城镇燃气科技发展概况

1　发展综述

总体来看，2019 年全球燃气供应持续增加，消费增速趋缓，市场供应过剩进一步加剧；全球燃气贸易仍保持较快增速，市场全球化趋势进一步增强；受宏观经济、国际油价走势、区域供需状况、替代能源发展和气候变化等因素影响，主要市场燃气价格出现不同程度下跌，欧亚市场价格跌至 10 年来最低。

在全球能源系统低碳转型的大背景下，能源需求结构将发生根本变化：化石燃料的比例持续降低，可再生能源份额不断增长。与此同时，天然气作为清洁低碳化石能源将迎来更大发展机遇：天然气与煤炭相比，具有低排放的优势；与可再生能源相比，具有产业链完整、技术可靠、性能稳定、市场成熟的特点，因此在今后更长的时期，天然气将持续发挥主体能源的作用。

1.1　天然气

2019 年全球天然气供应稳中有增。全球产量为 4.11 万亿 m^3，较上年上升 3.4%，低于 2018 年 5.2% 的增速[1]。北美受美国需求增速下滑影响，产量增速由上年的 9.6% 下滑至 6.3%；欧亚大陆产量比上年增长 2.8%；全球天然气产量增速放缓，美国产气大国地位进一步巩固。而全球 LNG 液化能力持续增长，供应能力持续过剩[1]。

2019 年全球天然气消费增速回落。全球消费量约 3.98 万亿 m^3，消费平均增长 2%，低于近 10 年来的平均水平，与 2018 年 5.3% 的异常增速相比出现大幅下降，但在一次能源消费中占比 24.2%，仍创新高；其中，北美消费增速大幅回落，欧洲消费快速增长，而亚太消费增速有所放缓。从消费总量上看，美国（8466 亿 m^3）和中国（3064 亿 m^3）引领了全球天然气需求的增长。

2019 年全球主要市场天然气价格呈下行趋势。美国受天然气产量增加和需求下降影响，北美（HH）价格比上年下跌；欧洲需求增长，但供应过剩严重，库存持续处于高位，英国国家平衡点（NBP）/荷兰价格中心（TTF）价格大幅下跌；东北亚 LNG 进口均价小幅上涨，LNG 现货价格受供需格局影响大幅下挫；美欧亚三地价格比为 1∶1.8∶2.3，欧亚价差进一步收窄。

2019 年全球天然气贸易持续较快发展。全球贸易量约为 1.35 万亿 m^3，比上年增长 9.2%，其中，管道气贸易量持续增加，但增速下降；LNG 贸易量保持快速增长；LNG 贸易灵活性进一步提升，欧亚市场联动性增强。

1.2　液化石油气

近 10 年全球液化石油气（LPG）供应量稳定增长，据统计，2010 年全球 LPG 供应量近 2.33 亿 t，2018 年全球 LPG 供应量为 3.13 亿 t，年均增长 3.8%[2]。2019 年全球 LPG 供应量保持较稳定增长，近 3.18 亿 t，同比增长 2%；其中，北美供应量占全球 LPG 供应量比重约 30%，中东占比 29%，亚洲地区占比近 25%，欧洲、俄联邦国家、南美和非洲地区占比分别为 5%、4%、4% 和 3%；而中国 LPG 供应量占亚洲比重近 50%[1,2]。

全球 LPG 供需格局目前呈现整体供应略大于需求，但存在明显的地区差异。2016 年全球供应和需求分别为 2.95 亿 t 和 2.72 亿 t，其中贸易量超过 1 亿 t。近 5 年来，供应年均增速达到 3.5%，快于需求年均 2.8% 的增速。全球 LPG 主要缺口地区是亚太、欧洲和拉美地区。过剩和出口地区是中东，其次是非洲和欧亚地区。近年来，随着美国页岩气的繁荣，美国 LPG 在市场严重过剩的情况下转向出口，对全球 LPG 的供应形势产生了巨大影响。在世界 LPG 贸易格局中，北美、中东已成为两大主要资源中心。2016 年美国 LPG 净出口量为 82 万桶/日（相当于 2574 万 t/年），同比增长 17 万桶/日（合 534 万 t/年）。其中，对亚太地区出口占其总出口量的四成以上，其中中国已成为美国 LPG 最大的出口市场，对美洲其他各国出口约占三成以上份额，对欧洲出口占 15% 左右[4]。

亚太地区是世界 LPG 贸易增长最快的区域，全球新增需求大部分来自该地区。据统计，2016 年亚太 LPG 净进口量（各国净进口量合计）为 158.6 万桶/日（合 4978 万 t/年），预计 2020 年将增至 195.9 万桶/日（合 6149 万 t/年），增长 23.5%。亚太地区进口的 LPG 主要来自中东、欧亚大陆、欧美和非洲。我国已于 2015 年超过日本成为亚太地区最大的 LPG 进口国，紧随日本的是印度、韩国和印度尼西亚。

1.3 人工煤气

人工煤气作为早期的城镇燃气气源，随着环保要求的提升及清洁能源的更新换代，其应用领域逐渐从燃料向合成化工制品的方向转变；其中有代表性的焦炉煤气的利用主要分为民用和工业用[17]，民用方面主要用作居民燃气；工业应用领域一是钢铁联合企业在炼钢、烧结、轧钢等过程中用焦炉煤气作为燃料，二是将焦炉煤气送至电厂作为发电用燃料，三是对焦炉煤气进行深加工后生产附加值更高的化工产品，如甲醇、合成氨、氢气、天然气等。

1.4 技术现状

技术进步是拓展燃气利用领域和推进燃气用量快速增长的利器，世界燃气利用的发展无不凝结着技术进步的贡献。燃气燃烧技术和燃烧器具的发明和进步打开了燃气燃料利用的空间，使燃气成为城市居民和工商业使用的主要能源；化学工业和技术的发展推动燃气化工的崛起和快速发展；燃气轮机和联合循环发电技术的进步大幅降低了发电成本并提高了能源效率，推动世纪之交全球燃气市场蓬勃发展；燃气引擎、燃料电池、燃气空调、燃气合成油和燃气精细化工技术的不断研发，为燃气利用领域的进一步发展奠定了坚实基础。世界范围内，城镇燃气技术主要应用于民用、商用燃气，工业燃料，燃气发电，燃气汽车和燃气化工，燃气技术在各领域的发展现状如下：

（1）民、商用燃气技术

民、商用燃气历来是传统和稳定的燃气利用市场，如今世界民、商用燃气利用呈现出3 个特点：一是北美、欧洲、日本、韩国和俄联邦地区的民、商用燃气利用基本趋于饱和，民、商用燃气消费量增长缓慢或停滞不前，主要随气温和国家经济的变化而起伏；但在新兴燃气市场国家，民、商用燃气利用一直是拉动燃气消费量增长的主要领域；二是在燃气消费利用成熟的国家，如欧洲的德国、意大利，北美的美国及亚洲的日本等国都在致力于高效、多功能的民、商业燃气器具的研发，不断有新型高效的燃气炉灶、热水器、取暖炉和小型家用燃气锅炉等投放市场。三是开辟新的民、商用燃气利用领域，其中，燃气空调是技术比较成熟且尚未广泛应用的重要民、商用燃气清洁高效利用领域；除日本现已大规模应用外，欧洲和美国也在积极推广应用燃气空调。民、商用燃气利用的另一个潜在领域是燃料电池，美国、日本和德国等发达国家都在积极研发。

（2）工业燃料技术

工业用户在20世纪曾占燃气利用量的首位，但随着燃气发电业的繁荣，发达国家的工业用气量基本保持稳定，且份额有所下降。工业用户用气量大，日均消费量稳定且无季节差变化，燃气输送成本相对较低，是确保燃气管网安全平稳运行并降低管输成本的关键用户和重点发展用户，因此，发达国家的燃气工业利用将保持稳定，而新兴天然气国家的燃气工业利用将持续发展。

（3）燃气发电技术

燃气发电是21世纪后拉动全球燃气消费持续增长的主要动力，其中，欧美国家的燃气消费增长主要依赖于发电用气量的增加。然而，近几年由于经济增长乏力、煤炭价格暴跌以及碳排放价格低廉，欧洲燃气发电业受到煤电的冲击，发电用气量不断减少，成为欧洲燃气消费连续下降的主要动因。但是，在北美和中东等燃气资源丰富和价格低廉的国家，燃气发电业仍在蓬勃发展。现在，一些欧洲国家正在寻求通过加大环境保护、烟气排放限制力度，或提高碳排放价格等途径，推进燃气发电业的发展。以发电为主的燃气分布式能源系统是现代社会燃气清洁高效利用的重要领域和发展方向之一，受到世界各国的重视和推崇。其中，美国规划2035年前的燃气消费增长贡献将主要来自燃气分布式能源系统。

（4）燃气汽车技术

2000年以来，全球燃气汽车以年均25％左右的速度增长，全世界燃气汽车数量已经超过1500万辆，有近70多个大型汽车制造公司研发及生产燃气汽车。燃气汽车主要分布在富气贫油的国家（如意大利、新西兰、阿根廷、巴西、印度尼西亚等）和环保法规严格的国家（如美国、日本等）。随着世界各国对能源安全和环境保护的日益重视，包括LNG汽车在内的燃气汽车正成为全球燃气利用的主要方向之一，特别是在欧洲、中东、非洲和亚洲国家，其中，欧洲正研究通过优惠政策和激励措施挖掘区域内燃气汽车利用的潜力。

（5）燃气化工技术

进入21世纪后，国际燃气价格逐步上涨，全球燃气化工产业被迫进行产能、产量、产品结构和生产区域调整。美国和欧洲国家的很多燃气化工装置被关停或转移到气价低的国家。但近年来美国的页岩气革命使其气价大幅下降，其燃气化工业有所复苏。不过，就全球而言，燃气化工利用在燃气资源丰富且价格低廉的地区（如北美和中东地区）有较快发展，而在欧洲和亚洲等国，由于气价高、燃气供应不足且受产业政策限制（如中国），加之全世界主要燃气化工产品，如合成氨、甲醇等产能过剩且价格不理想，燃气化工发展放缓，在一些国家甚至出现衰退。但尽管如此，由燃气作为原料生产的精细化工产品仍有一定市场，并且关于燃气化工新产品和新工艺的研发仍在进行，并取得了显著进展，如氢氰酸系列化工产品、燃气制特种炭黑和氢气技术、（美国）Siluria公司的甲烷氧化偶联制乙烯技术、燃气合成石墨烯技术等。

2 研发体系

2.1 欧美科技研发体系

欧美国家经过近百年的体系建设，均制定了比较完备的科技研发体系。特别是 20 世纪 80 年代后，通过立法与市场机制的双动协调，科研项目在国家、企业、机构、学校等研究机构间协调发展。以美国的科技研发体系为例，其科技研发管理体系分为国会、联邦政府及其各部门科技管理三个部分，并各自有其相应的管理机构。欧洲以德国科研管理体制为例，联邦政府掌握着科技政策、重点规划、经费和协调的决策权，政府通过各类资助等经济手段对各种科学研发机构进行管理协调，保证科研方向和重点规划。可见德国的科研管理体制与美国相比要更加灵活。

德、美两国的科技决策都实行制定、审查、批准三权分立制度，各州政府对科研事业部有一定的管理权限，并在一定范围内不受联邦政府干预。

美国的研发体系的研究涵盖基础研究、应用研究和技术开发三大类，而主要的研究开发机构按照其属性基本分为：联邦政府所属研发机构、产业界研发机构、大学研发机构以及非营利研发机构等。美国政府长期以来把非营利科研机构作为政府和企业的有效补充，非营利性科研机构的研究领域主要定在咨询和专业研究两个领域。

以德国为代表的欧洲科技体制的突出特点就是它的整体科研体系结构，而且各机构分工明确，研究力量配置合理，机构配备齐全。

从欧美科研体系可以看出，美国主要采取官办与民办相结合，以民办为主，政府、大学和企业相结合的科研体系。欧美在高等院校科研体系上大体相近，但在政府科研机构和产业界研发机构上，欧洲与美国相比则享有更大限度的自治权，除承担国家重点项目外，它们在科研选题、人事安排和行政管理等方面均不受政府干预，政府则是科学研究与技术开发的主要组织者和协调者。

美国长期以来虽然在科研经费投入总量上占有绝对的优势。但在科研经费投入占 GDP 的百分比上欧美相差并不大，特别是近 10 年来都较为稳定地保持在 2%～3%。在两国的科研经费来源上，政府和企业都是主体，承担着绝大部分的科研经费。特别是近些年，企业的经费投入占科研总投入比重不断上升，政府所占比重不断下降，政府逐渐从科研活动的领导者、出资者和主要执行者转变成科技成果催化者和规则运行督导者。

2.2 主要研究机构

欧洲研发体系与美国研发体系大体相同，分为高等院校、国家和由国家资助的科学研究与技术开发机构、企业的科学研究与技术开发机构以及非营利性科研机构。非营利性科研机构是最重要的基础科研力量，承担了国家长期战略性重点基础研究项目。非营利机构都享受政府特殊税收政策，基本上是零税率。

（1）国际燃气联盟

国际燃气联盟（International Gas Union，简称 IGU）是世界燃气行业最权威的非营利性国际组织，创建于 1931 年，目前秘书处设在西班牙，未来将永久设立于英国伦敦。由来自 92 个国家和地区的 164 个政府部门、行业协会和企业组成，代表了全球 97% 的燃气生产和消费市场。IGU 旨在推进国际燃气的技术和经济进步，支持天然气供应链每一环节的革新，推动会员国之间和国际组织之间的交流。通过改善燃气市场透明度、公众接受度、远程输送和降低市场准入壁垒，来提升燃气在世界能源市场的竞争力。促进增加燃气环境效益的技术开发，并进一步强化燃气的安全生产、输送、分配和应用。

国际燃气联盟工作委员会每3年召开一次世界天然气大会。涉及的领域包括：天然气勘探、开发和处理；地下储气；液化天然气；天然气输送；天然气分配；家庭和商业天然气的利用；天然气的工业利用和天然气发电；环境、安全和健康；天然气战略、经济和法规；天然气对发展中国家的经济影响。

（2）液化天然气中心

液化天然气中心（Center for Liquefied Natural Gas，简称CLNG）是天然气供应协会（NGSA）的一个委员会，提倡促进液化天然气（LNG）的使用及其出口的公共政策。CLNG代表了完整的LNG价值链，包括LNG生产商、托运商、终端运营商和开发商，为读者提供了独特的洞察力，以了解这种丰富、清洁和多用途的资源的巨大潜力。CLNG拥有60多个成员单位，包括生产、操作、输送、终端利用等业务，涉及市场销售、政策研究、拓展市场等领域，该中心设在美国华盛顿。

（3）欧洲燃气研究集团

欧洲燃气研究集团（European Gas Research Group，简称EGRG）创建于1961年，主旨为促进欧共体内天然气产业的研究与创新。EGRG最初是由专业的研发中心组成的网络，目的是使燃气研发群体之间能够及时交换信息，从而避免工作重复。经过多年来稳步增长，其增加了成员数量并扩大了最初的目标。目前，有33个成员，来自15个国家/地区，每个成员积极参与天然气研发，服务于欧洲天然气工业，为超过8500万家庭、商业、工业和电站客户提供服务。

EGRG在多个层面上运作，由董事会和全体会议负责战略指导，目的是最大化高层网络。但是，EGRG的成功主要取决于计划委员会之间的互动，计划委员会组织成员单位的技术专家小组定期开会，加强想法交流，探索合作潜力，建立EGRG项目。在建立、资助和运行EGRG项目中，灵活性至关重要。在欧洲委员会的支持下，项目可以由EGRG成员或非成员的项目联盟承担，项目一旦启动，就会由专门的项目团队来运行，这些团队经常包括非EGRG成员，例如大学、制造商、甚至是欧洲以外的天然气组织。

（4）美国燃气协会

美国燃气协会（American Gas Association，简称AGA）创建于1918年，代表将燃气输送到全美5600万个家庭以及包括商业和工业用户的197个地方能源利用公司。AGA成员约占美国地方燃气配气公司输送所有燃气的83%，AGA是地方燃气利用公司的一个发起者，为协会成员的燃气管道、销售商、集输公司、国际燃气公司和工业协会提供全方位的服务与计划。

AGA的主要任务：实施方案和制定标准，帮助向消费者安全输送天然气；宣传燃气行业的问题、监管结构和商业模式；向利益相关方强调清洁、丰富的天然气作为国家能源和环境目标解决方案的好处，促进燃气有效利用的增长；促进信息交流和改进业绩指标，以帮助成员实现卓越运营；帮助成员管理和应对客户的能源需求、监管趋势、燃气或资本市场问题和新兴技术；收集、分析并向舆论领袖、政策制定者和消费者传播有关能源公用事业和燃气行业的利益信息；鼓励开发燃气终端应用技术，以及技术的商业化运作和监管。

（5）美国燃气技术研究院

美国燃气技术研究院（Gas Technology Institute，简称GTI）是美国独立的非营利性能源和环境研究、开发、教育及信息服务中心。2000年6月30日由芝加哥的两个著名的气体研究院（GRI）和气体工艺技术研究院（IGT）合并而成。有总计500多个生产天然气的公司和国内外协会组织参加工作。

该研究院旨在解决全球重要的能源挑战，将技术和见解转化为解决方案，为客户在燃气和更广泛的清洁能源系统中创造非凡的价值。主要职能是完成资助室内研究、开发和论证项目；提供教育计划和服务以及传播科技信息。主要研究领域有能源利用、能源供应、环境保护和补救，以及天然气储运、配气和应用。

GTI下设研发机构，旨在寻找在能源价值链供应、交付和最终使用的各个阶段影响能源市场的解决方案。可提供从概念到商业化的项目服务，为通过技术创新寻求竞争优势的行业、政府和财团提供合同和合作研发服务，利用先进的研究设施进行大规模的研究、开发和示范；通过成熟的市场路径和项目管理流程，GTI可解决客户、市场的技术问题；通过鼓励生产合作伙伴在生产过程的早期参与和投入，以及通过现场试验和原型评估，可以帮助客户满足市场对价格和性能的需求。

（6）美国公共燃气协会

美国公共燃气协会（American Public Gas Association，简称APGA）是一个非营利性贸易组织，代表美国公共所有的燃气本地分销公司。APGA通过制定促进会员目标的法规和立法政策，在美国国会，联邦机构和其他与能源相关的利益相关者面前代表公共燃气的利益。通过APGA，公共燃气系统一起工作，以便随时了解安全的新发展、公共政策、运营、技术和市场。

（7）美国石油学会

美国石油学会（American Petroleum Institute，简称API）是美国唯一的石油行业协会，涉及美国石油和天然气行业的各个领域。现有400多美国国内企业会员，其为石油天然气产业制定的行业标准及建议覆盖石油天然气各个领域。

（8）英国石油公司

英国石油公司（British Petroleum，简称BP）是一家全球性的能源企业，业务范围覆盖全球能源体系，在欧洲、北美、南美、大洋洲、亚洲和非洲均设有经营机构，为世界各地的人们提供各种各样的能源产品和服务。业务涵盖产业上游、下游、可替代能源和风险投资，内容包括发现和生产能源，能源精炼、制造和销售，提供能源产品和服务。公司商业模式的基础在于：①安全可靠。重视员工安全，致力于每天保持安全的运营文化。这种安全文化也提高了资产的完整性和可靠性。②伙伴关系与协作。公司的目标是与公司的主要利益相关者建立持久的关系，并与其他人合作，寻找能够提高效率和提供低碳解决方案的创新。③人才。致力于吸引、激励和留住世界上最优秀的人才，并为其提供未来所需的技能，公司的业绩和全球繁荣的能力都依赖于此。④治理和监督。公司董事会拥有丰富的知识、专业素养和思维方式，有助于公司实现业务转型、风险管理并继续实现长期价值。⑤技术与创新。新技术帮助公司安全高效的生产能源，有选择的投资于有潜力为公司业务增加最大价值的领域，包括建立低碳企业。

（9）燃气工程师和经理人协会

燃气工程师和经理人协会（Institution of Gas Engineers and Managers，简称 IGEM）是专业工程机构，该机构前身是英国天然气管理者协会，成立于 1863 年，2001 年，该机构将其名称更改为燃气工程师和经理人研究院（IGEM）。该机构是服务于与燃气工业有关的个人和组织，旨在帮助所有从事燃气行业的人达到并保持专业能力的最高标准，通过发布技术标准、提供高质量的活动和课程来实现这一目标。IGEM 是一个会员制组织，致力于推动相关科学的发展，并为全球燃气行业提供相关知识。服务内容有：促进达到和维持最高标准的专业能力，提供高品质的产品、服务和个人及专业发展，与其他利益相关者合作继续确定和改进燃气政策，通过提供所有这些，促进、鼓励和加强会员资格。

（10）俄罗斯天然气及技术科学研究院

俄罗斯天然气及技术科学研究院（Scientific-Research Institute of Natural Gas and Gas Technologies）为俄罗斯天然气工业股份公司隶属的基础科学和应用技术研究中心，1948 年建立。从事先进技术和项目技术解决方案的研究，包括天然气和天然气凝液的资源开发、生产、输送、加工、环境和工业安全等。从业人员 2000 人，其中 75% 的人参与开发新技术和设备、设计、研究、中试实验等工作。

（11）德国天然气水合物研究中心（GEOMAR）

GEOMAR Helmholtz 海洋研究中心是世界领先的海洋研究机构之一。研究所的任务是研究海洋中的化学、物理、生物和地质过程及其与海底和大气的相互作用。GEOMAR 在德国有着独特的研究范围。GEOMAR 是公法的基础，由德意志联邦共和国（90%）和石勒苏益格-荷尔斯坦（10%）共同出资。它目前的年度预算约为 8000 万欧元，2018 年拥有 1000 名员工。

（12）丹麦燃气技术中心（Danish Gas Technology Centre，简称 DGC）

丹麦燃气技术中心（DGC）是一家能源和环境领域的专业咨询和开发公司。DGC 的重点研究领域是天然气利用。提供咨询服务、研发、实验室测试、测量、示范项目和培训。DGC 参与丹麦和国际研究项目，从而不断更新其知识和方法。DGC 参与燃气利用领域的国际技术法规工作，使其能跟上能源和环境部门的现行规则和标准。在哥本哈根以北的霍尔姆设有办事处和实验室，并在丹麦日德兰北部的奥尔堡设有分支机构。

（13）荷兰能源研究中心

荷兰能源研究中心（Energy research Centre of the Netherlands，简称 ECN）是荷兰最大的能源领域的研究所，中心有 630 人。该中心在荷兰国内外都有活动开展，有效连接行业、政府机构和研究机构。

（14）欧洲燃气基础设施组织

欧洲燃气基础设施组织（Gas Infrastructure Europe，简称 GIE）是一个代表欧洲燃气基础设施运营商在燃气输送、储存和液化天然气再气化方面的利益的协会。GIE 是欧洲机构、监管机构和行业利益相关者值得信赖的合作伙伴，它的总部设在欧洲决策中心布鲁塞尔，代表来自 26 个欧洲国家的 70 家成员公司，聚集了欧洲各地的天然气基础设施运营商，涉及输送管道、储存设施和液化天然气接收站等领域。GIE 旨在找到基于市场的解决方案，以最大限度地满足成员用户的利益；对于成员的受监管活动，主张在整个欧盟范围内建立一个稳定和可预测的监管框架，以创造一个有利于投资的环境。只有对基础设施的投资和新增产能的投入足以应对日益增长的燃气需求，燃气才能继续成为欧洲能源结构的基石。GIE 向欧洲机构、监管机构和其他利益相关者表达其成员的观点，积极推动在欧洲建立一个单一、可持续和有竞争力的燃气市场，其基础是稳定和可预测的监管框架以及良好的投资环境。

3 发展方向

燃气利用领域和发展方向与各国燃气利用历史、国家经济发展程度、资源禀赋等密切相关，应因地制宜、循序发展。燃气利用领域的发展变化具有明显阶段性特征，北美和欧洲的燃气利用已步入成熟期，城市居民生活燃气用能基本处于饱和状态，发展空间很小；工业利用在经历了大规模的"以气代煤"过程后，用量趋于稳定；燃气化工的空间有限，用气量极少并很难有所发展；燃气发电仍有发展潜力，燃气发电、燃气分布式能源系统和燃气汽车将是今后这些地区和国家燃气利用的主要领域和发展方向。相比之下，新兴经济体和发展中国家的燃气利用领域和发展方向有着明显的差别，民、商用燃气是这些国家燃气利用的首要和重点发展领域，其次是工业燃料和燃气发电，燃气化工则主要出现在资源丰富和价格低廉的国家，未来相当长的一段时期，燃气利用的发展方向仍将集中在民商用燃气、工业燃料、燃气发电和燃气汽车领域。由此可见，未来燃气利用一定要基于国情和本国能源结构及燃气市场特征，从解决燃气利用的主要矛盾和制约国民经济健康发展的关键入手，制定科学的发展战略和阶段性规划，循序渐进，逐步推进。

全球能源消费结构正在向更加绿色低碳发展方向转型，天然气因其丰富的储量和清洁低碳的属性受到世界各国普遍重视，预计在未来 30 年内，天然气的消费量和比重还会继续上升。

随着天然气发展在能源结构转型中重要作用的凸显，城镇燃气产业技术的发展也面临新的挑战，关注世界能源技术发展方向，城镇燃气行业要坚持用技术创新引领未来，走可持续发展之路。

3.1 气源

主要研究方向是地下储气库的设计与运行、使用水合物或其他介质进行气体储存和运输的储气技术；液化天然气技术；低成本、可再生能源生产技术等。

（1）液化天然气技术

小型、远程 LNG 场站设计和运行，浮式 LNG 设施和技术单元[6]，LNG 运输技术，冷能利用等。

（2）燃料综合处理技术和经济流程解决方案

随着全球对动力、氢气、液体燃料和化学产品的需求增长，为低成本能源的生产提供了新的市场机会；各研究机构均加大了对可再生原材料可以在快速转化为有价值的能源产品方向的研究；欧美国家正在研究将天然气、煤炭、焦炭和生物质等燃料和化学品转化为清洁能源的技术和工艺组合。

为了降低用"低品位燃气"生产 LNG 的成本，提供更好的方法来实现天然气处理设施，目前正在开发此方面新技术。

在气体处理和净化技术领域具有广泛的研究前景，研究人员正在开发投资成本、运营和维护成本低以及占地面积少的净化技术平台。可生产适用于各种应用需求的气态和液态生物燃料，包括管道天然气、液体运输燃料、可再生化学物质和氢气。

3.2 输配方面

主要研究方向为管道材料评估[7]；气体测量的创新；气质追踪（传感器技术）和建模[8]；利用信息、通信、技术和传感器系统诊断和优化运行状况；气体运输系统安全；管道完整性管理及相应的数字化技术[10]；管道运维中的数字化技术，如：三维、人工智能、物联网、区块链、虚拟现实/人机交互等[16]；使用遥感和车辆的监测技术等。

（1）管道定位技术

进行埋地管道检测探头的开发和商业化，其目的以绘制现有的地下公用设施地图，减少第三方施工时对管道的破坏。该探头的工作原理是将探头插入到天然气管道内部，绘制地下管道的 3D 图，并提供管道的准确位置，避免第三方开挖导致的管道破坏。研究人员正在开发采用软件提取数据，以准确确定管道位置，生成位置参考视频，定位配件和接头，使其在管道内提供准确的定位数据，并直接将该信息发送到 GIS 平台。

在水平定向钻行进过程中使用雷达检测障碍物，通过引入新技术来防止挖掘活动造成的损害。开发了用于水平定向钻探（HDD）的实时雷达障碍物检测系统。该技术能够成功检测塑料和钢制燃气管道，电线管和下水道主管。

（2）燃气设施全生命周期管理系统

为了提供一种用于捕获数据的标准化方法，正在开发用于跟踪和追溯高压管道系统的标准、指南和技术（包括 GIS）。研究人员采用了智能手机和平板电脑，以使用 GPS 和 GIS 系统自动进行现场燃气设施数据收集。创建了设施生命周期跟踪技术，使用 ASTM F2897-11a 条码（用于燃气输配系统管道和配件的唯一标识符），对部件进行从制造到报废的全面跟踪和追溯。该技术用于建立新资产安装信息，重新安置设备资产并防止第三方外力损坏[9]。

3.3 应用方面

主要研究方向为天然气和 LNG 作为运输燃料；现有设备中氢气和沼气的利用技术；废气利用技术；燃料电池技术；分散式天然气生产技术以解决能源短缺问题；三联供技术等。

（1）多能耦合能源系统

燃气在低碳能源系统中的应用；燃气与可再生能源互补应用；利用燃气基础设施存储富余的可再生能源；利用燃气网络提高能源弹性[12]；智能能源网络，智能电网和虚拟电厂。

（2）将 H_2 和可再生气体掺入甲烷供应系统

管道掺氢方案及对燃气产业链的影响；高氢系统的例子以及处理氢气浓度变化的技术和解决方案；将可再生气体高效混合到燃气系统中的存储或其他解决方案[11]。

（3）Power-to-X（能源转换）技术

通常指将电能转化为另一种能源的方式，Power-to-X 解决方案是指以清洁能源为主体的各种能源转化技术，X 可为气体（H_2、CH_4）或液体（酒精、NH_3、化学氢化物甲酸等），未来这种技术将为电、气、热等能源网络的融合和能源系统脱碳作出贡献。

3.4 环境与可持续性方面

主要研究方向为甲烷排放控制技术；低碳燃烧技术（供暖和发电）；碳捕集与利用技术；甲烷和 CO_2 排放的 LCA 方法；提供天然气以减轻能源贫困的低成本解决方案；提供

天然气替代高污染燃料的低成本解决方案等。

1）甲烷排放控制技术

（1）量化和减轻各种来源的温室气体排放，确定减排概率的研究。

研究解决天然气从生产到最终使用过程中的甲烷排放量；研究将集中于甲烷排放的检测、测量和量化，同时研究各种油气盆地中甲烷的空间分布状况；解决天然气输配系统中甲烷排放的测量问题。

（2）使用线性泄漏回收技术减少压缩机甲烷排放[15]。

（3）建造和测试一种新颖的低成本泄漏回收压缩机，其目的是捕获整个天然气产业链中的各种泄漏，包括往复式压缩机和气动控制器。通过使用低成本，可靠的泄漏回收压缩机，可以将已安装和新安装的输送、存储、收集和处理设施的放散系统中的甲烷捕获，然后压缩回到管道中。

（4）正在开发、测试用于油气田作业的高效集成甲烷减排热电发电机（MMTEG）/燃烧器系统。其中热电发电机为压缩空气提供动力，进而代替天然气来操作气动控制器，回收天然气并减少甲烷排放。

（5）甲烷泄漏检测

住宅甲烷检测器（RMD）强化了现有的安全程序，为检测燃气泄漏提供了另一层保护。

开发并评估了各种用于检测、预防和减缓天然气泄漏工具和技术，正在改进从井口到住宅的各种燃气泄漏检测设备。新型便携式工具甲烷泄漏检测仪，设备采用光学检测技术可以快速，准确地测量各种天然气工业设备中的甲烷泄漏（逸散排放）。该工具可用于实时测量地面捕获的气体流速和浓度。具有灵敏度高和成本低的优势[13,14]。

2）远程甲烷监测工具

该监测工具通过电话或平板电脑无线连接的远程传感器网络组成，可以提供有关泄漏现场多个位置的甲烷浓度信息。系统可以提供公用事业半永久性远程无线访问，为企业监视一段时间内的甲烷泄漏。正在开发另一个新工具可以同时测量 CH_4 浓度、空气流速、温度和湿度，以改进对泄漏分类的测量和量化。

3.5 数字化技术应用

人工智能（AI）、物联网（IoT）、机器人技术、增强现实（AR）、虚拟现实（VR）、混合现实（MR）、区块链等在燃气行业的应用。

第二节　中国城镇燃气科技发展概况

1 发展综述

根据《中国城乡建设统计年鉴（2019）》数据[3]，截至 2019 年，我国城镇燃气供气管道总长度为 95.5 万 km，人工煤气供应量 31.30 亿 m^3，人工煤气用气人口为 745.57 万人，液化石油气供应量 1257.91 万 t，用气人口为 17425.10 万人，天然气供应量 1810.43 亿 m^3，用气人口为 46544.99 万人；城市燃气普及率达到 97.29%，县城燃气普及率达到了 86.47%。2011～2019 年，城镇天然气消费量增加近 2.5 倍。22.58%，其他用气约占 4.20%[3]。

随着我国社会经济的迅猛发展，以及科学技术水平的不断完善和提升，城镇燃气建设技术水平有了突破性的进展[27]。

（1）城镇燃气基础设施已形成一定规模。我国城镇燃气基础设施在设施设备、管网建设方面已经具备了相当的规模；随着国外先进技术的引进，工程建设和设备装备技术水平与国际水平相比，差距逐渐缩小，为我国城镇燃气工程的进一步发展提供了基础条件。

（2）城镇燃气输配系统更加科学、合理及安全。近年来，我国城镇燃气采用的都是高压输气、中压配气的原则，有效地解决了燃气系统中的供气能力不足等问题，同时在城镇燃气系统中建立了多级压力级制的管网，管网安全性高，输配效率高，从而促进我国城镇燃气输配系统更加具有合理性、经济性和安全性。

（3）城镇燃气技术标准规范体系已经初步建立。随着城镇燃气事业的发展，为确保燃气安全生产、输送和应用，促进科技进步，保护人民生命和财产安全，在研究 WTO/TBT 协议以及欧盟标准体系的基础上，形成由城镇燃气基础标准、通用标准和专用标准三个层级组成的城镇燃气技术标准体系。并在对接国际标准化工作的基础上，完成一大批相关标准的国际接轨和升级，整体上我国燃气行业已和国外体系及技术内容形成良好接轨。

（4）城镇燃气信息化系统快速发展。随着信息技术的推广和应用，城镇燃气企业逐步建立了以数据采集与监视控制系统（SCADA）、地理信息系统（GIS）、企业资产管理系统（EAM）、应急调度、客户服务等信息化系统为代表的信息技术应用体系，初步实现了燃气信息数字化。在管网建设运营方面，借助定位系统，实现了管网规划、运行、管理、辅助决策的现代化处理手段；在数据监测方面，实现了远程数据采集、监控设备工作状况、反馈故障信息等；在用户服务方面，形成了用户在线服务系统，进一步提高了服务质量；整体而言，初步形成了智能燃气信息系统框架。

2 供应现状

2016～2019 年，中国城镇天然气消费量呈持续增长态势，但 2019 年增速明显下降；用气结构以工商业为主，交通用气占比逐年下降；大型城镇燃气企业持续完善天然气产业链；加快发展分布式能源项目，推进向综合能源服务企业转型；积极拓展增值业务，努力创造新利润增长点。

2.1 天然气

2019 年我国天然气产供储销体系继续完善，加大勘探开发力度成效显著，管道、储气等重大基础设施加快推进，消费规模持续攀升，冬季高峰期用气得到有效保障。勘探开发力度明显加大，储、产量增幅均创历史新高，2019 年全国油气勘探开发投资 3355 亿元，同比增长 25.7%，其中勘探投资 821 亿元，创历史新高，各天然气富集盆地和海域均获得一批重大发现；基础设施布局进一步完善，互联互通继续推进。据《中国天然气发展报告（2020）》[4]，截至 2019 年年底，我国建成干线输气管道超过 8.7 万 km，一次输气能力超过 3500 亿 m³/年；消费规模持续扩大，增速有所放缓。

同时，我国围绕油气增储上产、管网改革等重点领域推出了一系列改革措施，国家油气管网公司挂牌成立，国产气增储上产态势良好，天然气产供储销体系建设成效显著，天然气供应保障总体平稳。受"煤改气"政策推进趋稳等因素影响，2019 年天然气消费稳中趋缓，国家发展改革委的数据显示，2019年，中国天然气表观消费量为3064亿 m^3，同比增长 8.6%，占一次能源总消费量的 8.1%，同比上升 0.3 个百分点。从消费结构看，城市燃气和工业用气仍是天然气消费的主力，分别占全国消费量的 37.2% 和 35.0%；化工用气增速有所回升，发电用气增速阶段性回落，消费规模持续扩大，增速有所放缓。

近年来，我国天然气消费结构不断优化，随着天然气管网的进一步完善和大气污染治理要求的提高，我国燃气行业将继续保持快速发展，成为我国天然气消费增长的主要动力。从下游看，因地制宜推进天然气发电和加快发展交通用气，持续发挥天然气对大气污染防治的积极作用，有效实施减税降费，终端用户切实享受改革红利。

2.2　液化石油气

近年来，技术进步和成本降低推动，尤其是美国页岩气革命，使 LPG 产量大增，而化工需求则推动 LPG 需求大增，供应侧和需求侧革命性的变化不仅迎来了 LPG 的再次繁荣，更改变了我国 LPG 的市场格局。LPG 消费领域从燃料向化工原料转变，消费区域从城市到农村转移，供应来源从自产为主向进口为主转变，产量格局从国营炼厂主导向地方炼厂逐步占领转变[23]。

2016～2019 年，我国 LPG 表观消费量呈逐年增长的趋势，2019 年，中国液化石油气的总消费量为 6284 万 t，扣除炼厂自用的 1711 万 t 后，表观消费量为 4573 万 t。

从进口来看，我国进口液化石油气（其中丙烷多达 380 万 t）中的约 80% 用于化工产品的生产，其余则被工业或民用燃气吸收。大部分新增的进口化工原料需求来自过去两年多迅速发展起来的丙烷脱氢（PDH）生产丙烯产业。

与其他清洁燃料相比，我国 LPG 市场开放较早，并且稳定增长，随着国内天然气产量以及液化天然气和管道天然气进口量大幅增加，天然气消费量以两位数的幅度连年上升，民用 LPG 需求受到冲击，市场份额萎缩。

2.3　人工煤气

人工煤气是我国最早使用的城镇燃气种类，尤其改革开放以来，人工煤气在我国得到快速发展，供气总量同步稳定增长，在 2009 年达到最高供气规模为 361.55 亿 m^3，随着清洁高效的天然气逐步进入市场，人工煤气消费量逐年减少，到 2017 年供气总量减至近年最低的 27.09 亿 m^3，用气人口也缩减至 817.65 万人；最新统计数据显示，人工煤气在 2018 年供气总量和用气人口均略有回升，分别为 29.79 亿 m^3 和 847.69 万人，但仅占同年天然气供气量的 0.006%，且多为工业可燃余气或副产品再利用；从长远节能减排角度，人工煤气将越来越多地被清洁能源所替代。

3　农村用气

在农村地区全面推广清洁供暖的"煤改气"工程，是改善农村能源结构的一项重要措施，随着人民群众对清洁能源的认知度提高和国家对环境保护的重点投入，农村燃气建设得到广泛实施。但农村居住分散、不集中的特点，决定了农村供气形式的多样性，主要分管网和非管网输送方式。

一般情况下，当村庄距离天然气市政管网较近时，宜采用管道供应方式；距离较远时，宜采用 CNG 储配站、LNG 瓶组气化站方式供气。LNG 瓶组气化站方式占地面积小，建设灵活，运输方便，并且气价相对于 CNG 储配站方式较低，是解决目前农村管道天然气覆盖不到区域的较适宜方式，可在较大范围内推广[17]。

随着部分地区LPG"送气下乡"工作的开展，近几年内换瓶点、灌装站已经在山区农村做到全覆盖；基于山区村庄农村住宅分散，交通不便，尤其是雨雪天气交通中断，不利于LNG瓶组供气站、CNG储配站工程实施，在下一步可以考虑采用50kg的LPG钢瓶配合LPG热水炉的方式解决农村住宅供热问题，但还需在民用LPG钢瓶容积的适应性方面开展相关工作。

农村人口居住偏远且分散，燃气管理部门的监管力量较难全覆盖；燃气企业投资及运营成本高，日常的巡检应急工作难于展开；用户终端产品售后维修服务得不到保障，加之购气成本也给农村低消费能力家庭带来沉重负担，这些因素都将阻碍农村燃气利用水平的提高[24]。

4 行业标准

我国燃气行业标准近几年发展迅速，但与压力容器相比，我们的标准体系尚不够完善，发展相对滞后，标准缺失较多。我国燃气行业标准需要按设计、制造、安装、使用、检验、维修等过程完善，以构建一个法律、法规、规章、安全技术规范、标准等完善的燃气法规标准体系[18]。

美国的燃气法规标准体系是经历了半个世纪的调整、修改整合而形成，比较完善。美国燃气法规中交通运输部制定的CFR49是强制性的规定，而ASME/ANSI的燃气行业标准是一个包括设计、制造、安装、运行、维修等全过程的完整体系，标准的技术内容比较原则化，并有API、NACE、ASTM、MSS、AWS、AWWA等协会标准、公司标准、项目规定的配合补充和细化规定，保证了它的安全和可操作性[19]。

欧盟的标准体系与美国差异较大，其主要以管道或设备运行压力来分类选择适用的管道系统标准，再与相关的协调标准配合，以适应输气、配气与室内燃气供应的需要。此外，欧盟各成员国除了要遵守欧盟指令与协调标准外，还要遵守各国的法规、标准。

世界各国基本都是以法规为主体，技术标准为基础的模式，美国燃气推行政府强制性法规与民间推荐性标准相结合的法规标准体系，推荐性标准的自由度较大，以技术标准为基础，法规为主体的法规标准体系模式。欧盟的法规文件规定产品投放市场所达到的安全、环保等基本要求，协调标准作为法规的支持文件，贯彻欧盟指令中规定的基本安全要求，使协调性标准成为支持技术法规、消除贸易壁垒的重要工具[20]。

国内外燃气行业的管理模式基本一致，统一由国家和地方的政府部门负责安全管理和监督。联邦制国家的联邦与地方大部分公用管道采用分权管理，但其分权的范围、方式不同。燃气行业有关法规（法律、法规、技术规范）均由立法部门与政府统一组织制定，政府管理。

各国标准的制修订方式有所不同，美国采用由民间专业技术组织主导，国家标准协会统一协调，政府参与的形式。其他国家均是政府有关部门主导制定。

5 安全管理

在输配气管道安全方面，各个地区、国家管道事故失效原因不尽相同。美国在所有管道事故中，第三方破坏原因引起的管道重大事故最多，占总体事故的26%，不明原因、腐蚀居第二、三位，分别占22.9%和15.4%；在危险液体管道和长输天然气管道中，腐蚀原因引起的管道失效占主导，超过23%，处在第二、三位的是第三方破坏原因；对于配气管道，重大事故的主导因素变成了第三方破坏，这是由于配气管道所处的环境人口密度较大，人为的施工、开挖较多所致。

加拿大管道事故原因中腐蚀原因占主导，超过了60%。从欧洲 EGIG 统计数据来看，管道事故原因中外部原因（包括外力损伤、第三方破坏等）占主导因素，接近50%，所有事故中，地质原因引起事故所占比例最少。对比外部原因这一项，加拿大管道事故所占比例最低，不到5%。

据统计资料，近30年来，我国管道事故率比发达国家高出许多，具体数据见表1-1。

中国管道事故率与国外比较

表 1-1

国家或地区	欧洲	美国	西欧 17 国	中国四川省	中国东北与华北地区
管道事故率[次/(km・a)]	0.42×10^{-3}	0.60×10^{-3}	0.25×10^{-3}	4.30×10^{-3}	2.00×10^{-3}

我国管道事故率明显较高，安全隐患突出。另据不完全统计，我国城市燃气管道因腐蚀穿孔造成的泄漏爆炸事故约占城市燃气重大管道事故的20.6%；因操作不当、操作失误造成的重大管道事故约占23.5%。与美国相比，美国同等情况下仅分别占3.9%和5.1%，其相同点是开挖损伤、第三方破坏引起的管道事故较多；另外我国长输油气管道违章占压引起的外力损伤爆炸事故占大多数[20]。

6 研发体系

我国科技创新体系主要由政府、企业、科研院所及高校组成，在社会主义市场经济条件下，政府发挥主导作用，推动企业、科研机构、高校等创新主体协同创新，促进产业、研发和科技投入的深度融合，让企业和市场在关键技术选择和市场化方面发挥决定性作用[5]。

研发投入是开展科技攻关项目研究的基础，是反应技术创新活动水平最直观的指标，我国科研经费投入已跃居全球第二，仅次于美国，其后是日本。2019年，我国研发支出占 GDP2.19%，企业是科技投入的绝对主力军，占全社会研发投入的70%以上，是推动国家经济发展的重要力量；高等院校对全社会基础研究贡献最大，推动我国基础研究工作稳步回升。

7 面临挑战

2019年中国天然气产量稳定增长，对外依存度有所回落；天然气需求量增速放缓，市场供需平衡，四大天然气进口通道全面建成[26]；能源需求重心逐步转向生活消费侧，整体用能结构朝着清洁化、低碳化、多元化发展。当前天然气产业链的发展中，上游仍面临竞争力不足的问题，天然气对外依存度偏高；中游国家油气管网公司的成立也深刻影响到整个天然气产业链的格局。

下游燃气企业既要面对市场发展瓶颈，又要应对上游利用资源优势向下游延伸的困境，城市燃气企业为了实现利润可持续增长，实施全产业链发展战略，围绕产业链、价值链进行延伸拓展，一方面通过规划建设沿海接收站，进口 LNG 作为调峰和应急气源，保障运营稳定安全；另一方面依托城燃企业庞大的终端用户基础，拓展增值业务。城市燃气企业面临新形势下的新挑战。

（1）城燃企业实施全产业链发展技术路线难度大

气源环节中：开采环节参与企业少，垄断性强，经营模式简单，但资金及技术需求很高，该环节涉及的燃气出厂价由主要监管价格转变为间接调控价格；我国目前形成的四条天然气进口通道中，气态天然气以进口管道气为主，进口项目周期长、投资规模大，通常需要签订长期协议，因此进口管道气价格主要受前期签订的长期协议影响[22]。

储运环节中：运输管道审批繁杂且投资回收期长，地下储气库发展较为滞后，运输管道及地下储气库资源过于集中，目前已经由国家油气管网公司独立运营，管输费实行严格的政府定价，储气费定价方式仍不明朗。

分销环节中：城市管网为气态天然气的重要分销渠道，定价方式为准许成本加合理收益。政府通过指导基准门站价、严格管控运输费及配送费、放开天然气出厂价及用户终端价格来管控整个天然气产业链上管道天然气的价格，门站价通过运输费向上游传导影响天然气出厂价，向下叠加配送费传导至消费终端形成用户价。从盈利看，管输费、配送费盈利空间较为固定，不同气源盈利能力排序为：自采气＞进口 LNG＞进口管道气。

燃气产业链各环节除产品相态有所不同外，各产品定价方式也有所不同，产业链上气态燃气价格主要受国家监管，而液化气价格相对市场化。

燃气行业属于资金密集性行业，叠加资源分布不均、管道设施投资规模大、行业受政策管控较严，导致民营企业参与难度较大，产品价格并不能完全反映其在市场中的价值，甚至部分环节出现常年利润倒挂的现象。

（2）基础设施投资压力大

天然气产业发展高度依赖输配管网、储气库等基础设施，而当前我国天然气产供储销体系还不完备，基础设施存在短板，投资准入尚未完全放开，项目审批周期长，新建基础设施难。储气能力严重不足，基础设施互联互通程度不够，第三方公平开放落实困难[21]。

地下储气库是解决供气与用气不平衡问题最有效的方法，与其他储气设施（地面储罐和高压管道）相比，其储气容量大、经济性好、不受气候影响的优势，可解决季节性用气不均衡问题，相较于其他调峰设施具有很大优势，为燃气战略储备及商业储备的主要设施。国内地下储气库建设起步较晚，20 世纪 90 年代，随着陕—京天然气输气管道的建设，为进一步确保北京、天津的安全供气，国家开始大力研究建设地下储气库技术。若完成"十三五"储气库建设目标 148 亿 m³，有效工作气量（储气库储气容量包含有效工作气量和垫底气量组成，其中有效工作气量包含调峰气量、事故应急气量）为全年消费量的 4.83%，仍与国际 10%～15% 的比例水平相比有较大差距，地下储气库发展较为滞后。

（3）智能化运营和服务体系建立需求加速

近年来，移动互联网、大数据、云计算、物联网等数字信息技术得到迅猛发展，包括燃气在内的能源数字技术成为引领产业变革、实现创新驱动发展的原动力，综观国际能源数字化格局，能源将逐步向低碳化、清洁化、分散化和智能化转型。

目前，世界各国纷纷采取措施，推动数字化进程，将大数据分析及机器学习、区块链、分布式能源管理和云计算等数字技术，应用到能源生产、输送、交易、消费及监管等各个环节。能源和资源数字化后，将得以智能化分配，并明确如何能够在合适的时间、合适的地点以最低的成本提供能源，效率得到大幅提升。同时，世界主要国家和地区均把能源技术视为新一轮科技革命和产业革命的突破口，从能源战略的高度制定各种能源技术规划、采取行动加快能源科技创新，以增强国际竞争力。

国际燃气联盟（IGU）在"2018～2021年"3年计划中提出，在燃气行业要加快推行示范和应用区块链、物联网、大数据等新技术，提升燃气生产、供应、输配和应用全过程安全和智能化水平。

虽然我国城市燃气技术研究取得了长足发展，但与国外主要发达国家相比，整体实力仍有差距[26]。国外在燃气信息化、智能化方面的研究应用起步较早，发展水平较高，十分值得借鉴。国外对智能燃气的研究一般是融入智慧能源或能源互联网体系的研究中。能源互联网将电力、燃气、水务、热力、储能等资源捆绑为整体资源，实现能源替代优化，统一解决有关能源的有效利用和调峰问题。核心内容以互联网技术为基础，将电力系统与天然气网络、供热网络以及工业、交通、建筑系统等紧密耦合，形成整个能源系统的协调优化运营、应用模式。

（4）能源多元化格局的挑战

为构建清洁低碳、安全高效的能源体系，中国可再生能源在能源消费总量中的比重不断扩大，在能源供给方式上，分布式能源、智能电网、储能、多能互补等技术快速发展。大型城镇燃气企业具有气源、管网、客户群体等优势，正在充分发挥天然气业务与新技术的较强协同性，通过分布式能源项目分步建设，积极探索天然气业务有效融合多种能源利用，以满足客户不同的用能需求。

由单一能源供应企业向综合能源服务商转型是长期趋势，城镇燃气企业拥有天然的管道优势与用户资源优势，可以考虑发展综合能源服务业务，形成与传统燃气业务之间的协同效应，带动用气量增长，提高企业经营效益。综合能源服务已成为国际领先能源企业的重点发展方向之一。国内已有许多城市燃气企业开始尝试向综合能源服务商转型，但仍在探索与初步发展阶段，国内综合能源服务领域尚未形成标准化的业务形态与商业模式，目前多以分布式能源、热力以及智能表计为主。

综合能源服务业务主要由技术驱动，国内城市燃气企业如果想要有序发展综合能源服务业务，未来需要着力提升技术实力，围绕客户需求，把技术与服务有机结合起来，运用大数据、5G物联网等技术，为客户提供数据驱动的节能分析、能效诊断与提升等各类服务。另一方面，城镇燃气企业可以考虑扩大特许经营的范围，增加能源供应种类，在经营区域内同时为客户提供气、热、电，即以特许经营的方式开展综合能源服务，从而进一步增强客户黏性，形成新的服务业务利润增长点。

（5）研发投入

在国家科技研发体系中，城镇燃气没有独立的研究领域归属，国家、省市级的科研课题经费配比额度相对较弱，国家系统性行业基础研究工作对企业的支持和引导作用不足，不利于行业的创新发展。

据国家统计局发布的"2019年分行业规模以上工业企业研究与试验发展（R&D）经费情况"[27]，燃气行业直接相关的石油和天然气开采业的R&D经费为93.8亿元，R&D经费投入强度为1.08%；燃气生产和供应业的R&D经费为17.0亿元，R&D经费投入强度为0.19%；而2019年全国分行业规模以上工业企业平均R&D经费投入强度为2.23%，两者均远低于全国平均水平。

第三节　燃气行业主要研发机构概况

实现国家科技攻关目标，一是要加大基础研究力度，取得关键核心技术新突破；二是要依托大型骨干企业，吸引包括民企在内的全社会经济和技术资源，以企业为主体、产学研相结合；三是发挥示范项目引领作用，进一步提高技术成熟度，科促进科技成果向市场转化。

1　燃气企业

截至目前，我国城镇燃气企业超过 3000 家，其中：华润燃气、新奥能源、中燃控股、港华燃气等上市企业的市场占有率超过六成。经过多年发展城市燃气行业市场竞争格局基本确立，基本形成了国有、外资（港资）、民营燃气企业"三分天下"的局面，如：以华润燃气为代表的大型央企，以北京燃气为代表的地方国有燃气企业，以港华燃气为代表的港资燃气企业，以新奥燃气为代表的民营企业。

1.1　北京燃气集团

北京燃气集团是全国最大的单体城市燃气供应商，管网规模、燃气用户数、年用气量、年销售收入均位列全国前茅，同时也是国内唯一一家天然气累计供气量破千亿立方米、年供气量破百亿立方米、日供气量破亿立方米的企业。北京市成为国内首个天然气年购销量均突破百亿立方米的城市，位列世界城市第二位。北京燃气集团是全国燃气行业首个集团级高新技术企业。2015 年，北京燃气集团荣获行业最高荣誉"詹天佑奖"。在科技方面，北京燃气集团获得"特大城市燃气管网风险监测与管控关键技术研究与示范"荣誉、中国安全生产协会首届安全科技进步奖一等奖。

北京市燃气集团研究院（以下简称"研究院"）成立于 2009 年 12 月，是北京燃气集团下属专业研发机构。研究院自成立以来，以服务集团、服务社会为使命，重点开展生产运营关键技术研究，同时开展市场政策与战略研究、能源前瞻技术研究、标准和标准化等方面技术和研究工作，承担各类科研课题和标准编制，为集团部室、分子公司提供技术支持，为推动行业发展牵头开展技术攻关和为政府提供服务，取得了大量卓有成效的业绩。2012 年，研究院取得北京市科技研发机构资质，并分别于 2014 年、2017 年通过复核。2012 年与中国石油大学（华东）、北京工业大学、北京科技大学、北京建筑工程大学、哈尔滨工业大学建立了产学研联合培养基地，与北京科技大学新材料技术研究院合作建立了"城市燃气管网联合实验室"。2018 年与中国石油大学（北京）、西安交通大学、同济大学签订了产学研联合培养协议，目前共联合培养 27 人，从其中招聘 12 人。2018 年 10 月，研究院获批建设博士后科研工作站。

研究院现有员工 69 名，其中，从事科研的技术人员达到 60 人，占总人数的 87%。人员学历以硕士为主，硕士及以上学历占比近 80%；人员职称以中、高级职称为主，达到 44 人，占 64%，分别从事输配、应用、能源、标准、动态与政策分析、北斗与物联网科技创新相关领域的科研工作，具备为集团主营业务、上下游发展、标准建设等领域开展研究和技术支持的能力。

截至 2019 年年底，研究院在燃气规划、燃气输配、燃气应用、燃气计量、燃气安全等领域累计承担、参与各类项目 95 项，含市科委、市政管委项目 7 项，集团委托项目 85

项，自主研发项目 1 项，横向委托项目 2 项。研究院还代表集团承接各类标准的研究工作，多数燃气领域关键标准都参与了编制，成立至今累计主编、参编各级各类标准 73 项，其中国家标准 11 项，行业标准 8 项，地方标准 6 项，团体标准 4 项，企业标准 44 项。标准涉及领域多，涵盖面广，在标准领域取得了丰厚的经验，通过各级各类标准的编制，在行业内也形成了一定的影响力，对行业的技术进步起到了积极的推动作用。知识产权方面，研究院累计取得专利授权 53 项，其中包括发明专利 12 项；申请并获得软件著作权登记 11 项；研究人员在国内外各类专业期刊发表论文 90 余篇。研究院的科技成果得到了广泛认可，并获得了北京市科学技术三等奖 1 项，国家能源局软科学成果二等奖 1 项，北京市安全生产科技成果奖一等奖 1 项，北京市技术安监局三等奖 2 项等多个奖项。国际影响力方面，北京燃气集团成功承办了 G20 天然气日、亚洲西太平洋地区燃气信息交流大会等活动，得到全球能源行业广泛关注，大幅提升了北京燃气集团国际影响力。集团董事长当选国际燃气联盟 2021～2024 年任期主席，北京市获得 2024 年第 29 届世界燃气大会主办权，实现了中国参与全球能源治理的重大突破。

1.2 华润燃气集团

2017 年 4 月，华润燃气集团秉承"管理整合、深度发展、精益运营"的管理理念，为实现公司之间的资源协同和人才共享，提升企业技术水平和管理能力，以郑州设计公司为中心公司和南京、成都两家设计公司组建为华润燃气设计研究中心。

中心集中人才资源，主导大型非常规、新能源和研发业务，提升大型综合性项目、新能源业务的技术能力；各设计公司从事中小型非常规业务和常规业务，通过标准化、信息化等手段，提升效率，持续提升技术质量和服务水平。紧跟集团发展战略，组建新技术开发团队，为能源企业提供综合技术服务。加强技术研发，深挖营运企业经营生产痛点，为企业解决实际问题。

建立行业先进的设计管理系统，实现统一的合同管理、项目管理、生产经营、知识库管理、CAD 协同和成果管理，项目全部线上运行，实现移动端快速查询处理，提升中心一体化管控水平，促进中心项目、人力、技术等资源共享，同时与集团各系统进行对接，实现数据共享，增强系统数据分析，不断提升设计效率和服务质量。

为统筹科研工作，中心成立了创委会和研发部，构建了研发体系，以注重实用，关注前沿为研发原则，鼓励研发有市场价值的产品型成果，采用自主研发与联合研发相结合的形式，开展企校合作、企研合作、企企合作。开展多项科研项目，其中包括集团级、中心级和公司级项目，针对成员企业痛点，在远程视频辅助设计、温差表应用及 BIM 燃气工程应用等方面开展课题研究，产生了显著的社会经济效益。目前拥有授权专利 18 项，软件著作权 8 项。多次被评为省、市优秀勘察设计企业、先进单位，获省部级各类奖 20 项。

1.3 新奥集团

新奥集团 1989 年创业起步于河北廊坊，在贯穿下游分销、中游贸易储运、上游生产的清洁能源产业链和覆盖健康、文化、旅游、置业等领域的生命健康产品链基础上，新奥面向智能时代，正在以打造智能物联网平台为支撑，构建以泛能网、来康网为核心的清洁能源生态圈、生命健康生态圈。

目前，新奥集团业务覆盖中国 27 个省（直辖市、自治区）230 多座城市，全球事业伙伴超过 4 万名，2019 年营收 1645 亿人民币，旗下拥有四家上市公司。

为推进自主技术创新，新奥集团成立了三大研究院：能源研究院、生命科技研究院、数字研究院，科技人员数量6700人，年研发投入40亿元，在不同领域进行前沿探索。

（1）新奥能源研究院

成立于2006年，专注于前瞻性清洁能源技术创新。在过去十余年，已在煤基低碳能源与泛能网等技术领域取得重大突破，达到国际领先水平。现正致力于无碳能源技术创新，重点布局紧凑型聚变、深层地热等技术。

新奥能源研究院拥有煤基低碳能源国家重点实验室、海外高层次人才创新创业基地、国际科技合作基地、国家认定企业技术中心等科研创新平台，建有大型产业化示范基地；拥有500多人的专业化科研团队，其中海外高层次人才20多名，曾获"十一五"国家科技计划执行优秀团队、河北省"巨人计划"创新创业团队等荣誉称号；研发成果丰硕，截至2018年年底，先后承担国家"973"/"863"计划、国家科技支撑项目、国际科技合作项目、国家重点研发计划等30多项，累计申请专利1800多项，其中申请发明专利1000多项，被授权专利1200多项。

（2）生命科技研究院

重点进行基于传统医学的生命科学研究，致力于建立能量医学与信息医学理论及诊疗体系，开创性地提出信息医学理论并开发了一系列智能健康检测产品。

（3）数字研究院

专注于能源数字技术创新，目前已经在综合能源系统预测、建模和优化技术领域取得一定突破，正致力于大规模复杂综合能源系统优化核心问题攻关。数字研究院核心团队来自原IBM、Google、GE、微软研究院、Intel等公司的技术领军人才。

新奥集团承建了煤基低碳能源国家重点实验室、一体化指挥调度国家工程实验室等国家级研发平台，先后承担国家"973"/"863"计划、国家科技支撑项目、国际科技合作项目、国家重点研发计划等30多项，申请专利5435余项，商标2895项，软件著作权400项，拥有海归高端科技领军人18人。

（4）技术与创新产品中心

新奥能源控股有限公司技术与创新产品中心共22人，负责新奥能源燃气和泛能业务技术规划与产品开发、技术创新、标准化建设等工作。新奥能源控股有限公司所属成员企业设立了20家创新中心，在新奥能源技术创新体系下，运用生态资源，负责创新项目、课题、创意等工作开展，实现创新创值。

1.4 中燃控股公司

中国燃气控股有限公司（简称"中燃控股"）是中国最大的跨区域综合能源供应及服务企业之一，在香港联交所主板上市，股票代码00384。通过多年的发展，中燃控股成功构建了以管道天然气业务为主导，液化石油气、液化天然气、车船燃气、分布式能源、天然气热电、合同能源管理服务以及燃气设备、厨房用具制造、网络电商并举的全业态发展结构。

（1）深圳中燃哈工大燃气技术研究院（中燃研究院）

成立于2005年，是隶属于中燃控股集团的研发机构，主要致力于集团现实性问题的解决。研究院下设能源输配模块、能源应用模块、能源战略模块、科技委秘书处。能源输配跟踪评价能源（含天然气、LPG、供热、供电）输配领域的新技术、新设备，并提出在集团的应用建议。对集团重大能源输配项目进行规划、研究。解决集团输配领域的技术难题。能源应用模块为项目公司燃气应用领域（工商业煤改气）的业务拓展提供技术支持。跟踪、评价能源终端应用（民用、工业窑炉等）领域的新技术、新设备，并向集团客户推荐。将成熟天然气工商业利用技术在全集团推广。解决集团客户在能源终端应用领域的技术难题，展开相关的技术研发，形成具有自主知识产权的关键装备和技术。能源战略模块主要研究集团新能源利用业务商业模式及可行性研究。从能源技术创新及宏观环境变化研判未来能源发展趋势与商业机会。展开能源重要政策/报告解读、竞争者分析、行业市场化变革等研究。展开能源经济分析，行业动态收集，为集团领导的战略思考提供素材。科技委主要对集团重大项目技术进行评审，做好集团技术把关。

目前研究院现有 8 人，硕士以上学历为主。其中博士 2 人，硕士研究生 5 人，本科 1 人。涉及燃气、化工、暖通、油气储运、石油工程等多个专业，基本实现了学缘关系多样化、所学专业综合化。

目前，能源输配模块，全力服务于集团业务发展需求。为集团、区域、项目公司提供 42 项技术支持，与其他企业及高效开展前沿课题研究 12 项，并跟踪输配相关新技术、新装备 42 项。多措并举有力地解决了集团输配领域的一些重点难点问题。能源应用模块，实时响应项目公司的需求，为集团、区域及项目公司提供 51 项技术支持，编制了 7 项煤改气技术指引，跟踪工业应用相关新技术、新装备 30 项，涉及陶瓷、印染、合成革、造纸、沥青、水泥、腐竹等行业，为集团工业煤改气市场开发提供了坚实的技术保障。能源战略模块为集团领导提供新政策解读、新技术及新商业模式研究。主要完成了编写能源战略报告摘要 34 项，开展商业模式研究 1 项、行业研究 31 项，为集团领导在新业务领域的拓展及投资决策提供参考。中燃研究院科技委设立了 5 个专委会，编制了科技委的管理制度及实施方案。遴选科技委成员 89 人；组织评审集团重大技术方案、可行性研究、气源规划 40 项。

截至 2020 年 3 月，研究院参与行业标准编制 3 项，参编国家、行业标准 4 项，参编行业科技发展报告 1 项、专著 2 项；软件著作、专利申请/受理合计 29 项；在国家期刊发表学术论文 36 篇。

(2) 重庆市川东燃气工程设计研究院

成立于 2000 年，是中国燃气控股有限公司旗下从事石油天然气、燃气热力工程设计及咨询的专业化公司，总院设在重庆，下设深圳、福建、西南分院，东北、华北、西北、山东、华中、华南等 10 个区域设计部，现有员工 350 人。通过 ISO9001 质量管理体系、ISO14001 环境管理体系、OHSAS 18001 职业健康安全管理体系认证。

设计研究院具有市政行业（城镇燃气工程）专业甲级设计资质、石油天然气（海洋石油）行业（气田地面、管道输送）专业乙级资质、市政行业（热力工程）专业乙级、工程咨询单位甲级资信证书（市政公用工程）、工程咨询单位乙级资信证书（石油天然气）。经过十多年的发展，已成为集天然气上、中、下游产业一体化设计的大型设计院，业务遍布全国 28 个省、直辖市、自治区。主要从事管线工程（长输管线、城市高压管道）、场站工程（分输站、门站、储配站、LNG 气化站、加气站等）、城镇燃气输配工程（城镇管网、民用、工商业）、项目咨询（规划、可研、项目申请报告等）设计与服务。近两年累计完成国内多省市各类规划、可研等文本 500 余项，各类场站 500 余座，高、中压燃气管道

10000 多公里，各类燃气用户约数 800 余万户。

1.5 上海燃气集团

上海燃气（集团）有限公司（以下简称"上海燃气"）成立于 2003 年 12 月，注册资金 42 亿元，为申能（集团）有限公司全资子公司。业务领域涵盖天然气管网投资、建设运营与销售服务，以及液化气经营等，上海本地燃气市场占有率超过 95%。旗下包括一家天然气管网公司、5 家燃气销售公司、两家制气公司、一家液化气公司，参股燃气设计院、申能能源服务、申能能创、久联集团、林内、富士工器等企业。2019 年 12 月，上海燃气集团以重组分立的方式，新设成立上海燃气有限公司（以下简称："上海燃气"或"公司"），作为申能集团的天然气业务平台，承担上海市天然气上游采购、气源平衡、日常调度、应急调峰、下游销售、用户服务等保障供应主体职能。公司拥有天然气高、中、低压地下管线近 3 万 km，为全市 749 万用户提供天然气服务，天然气年供应量近 100 亿 m^3。

上海燃气集团技术管理中心，负责科研技术管理和课题立项管理等工作；依托集团各公司、设计研究院等企业进行课题研究、产品研发的同时，积极与大学开展技术合作。近年来，完成了《上海城市燃气大数据开发及应用示范》等多项科技项目，获得专利授权数十项，《西气东输上海天然气主干管网系统工程》获得第十一届中国土木工程詹天佑奖；《470 频段无限超标项目抄表技术研究》和《面向城市智慧燃气的数据融合和优化技术》获得上海市科技进步二等奖。同时，集团技术中心积极参与燃气标准制定，累计参编、主编国家、地方及团体标准近 20 项。

集团公司扎实推进智慧燃气建设，依托集团信息管理中心，进行涵盖"智能管网"、"智能调度"及"智能服务"建设。主干管网监控率达到 100%，次干管网监控率大于 80%，终端智能计量覆盖率达到 80%，线上业务办理率超过 50%。积极探索建立多源异构燃气数据的标准化采集、存储、分析与预测的方法和机制，拓展基于移动互联网和物联网的燃气智能服务，促进智能管网深化建设，挖掘客户端和输配端大数据资源与价值，形成能源行业以大数据驱动业务创新开发与应用典范。

上海燃气工程设计研究有限公司作为上海燃气的参股企业，一直以来与上海燃气在燃气规划、工程设计、标准制定和技术研发等方面有着紧密的协同。上海燃气工程设计研究有限公司具有市政行业（城镇燃气工程）专业甲级、石油及化工产品储运及市政行业（热力工程）专业乙级设计资质、工程咨询协会市政公用工程专业资信甲级和系列压力管道设计等资质。拥有一支以教授级高工为核心，涵盖总图、燃气、化工、暖通、建筑、结构、电气、自控、给水排水、通信、环保、机械、技术经济等各个专业的优秀技术团队。目前双方正在合作开展《上海市燃气行业"十四五"发展规划研究》《长三角天然气供应能力规划研究》《上海市天然气主干管网布局规划研究》《临港新片区燃气专项规划研究》《长三角示范区燃气专项规划研究》等系列规划研究，将高起点高质量推进新一轮燃气建设发展，为服务国家战略和上海经济社会发展提供基础支撑。

1.6 深圳燃气集团

深圳市深燃燃气技术研究院（以下简称"深燃研究院"）是深圳燃气内设的一家全资研发机构，其前身为深圳市燃气集团股份有限公司研发中心，2015 年正式更名为"深圳市燃气集团燃气技术研究院"，2016 年完成独立法人注册，注册名称为"深圳市深燃燃气技术研究院"，开启了研究院创新发展的新篇章。

深圳市燃气集团股份有限公司（以下简称"深圳燃气"）成立于1982年，是一家以城市管道燃气供应、燃气投资、液化天然气及液化石油气批发、瓶装液化石油气零售为主的大型国有控股上市公司，于2018年获得国家高新技术企业认定。目前深燃研究院依托深圳燃气的科研、人才、技术等综合优势，构建了以院士（专家）工作站、博士后工作站、广东省智慧燃气工程技术研发中心、深圳市企业技术中心、广东省新型研发机构、深圳市燃气技术工程中心"六位一体"的多层次创新载体与平台，已累计招收培养8名博士后；响应粤港澳大湾区和深圳先行示范区战略，启动打造"深圳燃气科创展厅"和"123N深圳燃气重点实验室（研究中心）"整体方案，即形成1大载体＋2战略新兴产业研究中心＋3重点工程实验室＋N个装备制造与检测服务实验室的实验室基地，建设打造为国内一流、行业领先的技术研发平台，进一步拓展天然气产业链的多元化发展。

深圳燃气积极推进自主技术创新，成立了技术信息部，统筹规划企业技术发展战略，推进技术信息创新工作。目前公司研发团队拥有政府认证高层次人才4人，博士11人，硕士245人，其中高级职称132人，外聘院士、专家19人，具有较强的技术攻关能力。研发团队围绕"新一代信息技术＋燃气"与"分布式多能互补综合能源高效利用技术"两大路径，在智慧燃气、分布式能源系统、天然气高效利用技术等方面取得了一定成绩，正聚焦城镇燃气大数据应用技术、工控网络安全技术、分布式能源综合利用装置、新能源（如：氢能、生物质能）等领域开展技术攻关。

深圳燃气积极深化产学研合作，与南方科技大学、华南理工大学、中国石油大学（北京）、西南石油大学、中国石油大学（华东）、华为、腾讯云、金蝶、科大讯飞、国氢能源等知名高校和企业建立产学研合作，推进云计算、大数据、人工智能等前沿科技与燃气行业的融合发展。积极承担政府科技项目，形成了多个具有行业领先水平的科技成果。与国家工信部网络安全产业发展中心开展部企合作，建立了国内首个面向燃气行业的工控安全实验室，推进自主工业控制器、国产密码技术产品等研发，研究成果被工信部网安中心认定具有"重要的行业示范效应"。连续两年成功入围国家重点工程——工业互联网创新发展工程项目，是国内第一家完整实施工控安全综合防护方案的燃气企业。率先在城镇燃气行业内开展智慧管网及管道完整性管理研究，其研究成果先后获得"中国地理信息科技进步三等奖""中国石油和化工自动化行业科技进步二等奖"和"第四届全国设备管理与技术创新成果"一等奖；与华为、中国电信、金卡智能联合发布全球首个物联网"NB-IoT"智慧燃气解决方案白皮书，开展研究和试用NB-IoT燃气物联网表，并主持编写了团体标准《基于窄带物联网（NB-IoT）技术的燃气智能抄表系统》。公司通过国家工信部两化融合管理贯标体系认证，成为全国燃气行业率先获得此认证的企业之一。

深圳燃气已获得知识产权授权157项，其中发明专利35项，实用新型专利79项，外观设计专利2项，软件著作权41项；发表论文600多篇，其中SCI论文15篇，EI论文5篇；参与国家、行业以及地方各类技术标准45项，其中国家标准15项，荣获2020年度中国标准创新贡献奖标准项目类一等奖。

1.7 天津能投集团

天津能源投资集团有限公司（以下简称"集团"）注册资本100.45亿元，作为天津市能源项目投资建设与运行管理主体，集团以"四源"，即电源、气源、热源、新能源为主营业务，承担着保障天津市能源安全稳定供应和推动全市能源结构调整优化的重任。

燃气产业是集团"四源"发展战略之一，是以天然气的开发利用及营销为主，集燃气输配供应、工程设计及施工、CNG、LNG销售、物资贸易、燃气表具制造等多元化经营为一体的产业集群。目前，燃气产业拥有企业共计39家，拥有供气管网1.7万km，覆盖天津全部16个区，燃气用户398万户，占全市用户总数的80%以上。2019年供气量49.35亿m³，占全市总供气量的约60%。集团高度重视技术进步，在依托所属设计研究院等企业进行课题研究、产品研发的同时，积极与大学开展技术合作，完成了《城市燃气高压规划管网输储调分析研究与应用》等多项科技项目，获得专利授权数十项，《燃气管道泄漏故障诊断技术研究与应用》等项目获得了天津市科学技术进步奖、天津市企业管理现代化创新成果奖等奖项。

天津市燃气热力规划设计研究院有限公司（以下简称"设计院"）是天津能源投资集团有限公司直属的全资子公司，始建于1976年，具有市政行业（城镇燃气工程）专业甲级、市政行业（热力工程）专业乙级、建筑行业（建筑工程）专业乙级和特种设备（压力管道）设计许可证等多项设计资质，并通过了国家级高新技术企业认定、国家科技型中小企业认定及质量管理、环境管理、职业健康安全管理三个体系认证。

设计院技术力量雄厚、专业齐全，现有各类专业技术人员90余人，其中具有中、高级以上工程师资格的近80人，硕士以上学位的20余人，专业面覆盖燃气、热力、化工、机械、电气、自控、建筑、结构、概预算、经济分析等多个专业，拥有国家一级注册建筑师、结构师、注册公用设备工程师、注册咨询工程师等各类专业注册人员近20人。

设计院能够承担燃气、热力专项规划、可行性研究和技术咨询，城镇燃气管网、燃气长输管线、各类天然气场站（含CNG、LNG等）、城镇热力管网、热源场站、分布式能源、综合能源应用等项目的设计及工程总承包。建院近40年来，已设计完成燃气、热力管道万余公里、场站数百座，参编《城镇燃气设计规范》及《天津市清洁能源替代家用散煤供暖技术导则》等多项标准。咨询和设计成果累计获得国家级和省部级优秀奖项44项，发明、实用新型、软件著作权专利23项，列入住房和城乡建设部及天津市科技成果登记各1项。

1.8 重庆燃气集团

重庆燃气设计研究院有限责任公司系重庆燃气集团股份有限公司的全资子公司，持有国家住房和城乡建设部颁发的市政行业（城镇燃气工程）专业甲级设计资质证书，重庆市质量技术监督局颁发的GB1级和GC2级（限站场）压力管道设计许可证，2008年通过ISO9001：2000质量体系认证。

重庆燃气设计研究院有限责任公司成立于1980年，以国内历史悠久、规模最大的天然气输配公司之一的重庆燃气集团股份有限公司为依托，为重庆市燃气事业的发展做出了卓有成效的工作。目前的服务范围覆盖重庆市25个区县和湖南保靖县，亦可承接外省市的城镇天然气规划、设计任务。我院主导专业和配套专业齐全，是专门从事燃气设计的甲级设计单位。

重庆燃气设计研究院下属6个规划、设计专业科室，及1个综合职能管理部门，竭诚为客户提供高效、完善、专业的服务。

全院采用信息化及智能化设计管理协作平台，具备设计过程管控，设计质量管理，数字化交付归档功能。可进行全面数字化办公，技术文件及文档数字化出版，无纸化办公及管理。拥有局域网服务器、大型绘图仪、蓝图机、扫描仪、复合机等各种先进的工程技术设备和一系列勘察设计、市政公用工程、造价咨询、办公等正版软件。

重庆燃气设计研究院拥有一大批优秀的专业工程技术人员。现有本部及派驻各区县专业技术人员共77人，其中正高级工程师3人，高级专业技术人员36人，中级专业技术人员29人，各类注册工程师18人，在城镇天然气工程的规划、设计、咨询等方面拥有丰富的实践经验。

多年来，重庆燃气设计研究院秉承"奉献社会、追求卓越"的企业理念，完成了众多重要规划，包括《重庆市城乡总体规划—燃气专项规划》《重庆市天然气主干管网规划》《重庆市主城区城镇天然气设施及管网规划》《重庆市储气库建设前期工作研究报告》《重庆市能源保障规划分报告—天然气保障机制研究》等规划的编制工作，负责了重庆市公租房、鲁能新城、御龙天峰等大型居民小区和重庆环球金融中心、重庆来福士广场、光大控股朝天门中心、万科中心、悦来国博会展中心、北碚万达广场、天和国际中心、龙湖新壹街等商业综合体的燃气工程设计。

重庆燃气设计研究院累计设计居民用气户数260多万户，公共建筑用气户数35000余户，燃气调压计量站100余座，城镇燃气干管、支管计6200余公里。为重庆市的燃气事业及民生工程做出了卓越的贡献。

1.9 陕西燃气集团

陕西省燃气储运及综合利用工程研究中心以陕西燃气集团为依托主体，联合西安石油大学、西安理工大学和中石油管研院共同组建，面向经济、科技和社会发展以及国家能源战略的需要，以燃气储运工程技术及管道工程安全评价技术为平台，开展数字化管道技术、项目应急管理方案、燃气储运及应用、装备制造及安全评价技术的研究，并进行相关学科前沿探索。现已成立工程研究中心技术委员会及理事会，并设立管理办公室1间，燃气管道输配工艺研究所、燃气综合利用与管理研究所、燃气发展与应用策略研究所各1个。2017年11月，被陕西省发展改革委认定为省级工程研究中心。

1.10 沈阳燃气集团

沈阳燃气集团的下属研发机构。注册资本人民币1000万元。公司成立的宗旨是致力于燃气行业新技术、新产品的研发、生产与推广应用，利用自身技术优势力推动沈阳燃气及整个燃气行业的创新发展。

公司设立高级管理层经理（总工）1，中级管理层4人，综合管理部5人，研发部11人，生产部4人，销售部2人，共计28人。

公司主要开发防超流量泄漏燃气自动关闭阀、燃气地上地下连接组件等机械基础件及制造技术工作，开发营业收费管理系统，客服系统、燃气远程监控系统等软件技术，参与安检、工程管理、综合计划管理、燃气门站等系统的研发工作。同时研发了多功能数字记录仪、调压站远程监控设备、流量远程监控设备等硬件产品，本公司的远传设备支持有线传输，以及2G、3G、4G、NB-IoT的无线传输。

公司获得软件著作权及实用新型共15项，实用新型专利8项，软件著作权7项。目前拥有软件开发、家用燃气设施研发、地下管网燃气设施研发、燃气电子仪表设备研发四项主营业务，现有产品20多种大类、超过60种型号。公司利用专利技术年实现收入近

995 万元，占总收入 95%，是公司的主要经济效益来源。

2　高等院校

高等院校在科研设施、科技人才和及时掌握国内外行业前沿技术信息等方面占有绝对优势，具备技术创新的基础和条件。

我国高等院校第一个城市燃气工程专业，是中国工程院院士李猷嘉先生在 1959 年牵头筹建的，经过几十年的发展，高等院校发挥基础性研究的优势，紧跟行业发展，为我国城镇燃气行业输送专业技术及科学研究人才；瞄准科技前沿技术和行业需求，发表高水平学术论文，为行业发展提供有积极作用的新理论、新技术、新方法；与企业优势互补，共同承担科研项目和技术改造任务。

1998 年普通高等学校本科专业目录将本科专业"城市燃气工程"与"供热、供燃气、通风及空调工程"专业合并调整为"建筑环境与设备工程"专业，并于 2013 年更名为建筑环境与能源应用工程专业，原燃气工程专业属于建筑环境与能源应用工程专业的一个方向。

目前在建筑环境与能源应用工程中开设燃气方向的本科院校主要包括：哈尔滨工业大学、同济大学、重庆大学、华中科技大学、中国石油大学（华东）、西南石油大学、北京建筑大学、天津城建大学、河北师范大学、浙江理工大学、河南城建学院、福建工程学院、昆明理工大学、安徽建筑大学、辽宁科技大学、重庆科技学院等。此外，山东建筑大学在新能源科学与工程中开设燃气方向，也有部分高校在油气储运工程、能源与动力工程等专业中开设燃气课程。

2.1　哈尔滨工业大学

1）研究机构名称：建筑热能工程系。

2）设立时间：1953 年。

3）燃气相关科研项目经费：200 万元/年。

4）基本情况。

哈工大建筑热能工程系城市燃气方向始建于 20 世纪 50 年代，多年来为社会燃气行业培养了大量的优秀人才，很多毕业生已经成为各大燃气公司的中坚力量。目前，建筑热能工程系共有专业任课教师 29 人，可以为供热方向、空调通风方向和燃气方向开设专业基础课、专业课等，从事智慧能源供应系统理论与技术、低能耗健康建筑环境营造及其质量保障领域下各个方向的科研工作。燃气方向共有专业课授课教师 5 人，每年培养本科生 15 名左右，硕士研究生 5～8 名，博士研究生 1～2 名。

在梯队建设培养方面，学校燃气方向形成了老中青结合的梯队态势，有多名燃气方向在读博士生，这为后续梯队建设提供了有力保障。

"建筑环境与能源应用工程"专业、"供热、供燃气、通风及空调工程"学科近 5 年本科生：每年招生 60 人左右；硕士生：每年招生 55 人左右；博士生：每年招生 12～15 人。

5）研发项目基本情况

目前，该方向研究主要来自国家科技支撑、自然科学基金，以及企业横向课题等，主要研发方向如下：

（1）燃气输配管网可靠性；

（2）燃气安全与智能技术；

（3）天然气液化与气化关键技术；

（4）天然气储存调峰技术；

（5）城镇燃气甲烷泄漏检测及减排；

（6）区域能源利用技术。

2.2 同济大学

1）研究机构名称：机械与能源工程学院燃气工程研究所。

2）设立时间：1953年。

3）燃气相关科研项目经费：150万元/年。

4）基本情况。

同济大学燃气工程专业建立于1953年，是国内最早设置城市燃气工程专业的院校之一，期间历经"燃气工程""城市燃气及热能供应工程""城市燃气工程"等专业名称，现本科阶段为"建筑环境与能源应用工程"，硕士与博士专业"供热供燃气通风及空调工程"。同济大学燃气专业一直是国内城市燃气工程领域最重要的研究机构，为我国燃气工程建设输送了大量人才，在国内外燃气行业中享有较高声誉，现有燃气方向教师6人，其中教授2人，副教授3人，讲师1人，其中硕士生导师5人，博士生导师4人，每年培养本科生17人左右，硕士研究生7名，博士研究生1～3名。

同济大学燃气工程研究所紧密结合国家经济高速发展和城镇化进程中的能源需求，立足于专业实践，逐步完善和形成了以天然气高效应用、天然气管道安全技术、可持续能源系统为主的三大研究方向，涵盖多组分天然气的燃烧基础特性研究、新型燃烧器（全预混燃烧器）开发、工业用户的节能技术、杂散电流对埋地金属管道的腐蚀与防护、埋地燃气管道的力学分析、燃气管道完整性和供气可靠性分析、天然气分布式能源系统的优化及仿真、能源网络和蓄能技术的仿真等研究热点，相关研究成果在国内具有一定的影响。

近5年发表论文100余篇，其中SCI/EI论文40余篇，承担国家科技支撑计划、国家自然科学基金、建设部和上海市科委项目、企业课题40余项。编写教材专著3本，主编参编国家和行业标准5部。

5）研发项目情况

多组分天然气与掺氢天然气燃烧基础特性与燃气互换性研究、高效超低排放燃烧技术与新型燃烧器研究（蓄热式烧嘴、全预混燃烧器）、工业炉窑诊断与节能技术、天然气分布式能源系统设计及优化、轨道交通杂散电流干扰与防护、燃气管道完整性与燃气管网供气可靠性研究、多能耦合能源系统动态仿真、与新能源融合的可持续能源系统等领域。

2.3 重庆大学

1）研究机构名称：土木工程学院（建环系）清洁能源研究所。

2）设立时间：1955年。

3）燃气相关科研项目经费：150万元/年。

4）基本情况。

重庆大学土木工程学院建环系有教师38人，其中隶属清洁能源研究所现有教师17人，其中教授7人，副教授9人，讲师1人；博士生导师12人，硕士生导师17人。

现有燃气方向教授2人，副教授2人，讲师4人。其中硕士研究生导师4人，博士生导师3人。建环专业本科生每年毕业约120～130人，其中升学率约50%；硕士毕业生每年约 80~90 人；博士毕业生每年约 10~15 人。

研究所有国家级专业学会委员、理事 4 名，中国土木工程学会燃气分会副理事长 1 名，住房城乡建设部专业评估委员会以及标准委员会委员各 1 名，国际制冷学会空调委员会委员 1 名，重庆市制冷学会理事长、副理事长各 1 名，重庆市土木建筑学会热能动力专业委员会主任委员、副主任委员各 1 名。

研究所围绕可再生能源在建筑中的应用、区域能源与生态环境规划、清洁能源开发与利用、可再生燃气技术、燃气高效低污染利用、建筑环境安全与保障、特殊建筑能源供应与环控系统、建筑环境能效评测等研究方向形成了鲜明的研究特色。研究所近 3 年来承担国家级、省部级以及横向科研课题 120 余项，省部级重点教改项目 1 项，科研经费近 2000 万元，发表国际期刊 SCI 收录论文近 100 篇。研究所主编包括国家级等各类教材 6 部，出版专著 4 部，获得省部级奖 3 项，主编、参编及参与审查国家、行业及地方标准 30 余项。研究所教师担任了《煤气与热力》《地源热泵》《中央空调》等期刊编委员会副主任及委员。目前研究所在校各类研究生近 200 名，研究生获得国家与行业科研与设计奖项 20 余项。

5）研究项目情况

燃气方向研发项目主要围绕燃气安全、管网仿真、负荷预测、高效低污染燃气用具开发、生物天然气、天然气掺氢、余能利用、隧道火灾烟气控制、建筑通风等方向开展，承担项目包括国家自然科学基金、国家重点研发项目及企业横向委托等，年均科研经费 150 万元左右。

2.4 北京建筑大学

1）研究机构名称：环能学院，建筑热能工程系。

2）设立时间：1959 年。

3）燃气相关科研项目经费：300 万元/年。

4）基本情况。

北京建筑大学"供热供燃气"专业 1959 年正式开始招生；恢复高考后，1978 年"城市燃气热能工程"本科专业首次招生，燃气专业独立招生持续至 1998 年，后与暖通专业合并设立"建筑环境与设备工程"专业，现本科专业名为"建筑环境与能源应用工程"；1993 年获得"供热、供燃气、通风及空调工程"学科硕士学位授予权，2018 年所在一级学科"土木工程"获批博士授权点，2019 年"供热、供燃气通风与空调工程"开始招收博士研究生，所在一级学科获批北京市高精尖学科。

燃气专业教师有梯队，教学与科研工作有合作，有传承；燃气相关主要专业课程每门课均有两位以上的教师任教。目前，燃气专业在职教师 6 人，年龄构成为：60 后 2 人；70 后 3 人；80 后 1 人。本专业近 5 年已经培养本科生约 400 人；硕士研究生约 380 人（其中：全日制硕士研究生约 310 人，在职工程硕士约 70 人）；目前在读的本科生 279 人，研究生 192 人。

5）研发项目情况

本专业教师独立或合作承担了住房和城乡建设部、北京市科委及企业的横向课题、国际院校合作研究等，其中"城市燃气安全预警与智能化关键技术研究与应用"获 2018 年北京市科学技术二等奖。

主要研究方向包括：应急调峰与储气设施建设政策研究；从业人员培训考核大纲相关研究；智能化燃气调压设施标准化及安全防护研究；天然气未来发展方向及关键技术研究；调压器故障诊断与安全预警技术；智能燃气网工程技术规范；应急预案编制及应急处置标准化研究；冻堵、冻胀及应对措施研究；橇装 LNG 气化装置、LNG 灾害预防研究；天然气低碳催化燃烧理论和应用研究；煤制合成天然气燃烧特性研究；燃气泄漏检测装置及维抢修创新工具研制等。

2.5　天津城建大学

1）研究机构名称：能源与安全工程学院环能系。

2）设立时间：1983 年。

3）燃气相关科研项目经费：300 万元/年。

4）基本情况。

天津城建大学能源与安全工程学院环能系有教师 27 人，其中教授 5 人，副教授 14 人，讲师 8 人，硕士生导师 15 人，天津市教学名师 2 人。现有燃气方向教师 9 人，其中硕士生导师 3 人。本专业获批有天津市优秀教学团队 1 支、天津市高等学校实验示范中心 1 个、天津市燃气高效利用工程中心 1 个。

近 5 年承担了包括国家自然科学基金、国家科技支撑计划项目在内的各类课题 100 余项，科研到账资金 1000 余万元，发表高水平学术论文 300 余篇（其中 SCI、EI 检索 58 篇，CSCD 期刊 10 篇），申请发明专利 20 余项，实用新型专利 114 项，获得天津市科技进步三等奖 3 项，二等奖 1 项。

建筑环境与能源应用工程专业，每年约招收本科生 180 人左右，每年均有 10%～20% 毕业生考取国内、外高校硕士研究生；供热、供燃气、通风及空调工程专业硕士研究生 35～55 人不等。近三年获得国家级制冷行业大学生科技竞赛二等奖 1 项、三等奖 5 项，市级制冷行业创新大赛三等奖 1 项、优秀奖 2 项；获批国家大学生创新创业训练计划 32 项，天津市大学生创新创业训练计划 13 项，校级科技项目 47 项。

5）研发项目情况

项目领域涵盖非管道天然气技术、燃气管网优化、燃气泄漏检查、天然气压缩与液化技术、燃气安全运营、燃气突发事件应急技术、燃气燃烧与应用技术等方面。

2.6　山东建筑大学

1）研究机构名称：热能工程学院新能源科学与工程专业。

2）燃气专业设立时间：1988 年。

3）燃气相关科研项目经费：150 万元/年。

4）基本情况。

山东建筑大学新能源科学与工程专业有教师 13 人，其中教授 2 人，副教授 6 人，讲师 5 人，硕士生导师 8 人，博士研究生导师 1 人。承担了包括国家自然科学基金、国家科技支撑计划项目在内的各类课题 30 余项，科研到账资金 600 余万元，发表高水平学术论文 150 余篇，其中 SCI、EI 检索月 30 篇，申请专利、软件著作权 10 余项，获得住房城乡建设部华夏科技进步奖、山东省科技进步一等奖 1 项，二等奖 1 项，三等奖 4 项。

新能源科学与工程专业以燃气供应为平台，结合太阳能、风能、潮汐能和秸秆等可再生能源新工科专业，每年约招收本科生 75 人左右，学院建筑环境与能源应用工程招生 150

人左右，开设燃气供应课程，并进行课程设计等。每年均有 20％多毕业生考取硕士研究生。在校学生每年获得挑战杯、各类学生竞赛每年有 10 多项。

5）研发项目情况

研究项目涵盖天然气分布式能源、燃气管网静态与动态水力计算、燃气管道、储罐泄漏与控制安全技术、地下管廊燃气管道安全技术、燃气加气站安全运营、燃气供热技术、氢能供应技术、CNG 加气技术、燃气燃烧设备与技术等方面。

2.7 中国石油大学（华东）

1）研究机构名称：燃气工程系。

2）设立时间：2002 年。

3）燃气相关科研项目经费：200 万元/年。

4）基本情况。

中国石油大学（华东）建筑环境与能源应用工程专业隶属于储运与建筑工程学院燃气工程系，于 2002 年开始招生，规模为 1 个班，2004 年起招生规模扩为 2 个班；2006 年建立了"供热、供燃气、通风及空调工程"硕士点；2010 年与土木工程专业共建获批了土木工程一级学科硕士点及"建筑与土木工程"领域专业学位硕士点；根据高等教育发展和专业认证的需要，2017 年起，在坚持燃气特色的基础上，强化了建筑环境方向的发展；2019 年与能源与动力工程专业共建获批"青岛市化石能源高效清洁利用工程研究中心"。

燃气工程系现有专任教师共有 11 人，其中高级职称 7 人，香江学者 1 人，JSPS 学者 1 人，讲师 4 人，具有海外或境外经历 8 人，博士学位 8 人；高级实验师 1 人。

建环专业培养能够在燃气输配与应用、建筑冷热源系统、暖通空调系统等相关领域从事工程规划、工程设计、项目管理、系统运行等工作的高级工程技术人才。

"供热、供燃气、通风及空调工程"学科培养面向工程规划、设计、施工、监理、运营维护等企事业单位，尤其是供燃气、通风及空调工程知识，具有良好的工程实践能力、思维能力和学术创新能力，能从事科学研究工作或独立承担专业技术或管理工作，掌握一门外语并能够熟练阅读专业外文资料，具有国际化视野以及一定的国际交流能力的高层次专门人才。

近 5 年培养本科毕业生近 300 名，研究生 60 名。毕业生成为设计研究院、工程建设公司、设备制造企业、运营公司等单位从事燃气、供暖、通风、空调、净化、冷热源、供热等方面的规划设计、研发制造、施工安装、运行管理及系统保障等技术或管理岗位工作的复合型工程技术应用人才。

5）研发项目情况

研究方向主要包括（海上）天然气低碳处理、建筑能源高效利用与人工环境控制等方面，其中（海上）天然气低碳处理方向含（海上）天然气预处理、天然气储存和液化、LNG 冷能利用、LNG 储罐液位检测以及安全等一体化技术；建筑能源高效利用与人工环境控制方向含多效节能型光伏一体化建筑幕墙技术、低品位建筑废热的高能效回收理论与技术、建筑热泵技术基础研究与应用、建筑室内热湿环境调控、建筑室内有害气体的隐蔽型危害源反演追溯理论研究等。

2.8 中国石油大学（北京）安全与海洋工程学院

1）研究机构名称：安全与海洋工程学院。

2）设立时间：2018 年。

3）燃气相关科研项目经费：500 万元/年。

4）基本情况。

中国石油大学（北京）安全与海洋工程学院成立于 2018 年，由原机械与储运工程学院的安全工程系、石油工程学院的海洋工程系、海洋工程研究院整合而成。拥有安全科学与工程一级学科、海洋油气工程博士点和 6 个硕士点。现有教授 16 人（含校拔尖人才 2 人）、副教授等其他专任教师 30 余人，硕士和博士生队伍 380 人，本科生总人数 465 人。

近年来，安全科学与工程学科结合国家能源发展及其安全生产的战略需求，以油气开发和利用中的各种安全隐患或事故为主要研究对象，以保障人的身心健康和生命安全、降低事故损失为目标，研发油气安全新理论、新技术、新装备，培养油气安全领域的创新性应用型人才，并在油气安全监测与智能诊断、事故预防与风险控制、失效分析与完整性管理以及海洋石油装备与作业安全等方面形成了优势方向。通过产学研结合，建立起油气长输管道和大型储罐的完整性评价的理论体系，研发了油气管道、场站设施、炼厂工艺设施等的完整性管理等创新技术以及相应的信息系统，在缺陷评价、检测周期优化、可靠性评估、地质灾害评价、高钢级管道完整性评价等方面取得了一系列国际先进的研究成果，广泛用于我国油气设施的标准制定、技术升级及运行维护，提升了油气设施的本质安全水平。

5）研究项目情况

中国石油大学（北京）安全与海洋工程学院在燃气管道完整性管理的理论研究、技术开发和工程应用方面取得了卓越成绩。研发形成了涵盖体系建设、数据整合、风险评价、完整性评价、检测监测、软件平台等的完整性管理成套技术和综合解决方案；提出基于历史失效数据的失效概率评估方法，构建了基于定量、半定量、定性指标的修正因子指标体系，发展了定量风险评估理论；并在油气生产事故案例分析、法规标准以及安全管理体系方面也进行了深入研究。研究成果广泛应用于我国重要油气管道、油品储库的安全风险管控、隐患排查与事故预防，取得了良好的经济和社会效益。

2.9 西南石油大学

1）研究机构名称：燃气研究所。

2）设立时间：2016 年。

3）燃气相关科研项目经费：500 万元/年。

4）基本情况。

研究所现有全职研究人员 14 人，其中教授/博士生导师 2 人，副教授 4 人；具有博士学位教师 7 人。其中 5 人具有海外访学经历。

近 5 年来：共主持国家自然科学基金项目 2 项、省部级科研项目 16 项、企事业单位横向协作项目 60 项，科研经费合计 2100 余万元；授权发明专利 8 项、软件著作权 9 项、发表学术论文 100 余篇，其中 ESI/SCI 收录 52 篇，EI 收录 30 篇，累计引用 70 余次；出版专著 3 部，教材 7 部；获四川省科学技术进步二等奖 1 次（2015 年）、中国石油和化学工业联合会科技进步一等奖 1 次（2019 年）和二等奖 1 次（2014 年）、中国石油和化工自动化应用协会科技进步二等奖 1 次（2016 年）和三等奖 1 次（2015 年）。

近 5 年培养建筑环境与能源应用工程专业本科生 600 余人，研究生 60 余名。本科就业率和深造率分别在95%和20%以上。

5）研究项目情况

主要研究领域：燃气系统风险评价与事故后果量化分析；安全仪表系统功能安全评价；城市燃气站场虚拟仿真；ALARP原则下城市燃气管道最优维护决策理论与方法；城镇燃气输配系统抗震研究；天然气负荷预测；氢能生产与利用过程中的多相流动与传质；油气管道数字孪生体构建与灾害风险评价。

2.10 华中科技大学

1）研究机构名称：建环系燃气储配及高效能源利用团队。

2）设立时间：1986年。

3）燃气相关科研项目经费：100万元/年。

4）基本情况。

建筑环境与能源应用工程系有建筑能源与环境控制、地源热泵技术及储能、燃气储配及高效能源利用三个团队，拥有教师16名，其中教授4名，副教授8名。

燃气储配及高效能源利用团队有教授一名（顾问）、副教授两名、讲师一名，主要研究方向为气体能源供应及应用技术、生物质燃气与常规燃气匹配性研究、燃烧器及燃烧设备强化燃烧研究、富氧燃烧方式（碳捕获）下的着火机理研究等。近5年来，团队已发表中外文期刊论文50余篇，获得发明型专利9项；主持完成纵横向课题及城市燃气输配项目（横向）40余项；主持开发了燃气复杂管网模拟分析软件，获得两项软件著作权证书；获得湖北省技术发明一等奖1项（生物质高效高温燃烧技术）；主编及参编出版教材5部，主持及参与湖北省教改项目5项，获湖北省高等学校教学成果一等奖1项，二等奖1项，指导学生获湖北省优秀学士学位论文7项。

目前团队成员老中青结合，年龄结构较合理，注重青年教师的培养与传承，形成了良好的行业带头人梯队。"建筑环境与能源应用工程"专业、"供热、供燃气、通风及空调工程"学科近五年培养本科生260人；硕士研究生100人；博士研究生8人。

5）研发项目情况

近几年课题组先后完成了煤燃烧国家重点实验室开放基金项目《oxyfuel燃烧过程CO_2与水蒸气对火焰传播速度影响的动力学分析》《制药厂洁净室气流组织模拟研究》（中国医药集团联合工程公司委托项目）、《海南文昌卫星发射基地等五个市县燃气专项规划》（中海油海南能源有限公司委托项目）、《崇阳县燃气利用专项规划》（崇阳住房城乡建设局）、《嘉鱼县燃气利用专项规划》（嘉鱼住房城乡建设局）、《福安市燃气利用专项规划》（福安市住房城乡建设局）、《佛山工业园思劳片区天然气利用工程和燃气专项规划》（企业委托）、《武钢华润燃气输配管网系统专题研究》（企业委托）等；作为主要成员完成"863"项目《生物质高效催化热解定向制备燃气关键技术研究及示范》及国家自然科学基金项目《外热式生活垃圾裂解催化制氢过程机理研究》等；主持开发了燃气复杂管网模拟分析软件并应用于实际工程；主持完成了武钢华润管网优化项目。目前课题组与佛燃能源共建佛山燃气—华中科技大学能源工程技术研究中心项目，主持国家重点研发专项子课题等。

2.11 四川大学

1）研究机构名称：建筑环境与能源应用工程教研室。

2) 设立时间：2012 年。

3) 基本情况。

四川大学于 2008 年 9 月开始筹建"建筑环境与设备工程"专业，学科带头人龙恩深教授，2009 年在土木工程专业内设置了"建筑环境与设备工程"方向，2010 年向教育部提交增设本专业的申请，2011 年获得批准，2012 年开始按照土木工程一级学科大类招生，培养"建筑环境与能源应用工程"方向本科生。至今（2020 年 9 月）共培养本科生 5 届约 160 名，在校学生 3 个年级，并继续招生。

四川大学于 2008 年 9 月成立"建筑节能与人居环境研究所"，带头人龙恩深教授。2008 年依托环境科学与工程博士点，开始招收建筑节能和绿色建筑方向博士生，2010 年暖通空调硕士点开始招生，2012 年暖通空调博士点开始招生。目前毕业硕士研究生 7 届（40 人），博士生 10 人，在校硕、博士生 35 人。

现有专业教学科研人员 10 人，其中教授 4 人，研究员 1 人，副教授 3 人，讲师 2 人。

2.12 辽宁科技大学

1) 研究机构名称：土木工程学院建筑环境与能源应用工程系。

2) 设立时间：1996 年。

3) 燃气相关科研项目经费：50 万元/年。

4) 基本情况。

辽宁科技大学土木工程学院建筑环境与能源应用工程系有专业教师 19 名，其中教授 5 人、副教授 8 人，具有博士学位教师 7 人。师资队伍层次明显提高，现拥有全国优秀教育工作者 1 人，辽宁省攀登学者特聘教授 1 人，宝钢奖教金获得者 1 人，省优秀教师 1 人，省百千万人才工程人才 4 人。工程实践指导能力明显增强，师资队伍中拥有国家注册公用设备工程师 4 人，建造师 1 人，教师 100% 具有企业生产实践经历。

近 5 年来，建环专业教师承担国家自然基金项目 1 项，国家"十二五"科技项目子项目 1 项，省自然科学基金 2 项，住房城乡建设部项目 1 项，国家重点实验室开放基金 1 项，省教育厅项目 3 项，鞍山市科技计划项目 2 项。完成各类横向课题十余项，科技经费合计 200 余万元。获得鞍山市科技进步奖一等奖 1 项，发表科技、教学论文 50 余篇。主编出版规划教材 4 部。

学生获全国"人环奖"大赛一等奖 1 次，三等奖 2 次，优秀奖 5 次。先后与鞍山煤气总公司、大连燃气总公司、新奥集团、港华集团、华润集团、奥德燃气、福鞍集团、维克（中国）空调有限公司、鞍山热力集团、吉林热力集团、三洋制冷等企业建立了全面合作关系。

5) 研发项目情况

主要研究方向包括：城市巡检系统的开发、固体资源废弃物热解气化技术研究、生物质催化气化技术研究、燃气净化技术、燃气管网优化和燃气燃烧设备能效监测等。

2.13 内蒙古工业大学

1) 研究机构名称：建筑环境与能源应用工程系。

2) 设立时间：1990 年。

3) 基本情况。

学校没有燃气方面单独设置的专业，目前合并在建筑环境与能源应用工程专业中，由于学校缺少相关的软硬件基础，目前没有开展相关的科研活动，仅仅是针对本科学生，开展燃气输配、燃气燃烧与应用等相关课程讲授。研究生的研究方向均在暖通方面为主。

目前教授燃气课程的教师仅仅有两位教师。本科生每年 2 各班，近 5 年培养大约 400 人左右；研究生每年 15 人左右，近 5 年 70 人左右；目前没有博士点，没有博士生。燃气方向研发项目目前没有开展。

2.14 河南城建学院

1）研究机构名称：燃气与热能工程研究中心。

2）设立时间：1999 年。

3）燃气相关科研项目经费：30 万元/年。

4）基本情况。

本工程中心成立于 1999 年，经过 20 余年的发展，本中心已培养本专科学生 3000 余名，学生毕业服务于全国燃气公司，燃气设备制造企业。

"建筑环境与能源应用工程"专业、"供热、供燃气、通风及空调工程"学科近 5 年培养本科生约 500 名。

5）研发项目情况

本中心主要科研内容为燃气高效利用，节能技术应用，燃气输配技术等工程技术。同时为燃气公司进行员工业务培训工作。与中裕能源控股有限公司合作燃气高效燃烧与利用；与河南蓝天燃气集团合作降低燃气供销差对策研究；与平顶山燃气公司合作燃气锅炉高效利用研究。

3 设计、科研院所

和高等院校一样，设计、科研院所拥有得天独厚的创新环境和创新资源，在基础研究和高新技术领域同样发挥着非常重要的作用。同时，设计、科研院所研发体系的建设也推动着企业自身业务的纵深发展。

3.1 中国市政工程华北设计研究总院有限公司

1）研发机构名称：城市燃气热力研究院

（1）科技人员：数量 72 人，占比：58.9%。

（2）研发机构概况。

城市燃气热力研究院始建于 1962 年，1978 年重新组建研究室，原名煤气研究所，是隶属于中国市政工程华北设计研究总院的二级机构。城市燃气热力研究院主要从事燃气输配及应用技术和城镇燃气标准技术的研发，并经中国合格评定国家认可委员会（CNAS）认可从事燃气燃烧器具和输配器具及其部件的检验业务，开展与燃气有关的燃气发展规划、工程技术与理论研究、项目可行性研究、审查预评估、技术咨询、环境影响评价等科研工作，业务范围覆盖整个燃气产业链。

城市燃气热力研究院地处天津市华苑产业园区，占地 6600m²，总建筑面积 6000m²，其中各种检验实验室有 4000m²，办公室和培训教室 2000m²。城市燃气热力研究院有高素质的专业技术、检验和管理人员 70 余人。其中，教授级高级工程师、高级工程师占 50%，博士、硕士学位占 30%。同时，还设有专业研究机构和博士后科研工作站。高素质的专业技术、检验和管理人员为研究院的科研、检验、标准、认证等工作提供了强有力的保证。

城市燃气热力研究院专注于燃气热力方面的技术创新与发展，并提供燃气热力技术研究与咨询服务。承接国家重点研发计划项目、住房城乡建设部市政公用事业监管专项、天津市科技计划项目、中国建设科技集团科技创新基金项目等外部科研项目；获得发明专利8项，实用新型27项，软件著作权9项；主持编制技术标准75项；获得华夏建设科学技术奖、天津市科学技术奖、标准科技创新奖等10项。

（3）科技管理创新

城市燃气热力研究院采用创新的管理模式与运行机制，实行"统一管理、分级负责、责任到人、全面开放"的运行与管理模式，建立"开放、流动、联合、竞争"的有效管理机制，努力营造利于人才成长的环境和分为，建立人才培养、科研项目申请等方面的竞争机制，实行较为严谨的经费管理制度，加强知识产权的保护，注重内部管理，健全规章制度，实行严格的目标管理和完善的考核评估制度，以保持和发展研究院的优势和特色，不断提高研究院整体科研水平。

2）研发机构名称：天津市城镇燃气应用技术企业重点实验室

（1）科技人员：数量32人。

（2）设立时间：2016年。

（3）研发机构概况。

天津市城镇燃气应用技术企业重点实验室依托于中国市政工程华北设计研究总院有限公司，基于企校联合共建模式，与天津大学联合共建，经过2年筹备期建设，顺利通过了天津市科技局组织的专家现场验收，于2018年12月29日被认定为天津市企业重点实验室。

天津市重点实验室设有专业研究团队和博士后科研工作站，共有固定科研和技术人员32人，具有高级职称达到21人（其中正高级职称5人），中级职称6人；获得博士学位6人，获得硕士学位14人；学术队伍平均年龄39岁，专业知识结构合理，富有朝气和活力，有较高的学术素养，为实验室持续健康发展提供强有力的保证。此外，企业重点实验室成立了学术委员会，聘任了1名学术委员会主任委员、1名副主任委员和9名学术委员，每两年换届一次，以切实保证学术委员会起到学术引领作用。

重点实验室以实现城镇燃气高效优化应用为总目标，研究燃气在储存-输配-应用过程中的工程应用、科研技术及标准规范的热点与关键问题。当前本实验室设有四个研究方向：天然气互换性与应用边界理论，燃气燃烧高效利用技术与测试装备，燃气系统设备健康诊断与安全设计技术，多能源综合互补供能技术工艺与应用。

自2016年实验室筹建以来，共承担国家、省部级项目共计9项，科研经费3427万元；项目获得华夏建设科学技术奖二等奖1项、三等奖2项，天津市科学技术进步奖三等奖1项，青岛市科学技术奖二等奖1项；发表学术论文50篇，其中16篇被SCI、EI、CSCD收录；授权专利20项，其中发明专利4项，实用新型11项，软件著作权5项；编制发布实施的标准共24项，其中国家标准17项，行业标准5项，团体标准2项。

3.2 中石油昆仑燃气有限公司燃气技术研究院

1）科技人员：数量100人，科技人员占比72%。

2）科技投入：200万元/年，科技投入占比20%。

3）企业概况。

注册成立于2013年，为昆仑能源有限公司直管二级单位，负责对哈尔滨市燃气工程设计研究院和哈尔滨市燃气压力容器检验所的业务实施委托管理。研究院下设技术研发中心、标准信息中心、市场开发中心。研究院现有在岗人员138人,内退4人,退休35人,在岗人员包括教授级高级工程师等各类专业技术人员110余人。

作为集团内唯一专注于天然气终端业务的科技创新机构,研究院成立以来,牢牢把握昆仑公司的业务需求,结合自身实际,积极推进管理制度化、规范化和科学化进程,先后成立了技术委员会、安全委员会、标准化管理委员会,制定颁布了一系列规章制度,通过了HSE管理体系认证。在此基础上,大力开展科技项目研发与创新、技术标准规范的研究与制定,以及燃气工程设计咨询、燃气压力管道和压力容器的检验检测等业务。研究院成立以来在上级领导的高度重视与大力支持下,取得了平稳较快发展,经过几年的不断探索和实践,初步形成了有利于创新发展的基本格局,为未来研究院做大做强打下了一定的基础。

4) 哈尔滨市燃气工程设计研究院

设计院始建于1984年,原名为哈尔滨市燃气工程设计所,1993年更名为哈尔滨市燃气工程设计研究院。2006年9月随同哈尔滨燃气化工总公司改制,隶属于哈尔滨中庆燃气有限责任公司。2013年11月中庆燃气公司授权中石油昆仑燃气有限公司燃气技术研究院管理(以下简称燃气技术研究院)。北京分院成立于2009年,北京分院随同哈尔滨市燃气工程设计研究院归属燃气技术研究院管理。

(1) 资质情况

设计院现具有城镇燃气工程设计甲级资质,燃气热力工程咨询甲级资质,压力管道设计资质(GA1(1)、GA2、GB1、GB2、GC1(2)、GC2、GC3),市政公用工程监理甲级资质,通过了国家认证中心质量、环境、职业健康安全一体化管理体系认证。

设计院承担了哈尔滨市及黑龙江省内、省外城镇燃气工程可行性研究报告、项目评价及初步设计、施工图设计及省内外城镇燃气管网规划设计、液化石油气储配站、LNG气化站、CNG汽车加气站、液化石油气小区气化站等工程项目的设计及咨询工作。

(2) 人员状况

设计院现有在册职工102人,各类专业技术人员62人,现有国家级注册工程师69人次。其中,公用设备注册工程师12人,注册咨询工程师14人,注册监理工程师21人,其他各类注册工程师22人。

(3) 获奖情况

设计院先后荣获黑龙江省优秀工程咨询一等奖1项、二等奖5项,黑龙江省优秀工程勘察设计二等奖3项、三等奖8项,哈尔滨市优秀工程勘察设计奖4项。

3.3 北京优奈特燃气工程技术有限公司

1) 研发机构名称:技术研发部。

2) 科技人员:数量30人,科技人员占比20%。

3) 科技投入:650万元/年,科技投入占比4%。

4) 企业概况。

北京优奈特燃气工程技术有限公司是北燃实业集团有限公司和特克贝尔工程公司的合资公司,专门从事市政燃气、热力咨询设计、总承包、监理、科研等项目,是国家高新技术企业。公司成立二十九年来,恰逢我国特别是北京市市政供气、供热等能源产业的大发展时期，公司积累了丰富的工程技术经验，在市政能源供应技术服务领域的技术处于全国领先的地位，也形成了大量的专利技术和公司专有技术，获得专利技术15项。

根据科技创新工作发展需要，公司于2016年成立技术研发部，专门从事科研工作。在积极承揽外部公司委托的科研课题的基础上，不断加大科技投入，近五年来承接外部科研课题40多项，为公司的发展壮大发挥了重大作用。近年来，公司有11个项目获评中国勘察设计协会、北京市工程勘察设计协会或北京市工程咨询协会的优秀项目。积极参与制定国家、地方、行业、企业标准和技术规范工作，近年来主编或参编规范制订工作13项，其中国家标准2项、行业标准1项、团体标准2项、地方标准4项、企业标准4项。

北京优奈特燃气工程技术有限公司受邀担任2020～2021届SCI收录的国际学术期刊副主编、编委和第三届Springer Nature CAGJ国际会议第13分会场（能源工程分会场）副主席。

本单位科技人员均具有资深的专业背景和丰富的行业经验，对相关技术和产业的现状、发展趋势等具有深刻的认识和了解。公司非常注重研发团队的培养，建立了较为完善的人员培训与考核机制，不断增强研发创新能力。本公司在研究开发组织管理方面制定了企业研究开发的组织管理制度，建立了研发投入核算体系，编制了研发费用辅助账，设立了内部科学技术研究开发机构并具备相应的科研条件，与北京建筑大学、清华大学、北方工业大学等高校开展了产学研合作；建立了科技成果转化的组织实施与激励奖励制度，建立开放式的创新创业平台；建立了科技人员的培养进修、职工技能培训、优秀人才引进以及人才绩效评价奖励制度。

3.4 上海燃气工程设计研究有限公司

1）研发机构名称：技术中心。

2）科技人员：数量98人，科技人员占比57%。

3）科技投入：1200万元/年，科技投入占比7%。

4）企业概况。

上海燃气工程设计研究有限公司原为上海市燃气公司设计所（后改名为"上海燃气设计院"），成立于20世纪80年代，为上海燃气事业的发展作出了卓越的贡献。2002年整体改制为多元投资的有限责任公司。公司目前注册资金为2000万元人民币，持有市政行业（城镇燃气工程）专业甲级、石油及化工产品储运及市政行业（热力工程）专业乙级设计资质、工程咨询协会市政公用工程专业资信甲级；国家市场监督管理总局GA1、GA2、GB1、GB2、GC1、GC2压力管道设计资质；通过ISO9001：2016、ISO14001：2015、ISO 45001：2018认证，并连续被评为上海市文明单位和上海市高新技术企业。

自成立以来，公司坚持依托本身在燃气专业领域的核心技术优势，以及各股东单位在城市燃气运营管理上的经验优势，不断扩大业务范围，逐步向业务链前端（规划咨询）和后端（运营支持）延伸，突出系统化、专业化、全过程的技术服务能力，并以此来推进市场拓展工作的顺利开展，取得了令人瞩目的业绩，成长为一家在燃气行业拥有较高品牌声誉和较强竞争实力，集燃气工程设计、规划、科研、咨询、服务和总承包为一体，在LNG储、运、销等应用技术领域具有丰富实践经验和深厚技术储备的科技型企业，能为业主提供定制化的项目全过程服务。

5）研发机构概况

公司技术中心拥有一支以教授级高工为核心，涵盖总图、燃气、化工、暖通、建筑、结构、电气、自控、给水排水、通信、环保、机械、技术经济等各个专业的优秀技术团队，其中享受国务院特殊津贴专家 1 人、教授级高级工程师 5 人、高级工程师 29 人、工程师 55 人、助理工程师 20 人，拥有英国皇家测量师、注册设备工程师、注册咨询师、注册建筑师等各类注册执业资格人员 34 人。

6）科技成果

研发工作始终坚持"技术研发要迎合市场需求"的创新宗旨，并在实践过程中，积极打造与行业主管部门、业主、施工企业、设备商及同行设计院间的创新联动，结合国内燃气行业发展趋势，承接了《上海市燃气行业"十四五"发展规划研究》《长三角天然气供应能力规划研究》《上海市天然气主干管网布局规划研究》等课题研究工作，为上海市市政府、市燃气行业管理部门和燃气企业等单位对天然气事业发展、决策提供参考和帮助。

（1）标准编制

公司技术中心积极参与了多部国家、地方、企业标准的编写及修编工作。如《城市天然气管道工程技术规程》《城镇高压、超高压天然气管道工程技术规程》《城镇燃气设计规范》《压力管道规范 公用管道》《上海燃气技术标准体系》等。

（2）科研项目

公司技术中心结合国内天然气技术发展趋势，在 LNG、氢能、分布式供能、智慧燃气、锅炉节能改造、成品油等领域开展了科研与实践。在 LNG 储罐、LNG 冷能利用、加氢站、天然气三联供、智慧燃气等领域进行关键技术研发并将核心技术进行成果转化，承接了《上海 LNG 项目储罐扩建工程冷能发电装置研究与实践》《宝钢股份科研性示范加氢站工程》《无锡马山天然气分布式供能项目》《天然气管道数字化建设平台课题研究》等项目。

（3）专利及获奖

上述科技成果目前在上海及国内燃气行业得到有效的转化和广泛的应用；成功获得了超高层建筑燃气供应系统等近 24 项专利及软件著作权（其中 8 项发明专利，2 项软件著作权）；曾荣获国家建设部优秀城市规划奖、全国优秀工程咨询成果奖、华夏建设科学技术奖、上海市科技进步奖、上海市优秀工程咨询项目一等奖等 30 余项省部级以上科技奖励。其中：《上海市天然气主干网系统工程》获得了第 11 届中国土木工程詹天佑大奖；《上海 LNG 运储销平衡系统》荣获上海市科学技术进步二等奖；《城市燃气管网应急安全维抢修体系研究与应用》荣获上海市优秀工程咨询成果一等奖；《上海驿蓝能源科技有限公司加氢充电合建站项目》荣获上海市优秀工程咨询成果三等奖。

3.5 南京市燃气工程设计院有限公司

1）研发机构：南京市燃气热力工程技术研究中心。

2）科技人员：数量 92 人，科技人员占比 13%。

3）研发机构概述。

公司于 2014 年成立了燃气热力工程研发中心，近年来一直注重新工艺、新技术的创新，产生了 11 项知识产权。公司每年投入的研发费用占销售收入比例都在 5% 以上。2019 年 7 月，被评为市级工程技术研究中心。

中心通过联合高校和企事业单位，与国内外同行业专家进行技术交流，不断提升我国燃气热力设计领域的技术水平。通过组织科技人员学习、培训、考察，进行项目合作等方式，引进、消化、吸收、再创新国外的先进技术，不断提高我国燃气热力设计领域的整体技术水平；通过邀请国内外专家来中心讲学、合作研究等形式，在更广的范围内，推动我国燃气热力设计领域赶超世界先进水平。

为了将中心建设成为一个"科学、高效、有序"的科技平台，研发项目开发期采用项目制绩效管理机制，即技术人员工资和项目挂钩，确保开发的新技术有好的市场前景。且设立单独的内部考核、分配和奖惩机制，在团队中形成一种积极地竞争意识，提高整个团队的工作效率。同时，不断吸取开发过程中的经验教训，对现有制度进行完善和更新，从制度上为燃气热力工程技术研究中心的运行建立起一个基础保障体系。

4）科技成果

获得"设计项目审图意见统计分析软件V1.0""燃气工程管道设计辅助系统软件V1.0""设计项目文本交付审批系统软件V1.0""燃气用气负荷预测及分配软件""二维码档案信息录入系统软件V1.0"等软件著作权；获得"车用液化天然气冷能利用装置""一种自防护型高压天然气输送管道""压缩天然气加气站的加气系统""压缩天然气加气站的加气装置""一种利用冷能的液化天然气加气站"等实用新型专利技术。

3.6 武汉市燃气热力规划设计院有限公司

1）科技人员：数量25人，科技人员占比19.38%。

2）科技投入：496万元/年，科技投入占比5.36%。

3）企业概况。

武汉市燃气热力规划设计院有限公司创立于1986年，具有市政行业（城镇燃气工程、热力工程）专业甲级资格证书、工程咨询单位市政公用工程甲级资信证书；建筑行业（建筑工程）乙级资格证书、石油天然气（海洋石油）行业（管道输送、油气库）专业乙级资格证书、市政行业（给水工程、排水工程）专业乙级资格证书；市政行业（道路工程）专业丙级资格证书；特种设备（压力管道）设计许可资格证书；并取得高新技术企业证书和《质量管理体系 要求》GB/T 19001—2016、《环境管理体系 要求及使用指南》GB/T 24001—2016、《职业健康安全管理体系 要求及使用指南》GB/T 45001—2020。

公司可承担资质证书范围内相应的城市燃气、天然气长输管线及分输站、门站、调压站、油气储库、LPG（液化石油气）站场、LNG（液化天然气）站场、CNG（压缩天然气）站场以及城市热力网工程、热力站、分布式能源等项目的规划、可行性研究、工程设计、技术咨询和建设工程总承包业务。

近30年来，市场范围覆盖了全国28个省份。共完成设计项目近3万项，居民用户420余万户，高中压管网18000km，商业及工业用户5600多家，各类站场600多座，完成总承包项目20多项。获省、市级优秀设计及咨询奖86项，完成科研项目9项。取得6项专利证书和10项专业软件著作权证书。连续多年获得湖北省"重合同守信用企业"荣誉称号，并获得市级文明单位称号。

公司现有员工127人，其中各类专业技术人员110多名，包括正高职高级工程师4人、高级工程师40人，工程师52人。专业面覆盖燃气、热力、油气储运、总图、化工、防腐、机械、电气、自动化仪表、建筑、结构、给水排水、暖通、工程管理及工程造价等多个专业。

经过多年的努力，该院建立了企业自主创新体系，拥有自主知识产权。2017年以来，共拥有31项国家专利，其中发明专利1项，实用新型专利30项，计算机软件著作权31项获得登记。

近年来，该院在深化改革、转换经营机制、建立现代企业制度方面做了大量工作，取得了较好的成效，完善了科学管理结构，提高了竞争实力和抗风险能力。

3.7 西安市燃气规划设计院有限公司

1）科技人员：数量8人，科技人员占比15.38%。

2）科技投入：180万元/年，科技投入占比8.97%。

3）企业概况。

西安市燃气规划设计院有限公司始建于1982年，经济性质为有限责任公司（法人独资）。前身为西安市煤气公司设计所，2007年改制为西安秦华天然气有限公司全资子公司。现拥有住房城乡建设部颁发的市政行业（城镇燃气工程）专业甲级设计资质、发展改革委颁发的工程咨询（燃气、热力）证书、国家质量监督检验检疫总局颁发的压力管道设计资格证书，2008年通过了ISO 9000标准质量体系的认证，2019年通过环境、职业健康安全体系认证。

公司作为燃气专业甲级设计院，各专业配置齐全，下设：市场开发及项目管理部、总工办、综合办、工艺室、专业室、财务室六大职能部门，现有人员55人，其中：高级职称8人，中级职称21人，各类国家注册执业人员20人。公司专职从事压力管道的设计人员37人，审批人员（含审核、审定人员）11人。公司立足于西安市城区范围的各项燃气工程建设，并积极服务于汉中天然气投资发展有限公司、汉中新汉能源科技发展有限公司、陕西城市燃气有限公司、西安西户天然气有限公司、绵阳港华燃气有限公司、安康市天然气有限公司、平利秦华天然气公司、卢氏秦华天然气公司、千阳秦华天然气公司等各地燃气运营企业。我们秉持"设计创优，以客为尊，管理科学，以人为本"的经营理念和服务宗旨，始终专注于城市气化工程、天然气加气站工程等项目全过程的设计服务。

公司采用计算机辅助设计技术，现拥有AutoCAD、浩辰AutoCAD、Met-flow水利计算、广联达清单计价等多种应用软件，院内建立了局域网，实现资源共享，计算机出图率100%，图档计算机管理100%。同时拥有HP1120（24）绘图仪、HP800（24）绘图仪、HP520绘图仪、HP790（24）绘图仪、CONTEX-FSS8300大幅扫描仪、惠普光盘刻录机、京瓷复印机、蓝图之星晒图机、蓝清激光晒图一等先进设备，完成设计的信息录入、计算、设计、制图、喷绘、装订、交付成果、存档等的全过程。各部门严格按照ISO9000质量体系及压力管道管理体系各项规章制度运行，确保设计产品的质量和工期得到有效监控。

公司运营三十多年来，一直立足燃气工程设计，以"技术创新、设计创优、诚信为本、顾客满意、科学管理、持续改进"的质量方针和"以客为尊"的经营理念服务于广大客户，并受到大家的一致好评。

3.8 中交煤气研究设计院有限公司

1）科技人员：数量47人，科技人员占比23.5%。

2）科技投入：500万元/年，科技投入占比10%。

3）企业概况。

公司拥有一支技术力量雄厚、专业配套齐全、知识结构合理、服务意识超强、在行业具有广泛影响力和知名度的专业技术人才队伍。公司现有各类国家级执业或注册资格人员51人次，省级设计大师1人，享受政府特殊津贴1人，教授级高级工程师12人，高级职称56人，中级职称73人，初级职称14人。公司先后完成国家"六五""七五""八五"科技攻关项目，累计完成5000多项各类科学研究、工程设计、工程咨询和总承包项目，项目遍布全国28个省、市、自治区及欧洲。先后获得住房城乡建设部、省、市级科技进步、优秀勘察设计、优秀咨询一、二、三等奖60多项，参编国家标准、规范20余项，是国家级重要刊物《煤气与热力》主办单位之一，全国燃气学会输配委员会和辽宁省燃气学会挂靠单位。

4）研发机构概况

公司自2005年至今，申请科技部科研课题6项，国家863课题1项，国家外国专家局课题1项，住房和城乡建设部课题1项，辽宁省科技厅课题1项，沈阳市科技局课题1项，产学研合作课题1项。现为"燃气专业服务中心"和"辽宁省市政综合管网安全专业技术创新中心"，主要开展气质检测、市政综合管网检测与风险评估技术研究、地下综合管廊运营有关技术研究、管网动态仿真系统及数字化管道数学模型的建立和市政综合管网标准化管理技术研究。

同时，公司多年来一直与域内多所知名市政专业高校及多家设计公司合作，建立了良好的人才使用体系，因此，公司在市政领域人才方面具有较好的基础，具备成立独立机构所需条件，但仍需进一步增加人才储备，提高业务水平和能力，加大资源投入，开阔发展思路。

3.9 北京市煤气热力工程设计院有限公司

1）研发机构名称：道石研究院。

2）科技人员：数量30人，科技人员占比10%。

3）科技投入：1581.46万元/年，科技投入占比3.8%。

4）企业概况。

北京市煤气热力工程设计院有限公司（以下简称"煤热院"）精专于燃气、热力行业规划、咨询、设计、研究，并逐步形成以"规划-咨询-设计-EPC-监理-地理信息"为特色的多元化、一体化技术服务链，致力于为工程建设项目提供全过程综合性技术服务。

近年来，公司经营状况良好，2019年度，实现销售收入4.5亿元，投入研发费用1380.37万元，近3年研发投入平均增长率为7%。公司现有人数290人，研究生及以上学历共有80人，高级职称57人，中级职称80人。

煤热院现有市政工程（燃气、热力）工程咨询、工程设计甲级资质、市政公用工程监理甲级资质，具备城乡规划编制、新能源发电、火力发电、管道输送、建筑工程、给水排水、环境卫生等领域资质，市政工程总承包资质，政府采购代理机构资格，以及压力管道、压力容器设计资格证书，质量、环境、职业健康安全三体系认证证书。拥有技术专利30余项，软件著作权10余项，始终保持着全国燃气、热力行业诸多领先的设计之最。共编制国家及行业标准规范 150 余部，承接国家级、部委以及自主开展课题研究 300 余项，为推动行业技术进步做出了重要贡献。自 2010 年起至今被连续认定为北京市"高新技术企业"（北京市第一批）。2014 年被国家工商行政管理总局评为全国"重合同守信用"先进单位。2018 年被评为"首都文明单位"。

煤热院在城市燃气，大型热网、热源，区域综合能源供应，分布式能源，光伏发电工程，大型城市供气、供热等能源系统运营诊断咨询，城市燃气、供热市场分析等领域均拥有核心技术和独特理念，并能够利用"BIM＋"技术手段，实现工程项目的可视化操作，为业主提供综合能源项目建设-运营的差异化技术服务。完成了大量综合能源项目方案制定、技术咨询服务、工程勘察设计、工程监理、工程总承包项目，业务足迹遍布国内外市场。工程项目荣获国家级、省部级奖励 200 余项。2016 年，煤热院规划、设计的《北京市天然气利用系统工程》荣获中国土木工程最高奖——"詹天佑奖"。

煤热院推行"全项目链咨询设计"理念，着力打造一流综合能源工程咨询团队。从投融资咨询、规划方案制定、施工图设计，到项目运营管理、改造和收益，为业主提供科学合理、投资收益最佳方案。此外，在管理咨询、城市公用事业特许经营等方面，煤热院也有着丰富的经验。秉承"适用、精专、耦合、一体"的综合能源项目理念，为不同业主提供因地制宜的，"智能化、清洁化、分散化和一体化"的能源解决方案，并为首都城市副中心、雄安新区、提供综合能源咨询设计服务。拥有丰富的综合能源 EPC 工程经验以及精细化管理能力，先后完成了 APEC 日出东方酒店能源中心、北京世园会多能耦合、中石油数据中心等综合用能项目。创立"综合能源创新年会"平台，推行区域综合能源规划设计理念，引领国内能源利用模式新发展。以"新平台、新思路、新合作"理念打造共赢平台，与业主和诸多合作方共同践行综合能源技术创新与实践。

秉承"至信、至谨、至新、至敏"的价值观，以"专注综合能源领域、专业培育技术精英、专心营造绿色生活"为使命，煤热院始终以精专的技术、精湛的产品、精细的管理，提供综合能源咨询设计一体化技术服务，力争成为综合能源技术创新的推动者和引领者。

5）研发机构概况

道石研究院为煤热院下属的研发机构。道石研究院致力于为煤热院打造能源应用领域核心竞争力，实现在综合能源技术服务领域的高端发展。研究方向包括燃气、热力、以氢能、可再生能源为代表的新能源以及综合能源领域的服务于企业生产的前沿技术研究、技术研发与应用、关键软件及产品研发、科技成果转化等，承接了国家地震局、北京市科协、市管委等多项研究课题。目前道石研究院下设有新能源创新工作室、北京市煤气热力工程设计院-中石油大学（北京）研究生联合培养基地、智慧燃气研究室、智慧供热研究室、多能耦合研究室、管道直埋技术研究室、水力仿真技术研究室、能源政策研究室、标准规范研究室等专项研发机构。

3.10　北京市公用事业科学研究所

1）科技人员：数量 86 人，科技人员占比 41％。

2）科技投入：776 万元/年，科技投入占比 6.8％。

3）企业概况。

北京市公用事业科学研究所（以下简称科研所）成立于 1978 年 9 月，是具有独立法人资质的公益型市属科研机构，行政隶属于北京北燃实业有限公司。科研所积极开展科研、检测和成果转化工作，为首都燃气、供水节水、集中供热等市政公用基础设施的安全运行和发展、节能环保及政府主管部门的行业管理和技术质量监督以及燃气、热力相关事故鉴定提供技术支持。

科研所拥有 28 个科研、检测实验室，实验室总面积 2300 余平方米，具有市政公用工程（燃气热力）专业工程咨询单位资质、中国实验室国家认可等 12 项国家部委和北京市委办局颁发的检测资质，具备对燃气、燃气用具、调压设备、锅炉、流量计、各类阀门、保温材料、热量计和节水用具等产品进行检测和试验的能力。

科研所现有从事科技活动人数 86 人，其中注册咨询工程师 2 人，注册安全工程师 2 人；其中博士 1 人，硕士 29 人，本科 48 人，大专 6 人，其他 2 人；其中高级职称 18 人，中级职称 26 人，初级职称 24 人，其他 18 人。

4）产品研发

近年来，科研所研发新型节能环保燃具及锅炉燃烧器取得新突破，在北京市节能改造及锅炉煤改气、农村煤改气、北京清空计划等北京市能源结构优化升级重大项目中得到广泛应用，经济、环保、社会效益突出。

科研所火炬及艺术燃火技术不断创新改进，取得多项自主知识产权，在 20 余项世界级、国家级项目中得到应用，尤其是 2019 年武汉军运会水中点火技术更加提升了科研所的影响力。

5）主要业绩

"十三五"以来，科研所积极开展各级各类科研项目研究 60 余项，其中，主编参编国家、行业、地方标准和团体标准项目 39 项。完成并取得科研项目成果 40 余项，获得 31 项专利授权和 9 项软件著作权登记，其中发明专利 3 项。科技人员在各级各类刊物发表论文 35 篇。获得部市级以上科技奖励 3 项，其中北京市发明创新大赛奖 2 项，首都职工自主创新成果奖 1 项。共完成职工五小创新成果 10 余项，取得集团职工劳动竞赛五小创新奖 3 项。

4 行业社团组织

我国先后成立了中国土木工程学会燃气分会和中国城市燃气协会两大国家级社团组织，在我国燃气行业技术进步方面发挥了极大的促进作用。

4.1 中国土木工程学会燃气分会（中国燃气学会）

中国土木工程学会燃气分会于 1979 年 4 月在中国大连成立，主要任务是开展燃气行业领域内的各项学术活动，承担中国土木工程学会部署的工作；代表中国参加国际燃气联盟（IGU）并出席其组织的活动；编辑本行业学术刊物和书籍；为政府主管部门提出行业发展建议、举荐科技人才、反映科技人员意见和要求；接受政府部门和单位委托，开展资质认定、技术咨询和技术培训工作。

分会设有 11 个专业研究机构，包括燃气领域的气源、输配、应用、液化石油气、液化天然气、压缩天然气、燃气供热、商用燃具、编辑和信息化、管理技术等。

经住房城乡建设部批准和授权，中国土木工程学会燃气分会以中国燃气学会（China Gas Society，缩写 CGS）名义代表中华人民共和国在 1986 年成为 IGU 正式理事。自加入后，分会积极参加国际活动，履行 IGU 成员的各项义务和责任，加强燃气行业国际交流和合作，积极推进向中国市场介绍海外的新技术和新设备，为中国进军海外市场贡献了力量。

4.2 中国城市燃气协会

中国城市燃气协会（China Gas Association，CGA）成立于1988年5月，是国内城市燃气经营企业、设备制造企业、科研设计及大专院校等单位自愿参加组成的全国性行业组织，是在国家民政部注册登记具有法人资格的非营利性社会团体，业务主管单位是国家住房和城乡建设部。

至今，中国城市燃气协会共有618家会员单位，会员覆盖全国30个省、自治区和直辖市。协会设立15个工作机构，包括秘书处、科学技术委员会、企业管理工作委员会、信息工作委员会、培训工作委员会、燃气具专业委员会、产品管理工作委员会、液化石油气钢瓶专业委员会、安全管理工作委员会、液化石油气委员会、分布式能源专业委员会、智能气网专业委员会、液化天然气专业委员会、燃气用户服务工作委员会、标准工作委员会。

中国城市燃气协会在我国城市燃气发展历程中发挥了重要的桥梁纽带作用，对行业的改革和发展起到了积极的促进作用。30多年来，在国家民政部和建设部的领导下，在国家有关部门的指导下，中国城市燃气协会服务于党和政府的中心工作，积极宣传贯彻国家燃气方针、政策、法律法规，坚持开展调查研究，反映企业诉求，为政府决策建言献策。积极开展国际交流与合作、促进燃气行业技术水平和管理水平的提高。中国城市燃气协会以"服务企业发展，当好政府参谋，促进行业自律"为宗旨，秉承"创新、协调、绿色、开放、共享"的发展理念，积极推动燃气行业科技创新、促进安全和服务水平的提升、促进行业公平竞争、促进燃气行业高质量发展。

5 结论

为增强行业高质量发展后劲，各燃气企业凝聚产学研创新力量，解决生产技术难题；跟踪新技术、新设备，服务于企业各业务板块提质增效；发挥技术创新主体作用，研究前沿技术，形成自主知识产权，用技术创新驱动企业可持续发展。

高等院校是基础研究的主力军，是技术创新的主战场，更是创新人才培育的主阵地，一个充满活力的科技创新体系首先离不开政府的支持，这种支持一方面体现在国家科技经费投入力度不断增加、政策法规的日趋完善；另一方面还体现在流向高等院校科研活动的资金比例的不断提高，以推动高等院校加强对研究型人才的培养，最终为科技创新型企业输送科技研发人员。从目前高等院校的燃气科研经费比例和专业人才培养数量上来看，明显存在燃气行业基础研究经费过低，专业人才储备偏少等问题。面对日益增长的技术创新需求，城镇燃气企业一方面要承担科技创新的主体责任，不断加大科技投入，另一方面还将应对专业科技人才相对匮乏的挑战。

设计、科研院凭借在燃气领域的技术优势，与燃气企业的生产实际紧密衔接，引进高端技术人才，坚持需求导向原则，研发核心技术，形成自主知识产权，打造科技型企业，为推动行业科技进步提供有力支撑。

各类行业社团组织在科技创新体系中发挥着服务和协调功能，尤其在国际交流与合作、燃气行业技术水平和管理水平提高等方面起到了积极的推动作用。

参考文献

[1] Bernard Looney. Statistical Review of World Energy 2020 | 69th edition [R]. London：BP p. l. c，2020.

[2] Shahin Ahmed M，Ghallab Ayat O，Soliman Ahmed. Increasing LPG production by adding volatile hydrocarbons to reduce import gap in Egypt. Journal of Petroleum Exploration and Production Technology. 2020（09）2-20.

[3] 中华人民共和国住房和城乡建设部.2019 年城乡建设统计年鉴 [Z/OL].［2020-12-31］.http：//www. mohurd. gov. cn/xytj/tjzljsxytjgb/index. html.

[4] 国家能源局石油天然气司，国务院发展研究中心资源与环境政策研究所，自然资源部油气资源战略研究中心.中国天然气发展报告（2020）[M].北京：石油工业出版社，2020.

[5] 李阳，杨龙虎.试论以科技型企业为主体的技术创新及研发体系建设方法 [J].中国战略新兴产业（理论版），2019，（024）：1-1.

[6] 张位平.浮式 LNG 发展及我国应用前景 [C] //"宝塔油气"杯第四届天然气净化，液化，储运与综合利用技术交流会暨 LNG 国产化新技术新设备展示会.

[7] 孙永庆，钟群鹏，张峥.城市燃气管道风险评估中失效后果的计算 [J].天然气工业，2006，26（001）：120-122.

[8] 别沁，李琦，傅敏.水力模拟软件在天然气管网气质分析中的应用 [C] //2017 年全国天然气学术年会论文集.2017.

[9] 褚永彬，余林，余小平，等.燃气管网全生命周期管理 GIS 系统设计与实现 [J].测绘与空间地理信息，2018，41（08）：11-13＋17.

[10] 李树旺，冯伟程，焦岗，等.基于综合评价法的燃气输配设施投资决策管理 [J].煤气与热力，2012（01）：25-27.

[11] 吴嫦.天然气掺混氢气使用的可行性研究 [D].重庆大学，2018.

[12] 严太山，程浩忠，曾平良，等.能源互联网体系架构及关键技术 [J].电网技术，2016，40（01）：105-113.

[13] 吴晓南，胡镁林，商博军，等.城市燃气泄漏检测新方法及其应用 [J].天然气工业，2011，031（009）：98-101.

[14] 徐景德，郝旭，李晖，等.天然气高压输送管道微量泄漏 TDLAS 检测技术理论研究 [J].安全与环境学报，2017（6）.

[15] 刘均荣，姚军.油气系统甲烷排放源及减排技术 [J].油气田地面工程，2008，27（7）：55-55.

[16] 高媛.智能技术在城市燃气输配管网系统的应用研究 [D].北京建筑大学，2017.

[17] 张涛.《农村燃气工程技术导则》解读 [J].煤气与热力，2018，38（11）：1-3.

[18] 刘彬，李铮，阎海鹏，李颜强，杜建梅，陈云玉.我国燃气工程建设强制性标准沿袭与改革 [J].煤气与热力，2019，39（08）：34-38＋46.

[19] 刘彬，李铮，李颜强，阎海鹏，杜建梅，陈云玉.英美日技术法规体系对燃气标准化改革的启示 [J].煤气与热力，2019，39（02）：33-38＋46.

[20] 罗自治，张传清，杨勇，等.国外管道失效原因分析及对我国管道管理建议 [J].煤气与热力，2011，31（03）：79-82.

[21] 丁金林.能源革命下我国天然气行业发展的思考与建议 [J].北京石油管理干部学院学报，2020，27（01）：29-34.

[22] 邱岩峰.中国城镇燃气企业发展现状与形势分析 [J].国际石油经济，2020，28（04）：82-89.

［23］杨晨.当前国内外液化石油气市场现状及发展趋势［J］.当代石油石化，2019，27（06）：19-23.

［24］李依恩，张丽欣，魏晓瑜.乡村振兴背景下，关于农村"煤改气"实施问题的探讨［J］.居舍.2019
（20）：158.

［25］高芸，王蓓，蒋可，胡奥林.2019年中国天然气发展述评及2020年展望［J］.天然气技术与经济，
2020，14（01）：6-14.

［26］杨浩宇.机遇与挑战并存，推动信息技术与燃气行业深度融合.中国建设报，2020-11-5（007）.

［27］编辑部.国家统计局发布2019年全国科技经费投入统计公报［J］.粉末冶金工业，2020，30
（05）：11.

第二章　中国燃气行业近年主要技术进展

第一节　气源

2019 年，中国天然气国内产量为 1773 亿 m^3，同比增长 10.6%，增量 170 亿 m^3，连续 3 年超 100 亿 m^3，并创历史新高。2019 年，中国进口天然气 1336.6 亿 m^3，同比增长 6.9%，对外依存度为 42.9%，其中管道气进口量占比 37.6%，LNG 进口量占比 62.4%[1]。

截至 2019 年年底，中国天然气长输管道总里程近 8.7 万 km[2]。中俄东线天然气管道北段全线贯通，南涪天然气管道工程投产，中石化潜江—韶关输气管道工程湖南段完成部分管道焊接，估计全年建成跨省干线管道 870km。此外，蒙西煤制气外输管道项目一期后续工程开工，全长约 382km，计划于 2020 年 12 月前完工投产，届时中海油天津进口 LNG 和渤海海气可输送至京津冀地区。

2019 年，中国进口管道天然气 500.4 亿 m^3，同比减少 0.1%。主要来源国是土库曼斯坦、哈萨克斯坦、乌兹别克斯坦、缅甸和俄罗斯，如图 2-1 所示。进口通道为中亚管道、中缅管道和 2019 年 12 月正式投产通气的中俄管道，如表 2-1 所示。

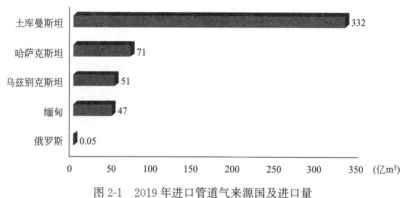

图 2-1　2019 年进口管道气来源国及进口量

数据来源：海关总署。

天然气进口管道　　　　　　　　　　　　　　　　　　　　　　　表 2-1

管道	来源国	管道长度（km）	建成时间	供给能力（亿 m^3/年）
中亚 A 线	土库曼斯坦、乌兹别克斯坦等	1833	2009	150
中亚 B 线	土库曼斯坦、乌兹别克斯坦等	1833	2010	150
中亚 C 线	土库曼斯坦、乌兹别克斯坦等	1830	2014	250

管道	来源国	管道长度 （km）	建成时间	供给能力 （亿 m³/年）
中亚 D 线	土库曼斯坦	1000	2020 后	300
中缅管道	缅甸	2520	2013	120
中俄东线	俄罗斯	4980	2019	380

2019 年，中国进口 LNG 主要来源国有澳大利亚、卡塔尔、马来西亚、印度尼西亚、巴布亚新几内亚、俄罗斯、尼日利亚等国家，如图 2-2 所示。

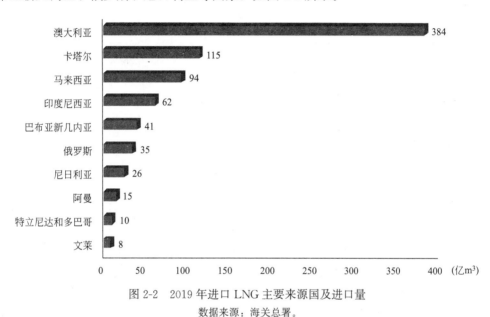

图 2-2　2019 年进口 LNG 主要来源国及进口量

数据来源：海关总署。

1　管道天然气

1.1　发展综述

1.1.1　天然气气田分布

截至 2019 年年底，我国共发现大气田 72 个（包含 4 个页岩气田和 4 个煤层气田），中国大气田主要分布在 3 大盆地：四川盆地共有 25 个（4 个页岩气田）、鄂尔多斯盆地 13 个（1 个煤层气田）、塔里木盆地 10 个，同时，这 3 个盆地也是中国主产气区[3]。

1.1.2　输气干线

"十三五"期间，以《天然气发展"十三五"规划》《中长期油气管网规划》等作为天然气设施建设的重要依据，国内改革力度加大，天然气发展思路和目标、改革方向和路径进一步明晰，输气管网建设规模在不断扩大。经建设，我国已形成以西气东输管道系统、陕京天然气管道系统、川气东送天然气管道系统，以及一些联络天然气管道为主体的天然气输气管网。

我国进口天然气管道陆续开通，国家基干管网基本形成，部分区域性天然气管网逐步完善，非常规天然气管道蓬勃发展，"西气东输、北气南下、海气登陆、就近外供"的供气格局已经形成。其中西气东输管道系统西一线干线起自新疆轮南镇，止于上海市白鹤镇；西二线干线起自新疆霍尔果斯市，止于广东省广州市；西三线干线西起新疆霍尔果斯市，终于福建省福州市，该管道西段（霍尔果斯—中卫）、东段（吉安—福州）已建成投产。

陕京天然气管道系统中陕京一线干线起自陕西省靖边首站，止于北京市石景山区衙门口末站。陕京二线干线起自陕西省靖边首站，止于北京市通州区通州末站。陕京三线干线起自陕西省榆林首站，止于北京市昌平区西沙屯末站，大体并行陕京二线。陕京四线干线起自陕西省靖边首站，止于北京市顺义区高丽营末站。

川气东送天然气管道系统是中国石化已建最长天然气管道，干线管道起自普光首站，止于上海末站，全长1700km。天然气管道与川气东送天然气管道主体并行敷设，干线管道起自重庆市忠县，止于武汉末站，长约719km。

1.2 技术进展

输气管道从施工到运营管理的过程中，各方面技术稳步提升。主要体现在泄漏监测与巡线技术、高强度管线钢技术、输气管线的设备国产化技术、设计技术、长输管道施工技术、输气管道完整性管理、管道修复技术等方面。

1.2.1 高强度管线钢技术

X80管线钢是目前全球使用最广泛的高强度管线钢，我国西气东输二线和三线已大量采用国产化X80钢管。在使用和设计的过程中，对材料性能、缺陷、管线钢强度级别、多轴应力与腐蚀的协同效应等影响安全设定应变水平的参数取值是目前的重点研究内容。腐蚀、氢致开裂、应变失效、焊缝区失效等因素是导致X80管线钢服役失效的重要原因，其中腐蚀、氢致开裂机理研究较为深入，应变失效以及与地质灾害的耦合机制等内容尚需研究[4]。

X100管线钢的应用具有巨大的经济效益，可使长距离油气管线成本节约5%～12%，主要体现在节约材料、提高输送压力、减小施工量、降低维护费用、优化整体方案等方面[5]。同时，经过多年的积累和大量的研究工作，在X100管线钢基础研究方面，我国对X100金相组织和强韧化机理、钢管性能测试、关键技术性能、焊接性、环焊缝组织、性能及缺陷控制、钢管断裂行为等方面进行了系统研究。

1.2.2 输气管线设备

我国天然气长输管道三大关键设备：20MW级电驱压缩机组、30MW级燃驱压缩机组、高压大口径全焊接球阀国产化研制成功，并在西气东输管道上成功投用。

2014年，中石油管道局机械公司开发研制了国产压力12.6MPa、直径1550mm环锁型快开盲板和压力12MPa、直径1400mm整体式绝缘接头。

作为长距离天然气输送管道的核心设备之一，气液联动阀具有当天然气长输管道发生破管泄漏工况时自行关断的功能，其原理是气液联动阀部分检测到的压力下降速率超过参数设置的正常范围，则采取紧急关断操作。2014年国产300kN·m和150kN·m气液执行机构研制成功，填补了国内空白，主要技术指标达到了国外同类产品先进水平。

国产30MW燃驱压缩机组，重点突破了燃气轮机高速动力涡轮、低排放燃烧室、控制系统、机带燃料、装置集成设计等技术，燃压机组主要由燃气轮机装置、离心压缩机组、机组监控系统和电气系统等四部分组成，其额定功率为 26.7MW，效率为 36.5%，动力涡轮转速 5000r/min。近年来，对国产燃压机组的结构布局、控制系统等技术进行了优化，同时学者们研究了生命周期管理以及以选择最好的技术来保持运转效率。

1.2.3 设计技术

为提升当前长输管线设计水平，近年来以下技术得到了应用：

（1）增强卫星遥感技术的应用

运输管道的设计施工过程中采用先进的卫星遥感技术，将不同的地形地貌在多媒体中呈现出来，不仅省时，而且有助于运输管道工程勘察人员对地形地貌进行分析，从而使得设计师们设计出符合要求的管道路线[6]。

（2）长输管道中信息系统的应用

长输管道信息系统能够提供整个输送管道在建设过程中的信息，并且能够监测输送管道的破坏情况，对自然灾害能够进行预测，从而确保输送管道的安全。

（3）等负荷率布站技术

等压比布站是指在压缩机站布站的过程中，各站按基本相同的压比设置压缩机站[7]。而等负荷率布站是指结合站场的实际高程和环境温度，按相同的压缩机组负荷率设置压缩机站，其中：压缩机组负荷率为压缩机轴功率与驱动机在现场条件下的最大输出功率之比。等负荷率方案布站能够更好与站场所在区域的环境因素相结合，不仅可以节约投资，而且能够最大限度地发挥机组的能力。

（4）压缩机组适用性分析

压缩机组适用性分析是将压缩机组供货商提供的压缩机和燃气轮机性能参数输入管道仿真模型，通过仿真软件将压缩机组特性参数拟合为曲线图谱，并进行不同工况下的水力计算，得到管路特性曲线和压缩机特性曲线的平衡点，计算不同工况下压缩机组的工作参数，并可通过喘振、堵塞、转速极限、最大功率等曲线自动约束压缩机组的工作参数，以分析压缩机组和管道特性匹配后的实际工况[7]。目前国内已经可以利用水力仿真软件 SPS 模拟压缩机工作曲线，完成压缩机组的适用性分析。

1.2.4 长输管道施工技术

（1）干空气干燥技术

进行干空气干燥时，首先运用气压试验的方式来全面测查其中的作业段气压与水压，然后将接收装置与清管器安装于相应位置上。再采用全面调试的方式来调试并且安装空气净化与空气干燥的各类装置，对其予以擦拭处理。经过初步干燥以后，还需再次擦拭管道设备，并且进入后续的深度干燥操作中。最后应当测查输气管道当前具备的密闭稳定性，经过验收，确保其符合现行的管道安全指标[8]。其主要优点是排出的气体可以任意排放，不具有污染性，没有安全隐患，适用范围较广，不仅适用于陆地上的管道干燥工作，也适用于海底的管道干燥，受管径大小和长短的影响较小，干燥成本低廉，效率高。

（2）中频辅助加热机械化防腐技术

中频辅助加热安装热收缩带防腐工艺，其原理为自钢体内表面至外表面电磁涡流感应升温，具有钢体升温迅速、受热均匀，加热过程远程控制、不损伤 3PE 外防腐层等优点。有效避免人工火炬预热、回火时因人为因素导致加热工序执行不彻底，从而保证了热收缩带安装过程中关键工序的质量。

（3）液态聚氨酯全自动喷涂防腐技术

液态聚氨酯全自动喷涂工艺以双组分液体聚氨酯涂料，通过高压无气喷涂系统实现混合气化弧面，在钢体表面通过旋转执行机构形成均匀涂层。其特点是涂料配比由高精度电子计量喷涂设备执行，双组分混合一致性好、雾化均匀；通过旋转执行机构，在钢体表面形成厚度均匀涂层[9]。涂层硬化时间短，成形后表面紧致、光滑、美观。相比传统人工防腐工艺，液态聚氨酯防腐其工效高、质量好、降低了操作劳动强度、节省了成本；在缩短管道工程综合施工周期、提高管道后期维护质量及使用寿命上，具有明显优势。

（4）吊篮下沟技术

吊篮吊点不间断式移动下沟方式，即：在吊管机吊钩臂上安装移动滑轮吊篮，几台吊管机同时起吊，大臂及吊钩位置调整合适后，集体同时往前推移，中间不间断，将管道逐步地放到管沟里。吊篮下沟工艺比普通的下沟工艺提高效率3倍左右，大大减少了设备使用成本[9]。

（5）自动焊技术

自动焊技术是基于坡口、组对、焊接于一体的管道施工技术，采用液压传动技术、机械制造技术、自动控制技术结合焊接工艺，完成现场管口的焊接任务，其焊接质量和焊接效率的稳定性在流水施工作业过程中优势明显。自动焊技术是一项系统工程，包括坡口加工、管口组对、根焊、外焊等环节。目前，下向焊是施工现场最常用的焊接方式，具有焊接效率高的技术优势，但要保证焊接质量，必须对坡口加工、管口组对、根焊、填充盖面等环节提出更高的技术要求[10]。

中国石油天然气管道局工程有限公司在21世纪初自主生产了第一代PAW系列自动焊装备。该设备可代替操作人员完成部分焊接过程控制，使管道焊接步入自动焊接时代，其曾广泛应用于西气东输一线、西气东输二线、陕京三线、印度东气西输、中哈、中亚、中乌、中俄等国内外重大天然气管道工程。

1.2.5 巡线与泄漏监测

（1）无人机巡护技术

无人机巡护技术在电力、公路、铁路等行业已有广泛应用，逐渐成为未来管线巡护的发展趋势。其技术核心主要包括线路视觉跟踪技术、无人机遥感图像处理技术、无人机激光遥测技术等[11]。其中无人机激光遥测捡漏技术已经在天然气管线巡线上取得了成功应用，提高了泄漏检测的效率。其技术系统主要由地面系统、空中系统、后台数据处理系统3部分构成，如图2-3所示。

（2）振动光纤预警技术

当光缆某个位置周边有人员活动、机械操作等事件时，事件产生的振动信号会引起光缆发生应变，导致光缆中光的相位以及偏振态发生变化，反射回入射端的光相位和光强会发生变化。通过测量注入光脉冲与接收到信号之间的时间延迟，得到振动发生的位置；同时，根据光信号的变化模拟出振动，对振动信号进行模式识别算法处理，智能识别振动源，就可以判定管道入侵的类型。

光纤管道预警系统可以提供标准的通信接口和协议，通过SCADA系统通信网络将预警系统信息传输调控中心集中显示和报警，同时可与GIS系统数据共享，实现报警联动和管道安全区域等级划分。基于OTDR的管道光纤预警系统可以提供标准的通信接口和协

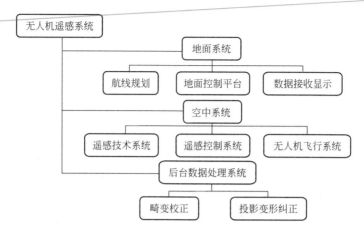

图2-3 无人机天然气巡线系统构成

议，通过 SCADA 系统通信网络将预警系统信息传输调控中心集中显示和报警，同时可以与 GIS 系统数据共享，实现报警联动和管道安全区域等级划分，其构成如图2-4所示[12]。

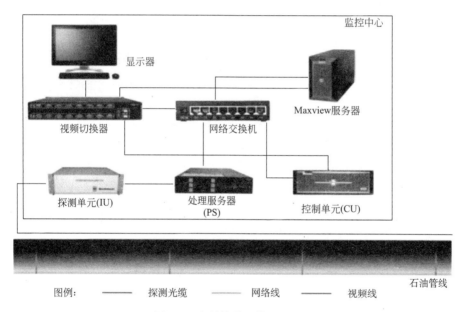

图2-4 光纤管道预警系统组成

1.2.6 输气管道完整性管理

完整性管理需覆盖管道站场、海底管道、燃气管网、集输管网、LNG 接收站、储气库等设施。完整性专项技术，如定量风险评价技术，地质灾害风险控制技术，管道内检测技术，有限元仿真模拟技术，泵机组、压缩机组在线检测与故障诊断技术，失效分析技术等，均需要开展深入研究。当前一些关键技术得到了发展：

（1）管道信息化技术

国内管道完整性管理已涵盖长输天然气管道、城市燃气管道、天然气田集输管网，通过建立管道完整性管理安全管控模式，消除了大量安全隐患，建立了新的决策模式，大大提高了决策的智能性，实现了天然气设施检测维修的有效性。其中，管道信息化在推进完整性管理的智能化与标准化建设等方面发挥了主要作用，通过在技术标准建立、数据存储管理、系统架构与决策支持等方面开展工作，提升了数据的整体价值及其应用水平。

在物联网技术方面，通过建立物联网数据采集系统，将传感器与管道及其附属设施连接，实现了管道完整性管理在数据采集、远程监测及物资管理等领域的应用，在地质灾害监测预警等领域已采用物联网组网模式。实践表明：采用物联网技术不仅可以实现管道完整性管理的数字化，而且能够最大限度地降低时间和空间危险因素，确保管道安全、平稳运行。在安全控制系统方面，由于管道完整性"三维空间"的实践受到局限性约束，提出了管道四维管理理论。

在大数据领域，通过对管道历史数据资料，如建设期数据、内外检测数据、日常运行数据、外部环境数据等，进行校准、对齐、整合，构建统一的数据库，形成多源大数据，通过开发大数据算法模型，建立大数据管理架构，搭建大数据分析平台，实现数据的深度融合及可视化决策支持，使数据分析方向逐渐由因果关系向关联关系转变。目前，基于管道大数据的智慧管道建设开始发展，并在中俄东线天然气管道工程中付诸实践。

（2）管道失效分析技术

针对管道氢致开裂问题，研究获得了氢分子或氢离子进入管线钢内部的扩散方程，提出了氢增塑性、氢降低表面能、氢降低分子键合力等理论。针对环焊缝、螺旋焊缝、平面型缺陷、体积型缺陷，建立了相应的评估方法，已用于管线钢各类固有缺陷、腐蚀缺陷、几何变形等的完整性评估；研究了应力腐蚀发生机理，获得了管线钢在近中性土壤、高 pH 值土壤发生应力腐蚀沿晶断裂、穿晶断裂模式，满足了工业化安全评价需求；提出了氢致开裂、断裂判据，建立了含 H_2S 管道安全评价模型及失效评定图等。

（3）管材失效控制

基于高强度钢管材在管道建设中的大规模应用，建设了高钢级大口径高压气体管道爆破试验场，为高钢级、高压力、大口径 X80 级及以上级别管线钢管道安全运行提供了保障。建立了天然气管道失效信息数据库，确定了天然气管道的主要失效模式，提出理论上各失效模式发生的原因、机理、影响因素，进而提出失效控制措施与方法。基于随机有限元可靠性分析，提出了管道穿透性裂纹与非穿透性裂纹的起裂准则，推导出韧性金属硬化材料裂纹扩展的分形运动学公式，得出动、静态裂纹能量释放率与分形裂纹扩展速度、HRR 场角分布函数、微结构特征量及分形维数的关系，进而获得材料断口裂纹分形扩展速度的计算公式。

（4）管道风险评价与控制

管道风险管理包括风险评价、识别与控制，目前国内已经开始定量风险评价方法的应用。基于减少潜在损失及优化分配安全维护资源的考虑，国内建立了基于风险评价的管道维护决策支持系统，天然气管道完整性超级评价系统 V4.0（Oil & Gas Pipeline Integrity Super Assessment System V4.0）软件包，用于天然气管道的适用性评估[13]。

1.2.7　管道修复技术

修补多指管道日常的维护、维修以及泄漏事故发生时的抢险和临时性维修，而修复及更换管道则属管道的永久性修复，在管道大修中，不仅仅要对管道防腐涂层进行修复和更换，最重要的是对管道的管体缺陷进行永久性修复。常用的管道修复方法包括堆焊、打补丁、临时夹具抢修、打磨、A 型套筒、B 型套筒、纤维复合材料修复、环氧钢套筒、换管等。

（1）碳纤维复合材料补强技术

现阶段应用较为广泛的碳纤维复合材料补强技术是区别于传统补强方法的新型技术，适用于机械划伤、腐蚀坑等体积型缺陷，不适于泄漏缺陷、裂纹，以及腐蚀深度大于壁厚 80% 的缺陷，在施工过程中要保证环氧底漆的厚度及完好无损，防止电耦腐蚀，如图 2-5 所示。

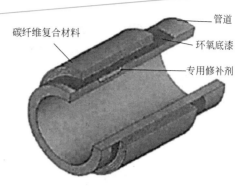

图 2-5　碳纤维复合材料补强体系

碳纤维材料的力学性能指标较为优良，其抗拉强度水平可达 3500MPa 以上，而弹性模量则大于 200GPa。在缺陷管道外部缠绕碳纤维复合材料，能够使管道压力水平恢复至正常工况水平[14]。整个修复补强过程，不使用电焊、不动火、不停止输气，操作环节安全，施工便捷，成本投入较低。

（2）钢制套筒修复技术

A 型套筒由于可以直接安装在管道上，不用焊接到管体上，它的结构是由覆盖在管道缺陷部位的两个半圆形柱状板经侧缝焊接而成。这种套筒只能为缺陷区域提供了补强性能，用于管道无泄漏损伤的修复。它的安装压力必须低于含缺陷尚未发生失效的管道所处区域的压力。B 型套筒的构成与 A 型套筒相同，都是由两块弧度适当的弧形板定位组成。B 型套筒的端部以角焊的方式和输送管连接。B 型套筒可以用于修复泄漏型、未发生泄漏型的缺陷以及环向管道缺陷。实际上有些地方把 B 型套筒替代成环焊缝，在管道对接处形成接头。由于 B 型套筒可能需要承压或承载横向载荷给管道施加的较大纵向应力，所以 B 型套筒必须是高致密结构部件，并且其加工应保证其完整性[15]（图 2-6、图 2-7）。

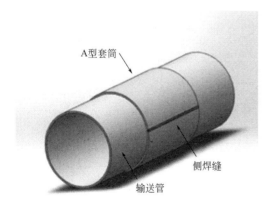

图 2-6　A 型套筒示意图

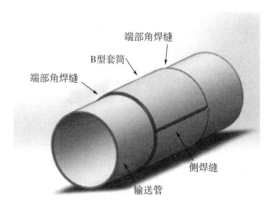

图 2-7　B 型套筒示意图

（3）玻璃纤维增强复合材料修复技术

玻璃纤维增强复合材料修复技术作为一种新型的管道修复技术，因具有许多传统修复加固技术无法比拟的优点，在近年来得到了广泛的应用，但主要集中在对含体积损失缺陷的管道的修复。

1.3　相关技术文件

1.3.1　行业主管部门规范性文件

序号	文件名称	文号
1	《城镇燃气管理条例(2016 年修订)》	国务院令 666 号
2	《安全生产许可条例(2014 年修订)》	
3	《危险化学品安全管理条例(2016 年修订)》	
4	《天然气管道运输价格管理办法(试行)》	
5	《天然气管道运输定价成本监审方法(试行)》	
6	《国务院关于促进天然气协调稳定发展的若干意见》	国发〔2018〕31 号
7	《石油天然气工程项目用地控制指标》	国土资规〔2016〕14 号
8	《危险化学品建设项目安全监督管理办法》	2015 年修订
9	《陆上石油天然气长输管道建设项目安全设施设计编制导则(试行)》	安监总厅管三〔2015〕82 号
10	《基础设施和公用事业特许经营管理办法》	
11	《油气管网设施公平开放监管办法(试行)》	国能监〔2014〕84 号
12	《天然气基础设施建设与运营管理办法》	国发〔2014〕8 号
13	《天然气发展"十三五"规划》	发改能源〔2016〕2743 号
14	《天然气利用政策》	发改委令第 15 号
15	《大气污染防治行动计划》	国发〔2013〕37 号
16	《能源发展战略行动计划(2014～2020 年)》	国办发〔2014〕31 号
17	《加快推进天然气利用的意见》	发改能源〔2016〕2744 号
18	《关于深化石油天然气体制改革的若干意见》	

1.3.2　技术标准

序号	标准名称	标准号
1	《天然气》	GB 17820—2018
2	《输气管道工程设计规范》	GB 50251—2015
3	《输气管道内腐蚀外检测方法》	GB/T 34349—2017
4	《压力管道规范长输管道》	GB/T 34275—2017
5	《进入天然气长输管道的气体质量要求》	GB/T 37124—2018
6	《油气长输管道工程施工及验收规范》	GB 50369—2014
7	《石油天然气管道工程全自动超声波检测技术规范》	GB/T 50818—2013
8	《石油天然气工业管道输送系统》	GB/T 24259—2009
9	《石油天然气工程施工质量验收统一标准》	GB/T 51317—2019

序号	标准名称	标准号
10	《石油天然气工业　管线输送系统用钢管》	GB/T 9711—2017
11	《输油输气管道线路工程施工技术规范》	Q/CNPC 59—2001
12	《输气管道系统完整性管理规范》	SY/T 6621—2016
13	《输气管道添加减阻剂输送减阻效果测试方法》	SY/T 7032—2016
14	《输气管道高后果区完整性管理规范》	SY/T 7380—2017
15	《石油天然气建设工程施工质量验收规范长输管道线路工程》	SY/T 4208—2016
16	《天然气管道、液化天然气站(厂)干燥施工技术规范》	SY/T 4114—2016
17	《天然气管道运行规范》	SY/T 5922—2012
18	《石油天然气管道安全规范》	SY/T 6186—2020
19	《环境敏感区天然气管道建设和运行环境保护要求》	SY/T 7293—2016
20	《石油天然气钢质管道无损检测》	SY/T 4109—2020
21	《石油天然气建设工程施工质量验收规范　通则》	SY 4200—2007
22	《石油天然气钢质管道对接环焊缝全自动超声检测试块》	SY/T 4112—2017
23	《石油天然气建设工程施工质量验收规范 长输管道线路工程》	SY/T 4208—2016
24	《石油天然气建设工程施工质量验收规范　油气输送管道跨越工程》	SY/T 4218—2018
25	《石油天然气工程可燃气体检测报警系统安全规范》	SY/T 6503—2016

2　液化天然气

2.1　发展综述

2.1.1　液化天然气供应概况

中国 LNG 主要来源于进口 LNG 和国内天然气液化工厂生产的 LNG。目前我国 LNG 产能处于逐年上升的趋势，全国对外销售 LNG 工厂达 133 家，2015～2019 年我国 LNG 年产量如图 2-8 所示。

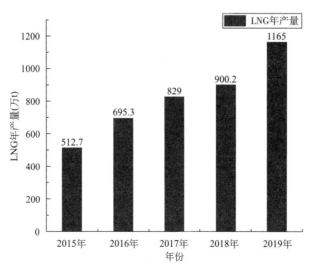

图 2-8　近 5 年我国 LNG 年产量

数据来源：国家统计局。

我国 LNG 大量依赖进口，LNG 进口量也逐年增加，2015～2019 年我国 LNG 进口量如图 2-9 所示。

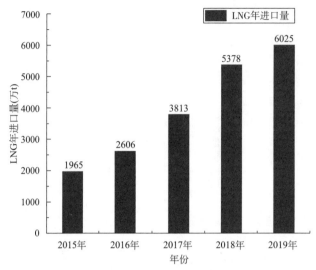

图 2-9　近 5 年我国 LNG 进口量

数据来源：海关总署[16]。

LNG 消费方面，在我国内陆地区，主要用于边远城镇、调峰、车船等多个领域的用气；在沿海地区，主要通过接收站经气化后进入干线管网，满足城镇、工业、发电及化工等用户的需求。

2.1.2　液化天然气设施建设现状

（1）LNG 接收站

截至 2019 年年底，我国已建成 LNG 接收站、年接收量以及项目名称如表 2-2 所示。

至 2019 年我国已建成 LNG 接收站　　　　　　　　　　　　　　　表 2-2

地区	项目名称	年接收量（万 t）
辽宁	大连中石油	600
河北	唐山曹妃甸	650
天津	天津中海油	220
	天津中石化	300
山东	青岛董家口	300
江苏	江苏如东	650
	广汇启东	115
	中天能源江阴	100
上海	五号沟	150
	洋山港	300
浙江	宁波北仑	300
	新奥舟山	300

地区	项目名称	年接收量(万 t)
福建	中海油莆田	630
广东	广东大鹏	680
	东莞九丰	150
	广东惠来	200
	珠海金湾	350
	粤东码头	200
	深燃盐田	80
海南	中石油海南	20
	中海油海南	300
广西	北海中石化	300
	中海油防城港	60

近 5 年来，我国不仅新建成一批 LNG 接收站，一些站还对原有设施进行扩容，以提升其接收能力。

（2）大型 LNG 液厂

截至 2020 年 1 月，已经投产使用的 LNG 工厂中，日产量最高的 5 个 LNG 液厂分别是湖北黄冈 LNG 液厂（500 万 m^3/天）、银川哈纳斯（300 万 m^3/天）、中能北气定边（300 万 m^3/天）、正泰易达（300 万 m^3/天）、中石油泰安（260 万 m^3/天）。

2014 年 6 月建设投产的黄冈 LNG 工厂是中国首座百万吨级国产化 LNG 工厂，是目前中国最大的 LNG 生产基地，在冬季天然气用气高峰，黄冈 LNG 工厂将分担为武汉"调峰"的任务。

2018 年 12 月投产的内蒙古正泰易达 LNG 一期项目配套建设 2 个 2 万 m^3 的 LNG 储罐，项目采用先进的生产工艺，以附近大牛地气田的天然气为原料气，生产的液化天然气直供京津冀等地。

2020 年 4 月建设投产的中石油泰安 LNG 工厂，是我国首个利用自主技术、国产设备建设的规模最大的天然气液化项目，是国家能源局和中国石油指定的国产化依托工程，其工业原料气来自泰青威管线中石油范镇分输站，每年可供应 LNG（液化天然气）60 万 t。

2.2 技术进展

2.2.1 液化技术

迄今为止，在天然液化技术领域中已成熟应用的工艺有：节流制冷循环、膨胀机制冷循环、级联式制冷循环和混合冷剂制冷循环，其中级联式液化流程、混合制冷剂液化流程和带膨胀机液化流程是目前应用较多的工艺流程[17]。级联式制冷循环具有能耗小，效率高等优点，应用天然气液化装置，其缺点在于流程复杂，各种制冷剂均需要各自的生产储存设备，给管理控制及维修都带来不便。

目前处于研究阶段的新型天然气液化技术主要是建立在膨胀制冷原理上，通过膨胀机、节流阀、喷管等设备完成高压天然气自身压能向冷能的转化，实现天然气液化。超声速液化技术以及带压液化技术是当前研究的重要方向。

（1）超声速液化技术

经典的超音速旋流分离器主要由旋流器、超音速喷管、工作段、气液分离段、扩散器和导向叶片等部分组成，其示意图如图 2-10 所示。气体在超音速喷管中近似于绝热膨胀至超音速状态，温度和压力随之降低，当气体温度降至液化温度时开始凝结形成雾状液滴，在切向速度和离心力的共同作用下被"甩"到管壁上，液滴间碰撞聚集形成液流，通过气液分离段排出，剩余的气体经扩散器流出，从而实现气液分离。气体在扩散器中减速、增压和升温，压力最终可恢复到原来的 70% 左右，从而大大减少了系统的压力损失[18]。

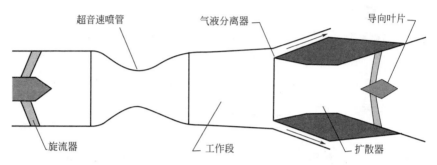

图 2-10　超音速旋流分离器示意图（旋流器前置）

（2）带压液化技术

天然气带压液化（PLNG）技术可在较高的压力和温度下储存液化天然气，为海上天然气的液化提供了可能。

（3）小型液化装置技术

小型液化装置是正在研发中的一种新型液化装置，定义为液化能力约为 $1\sim100$ m³/h，天然气处理量小于 7×10^4 Nm³/d。与大中型液化装置相比，其具有结构简单紧凑、尺寸小型化、初投资少、可橇装化等优势，可用于开发边际小气田、油井残气等领域。因此，小型天然气装置液化技术成为目前国际上研究的热点。

1999 年陕北气田建成投运的处理量为 2×10^4 Nm³/d 的小型 LNG 液化装置，该装置是我国典型的小型天然气液化装置，也是我国第一座小型 LNG 工业化装置。装置液化流程采用氨预冷与天然气自身膨胀制冷相结合，其中制冷循环部分是利用天然气自身压力能，抽取部分原料天然气通过气波制冷机和透平膨胀机膨胀来获得冷量。

除了企业和研究院在开展小型 LNG 液化装置的研发外，高等院校也在做相应的深入研究。如西南石油大学油气储运研究所研究了处理量为 3×10^4 Nm³/d 天然气液化工艺，提出了丙烷预冷与气波制冷机膨胀制冷相结合液化工艺；上海交通大学制冷与低温工程研究所对小型橇装 LNG 液化流程进行了相关的研究，提出了一种适用于小型 LNG 装置的混合制冷剂流程；哈尔滨工业大学低温与超导技术研究所模拟分析了双级氮膨胀循环液化流程[19]。

2.2.2　运输技术

1）海上运输技术

海上 LNG 船运输是大宗 LNG 贸易的最基本的运输方式，通过将天然气液化后装入专用轮船，通海洋、河流进行全球运输。LNG 运输船是将液化气从液化厂运往接收站的专用船舶，采用先进的天然气燃料发动机以及特殊的钢材和隔热结构实现超低温冷储，是国际公认的高技术、高难度、高附加值的"三高"产品[20]。

通过对沿海各 LNG 接收站项目的建设，中国已基本形成国内天然气资源与国外天然气资源相互补充的天然气供应体系，初步实现 LNG 产业的资源供应多元化、造船运输自主化、区域布局合理化。我国政府高度重视能源安全问题，在各 LNG 进口项目的规划中明确要求采用由国内买方负责运输的 FOB 贸易方式，同时还要求各 LNG 项目以我国航运企业为主进行 LNG 船舶投资和运输管理，国内船厂承担 LNG 船舶建造，国内船级社参与船级、船检技术服务。但我国 LNG 运输船队尚处于建设初期，规模偏小。

2）内河运输技术

2009 年以来，国家开始推动内河船舶应用 LNG 工作，从 LNG 港口与码头方面、LNG 水上加注方面、LNG 船舶方面、LNG 水运方面出台了系列标准和规范。中小型 LNG 运输船是向内河供给液化天然气的最有效途径。尤其是我国内河水运十分发达，内河中小型 LNG 运输船具有广泛的应用前景。内河 LNG 运输船由于受到航道水深、桥梁高度等条件的限制，舱容多为 1 万～2 万 m^3 左右。相对于整个 LNG 船舶的发展来说，内河中小型 LNG 运输船是较为新颖的船型。目前对于此船型的研究资料比较少，设计技术不如大型 LNG 船舶成熟[21]。现如今，包括中国在内的许多国家在积极研究和开发此船型。

我国 LNG 运输船起步较晚，国内能够建造大型 LNG 运输船的主要有沪东中华造船厂，国内的远洋船队也正在搭建之中。容量在 3 万 m^3 以下的中小型 LNG 船，适用于 LNG "工程转运"，随着"气化长江""江海联运"等 LNG 船用市场发展，中小型 LNG 船需求会增加。国内在 2014 年前后经历了一波中小型 LNG 运输船的建造热潮，但随着油价下跌导致市场发展缓慢[22]。国内自建仅有 3 万 m^3 海洋石油 301、2.8 万 m^3 启元轮、3 万 m^3 元和轮、1.4 万 m^3 华翔 8 轮四艘 LNG 运输船已建成投产，其他船只正在建造中。

3）铁路运输技术

LNG 铁路载运工具采用无损储运技术，无损储运时间必须满足正常铁路运输要求，其设计、制造需满足国际国内相关标准法规，并需通过铁路静强度试验、铁路冲击试验、铁路动力学试验及低温性能试验，以满足铁路运输工况安全要求[23]。按照易燃易爆危险品装卸作业要求，LNG 铁路运输涉及的装卸设施设备及场站必须满足《石油天然气工程设计防火规范》GB 50183—2015、《铁路危险货物办理站、专用线（专用铁路）货运安全设备设施暂行技术条件》（铁运〔2010〕105 号）等相关标准要求。另外，还应制定相应的应急预案以应对 LNG 铁路运输过程中可能出现的泄漏、火灾等事故。LNG 铁路运输径路发到端和沿线技术条件应满足易燃易爆炸危险品运输技术要求，尽量避开客货繁忙线路[24]。

（1）LNG 铁路罐车

LNG 铁路罐车分为 GYA70B 和 GYA70C 两种车型，采用有中梁结构。GYA70B 型罐车主要由罐体装配、加排系统装配、底架装配、罐与底架装配、制动装配、钩缓装配、转向架、操作间等组成；GYA70C 型罐车在 GYA70B 型罐车的基础上增设押运间。罐体采用高真空多层缠绕绝热结构。

（2）LNG 罐式集装箱

LNG 罐式集装箱采用非固定式连接，具有良好的机动性，既可运输使用，也可以卸下放置现场使用。罐箱目前多采用真空多层绝热方式。JY43（1AA）型 LNG 罐式集装箱的设计、制造满足《冷冻液化气体罐式集装箱》NB/T 47059—2017、《国际海运危险货物规则》、《铁路液化天然气（LNG）罐式集装箱运输设施设备暂行技术条件》TJ/KH 013—2013 的相关规定，适用于铁路、公路、水路多式联运方式运输 LNG。

2015 年 4 月，中国铁路总公司科技管理部召集各职能部室及相关专家对中车西安车辆有限公司提出的 GYA70B 型、GYA70C 型 LNG 铁路罐车设计方案方案进行评审并通过。下发科技装函〔2015〕77 号《中国铁路总公司科技管理部关于印发 GYA70B、GYA70C 型液化天然气铁路罐车样车技术条件及设计方案评审意见的通知》，确定了 LNG 铁路罐车设计、制造的技术条件。

2017 年 9 月 21 日，住房和城乡建设部发布《石油化工液体物料铁路装卸车设施设计规范》GB/T 51246—2017，新增近几年研发制造的新型铁路罐车的参数，其中就包括 GYA70B、GYA70C 型液化天然气铁路罐车两种车型的参数。

4）公路运输技术

公路运输是液化天然气早年重点运输方式。在针对数量不大、运输距离相对较短、没有铺设管道的地区以及需要使用液态天然气的用户（如以 LNG 为燃料的公交、重卡）的运输时，可以采用液化天然气的槽车运输。该运输方式主要适用于运输距离在 1000km 以内的 LNG 运输作业[25]。

LNG 公路运输采用真空绝热技术、无损储运技术、罐车容积一般在 20～50m³，单车运量约 10～25t。LNG 罐车主要包括储罐、底盘、装卸系统和安全附件 4 个部分组成。

2.2.3 罐箱堆场技术

在天然气保供和环保政策的驱动下，LNG 集装箱式的罐箱运输以其"机动灵活、适宜运存"的优点受到广泛关注，并已于业内逐步开展试验与应用。LNG 罐式集装箱由罐体和框架两个基本部分构成，可安全运输第二类冷冻液化气体，符合 ISO1496 标准要求。罐箱框架由罐体的底架、端框和承力构件组成，可以有效传递罐式集装箱在起吊、搬运、固缚和运输中所产生的静载和动载力。LNG 罐箱充装率 90%，安全存储时间达到 90 天，可在沿海和内陆建设罐箱堆场，实现"海气内存"。在公路运输方面，可将 LNG 罐箱暂存用户端，实现"甩罐"运输。在铁路运输方面，可依托我国铁路网络，实现大批量、长距离运输，覆盖范围更广，不易受天气影响。在水路运输方面，LNG 罐箱依托散货船运输，易于租赁，经济性好。

2.3 技术文件

2.3.1 行业主管部门规范性文件

序号	文件名称	文号
1	《交通运输部关于国内液化天然气船舶运输市场准入政策的公告》	交通运输部〔2018〕120 号
2	《交通运输部办公厅关于加快长江干线推进靠港船舶使用岸电和推广液化天然气船舶应用的指导意见》	交办规划〔2018〕120 号
3	《关于进一步加强 LNG 海上运输安全保障的通知》	
4	《天然气利用政策》	发改委令第 15 号
5	《天然气进口环节增值税税收返还暂行规定》	财关税〔2011〕39 号

序号	文件名称	文号
6	《长江干线船型标准化补贴资金管理办法》	
7	《铁路危险货物运输管理暂行规定》	铁总运〔2014〕57 号
8	《铁路危险货物运输管理规则》	铁总运〔2017〕164 号
9	《中国铁路总公司科技管理部关于印发 GYA70B,GYA70C 型液化天然气铁路罐车样车技术条件及设计方案评审意见的通知》	铁总运〔2015〕77 号

2.3.2 技术标准

序号	标准名称	标准号
1	《液化天然气的一般特性》	GB/T 19204—2020
2	《液化天然气(LNG)生产、储存和装运》	GB/T 20368—2012
3	《液化天然气密度计算模型规范》	GB/T 21068—2007
4	《冷冻轻烃流体 液化天然气运输船货舱内温度测量系统一般要求》	GB/T 24959—2019
5	《液化天然气设备与安装 陆上装置设计》	GB/T 22724—2008
6	《液化天然气设备与安装 船岸界面》	GB/T 24963—2019
7	《冷冻轻烃流体 液化天然气运输船上货物量的测量》	GB/T 24964—2019
8	《液化天然气接收站工程设计规范》	GB 51156—2015
9	《液化天然气低温管道设计规范》	GB/T 51257—2017
10	《船舶液化天然气加注站设计标准》	GB/T 51312—2018
11	《石油化工液体物料铁路装卸车设施设计规范》	GB/T 51246—2017
12	《船用液化天然气燃料储罐》	CB/T 4453—2016
13	《液化天然气管道低温氮气试验技术规程》	SY/T 7303—2016
14	《内河液化天然气加注码头设计规范》	JTS 196-11—2016
15	《进出口液化天然气质量评价标准》	SN/T 2491—2010
16	《天然气管道、液化天然气站(厂)干燥施工技术规范》	SY/T 4114—2016
17	《液化天然气接收站技术规范》	SY/T 6711—2014
18	《液化天然气接收站运行规程》	SY/T 6928—2018
19	《液化天然气船对船输送操作规程》	SY/T 7029—2016
20	《液化天然气接收站能力核定方法》	SY/T 7434—2018
21	《城镇液化天然气厂站建设标准》	建标 151—2011
22	《冷冻液化气体罐式集装箱》	NB/T 47059—2017
23	《铁路液化天然气(LNG)罐式集装箱运输设施设备暂行技术条件》	TJ/KH 013—2013
24	《液化气体罐式集装箱》	NB/T 47057—2017
25	《液体危险货物罐式集装箱》	NB/T 47064—2017

3 压缩天然气

3.1 发展综述

压缩天然气（CNG）是一种理想的车用替代能源，其应用技术经数十年发展已日趋成熟。它具有成本低，效益高，无污染，使用安全便捷等特点，正日益显示出强大的发展潜力。近年来，随着我国进口天然气通道陆续打通、国家基干管网基本建成、区域性管网逐步完善，城镇 CNG 加气站以其良好的环境、社会和经济效益得以迅速发展。

在一定输气规模的前提下，陆上管道输送是天然气最经济和有效的输送方式。目前我国县乡村等远离城市的地区，由于供气规模较小，很难在有效时间内达到良好的投资回报，天然气普及率还比较低。在中小城镇建设 CNG 储配站的优势明显。

同时，随着我国天然气用气量的上升，气源紧张时有发生，特别在我国北方的冬季，为解决城镇天然气使用上的季节不平衡问题，CNG 储备站具有一定储备调峰作用。

1989 年四川石油管理局在自贡市建立了第一个 CNG 加气站；1998 年通达重压出产 CNG 压缩机；石油部制定行业标准《汽车用压缩天然气加气站设计规范》SY/0092—1996；国标相继发布，如《车用压缩天然气》GB 18047—2000，《汽车用压缩天然气钢瓶》GB 17258—1998 等；压缩机、售气机、脱硫、脱水等设备相继国产化；随陕京线、忠武线、西气东输管线的相继开通，沿线 300 多个城市通气；中央、地方、企业对天然气管道投入增加。

受上述因素的影响带动，截至 2018 年年底，我国 CNG 加气站保有量达到 5600 座左右，天然气汽车保有量为 676 万辆；截至 2020 年 6 月的统计，全国已建、在建和规划中的压缩天然气母站共计 696 座，其中已经建成 514 座。约 95% 的母站利用常规天然气作为上游气源，其余的 5% 大多采用煤层气。在下游主要用户方面，中国境内总数超过 4300 个以上的管道燃气签约特许经营区中，有 342 个区域采用压缩天然气作为其唯一的气源，另有约 1681 个特许经营区正在利用压缩天然气作为其补充气源或用于加气。

3.2 技术进展

压缩天然气具有供气灵活、组合随意、供气规模调整范围大（$500\sim2000\mathrm{m^3/d}$）的特点，主要应用于用气量小、距离长输管线远、分布比较分散的用户。与长输管线比较，压缩天然气具有建设成本小、不受用户限制和装备技术成熟等优点。

3.2.1 中小城镇 CNG 供气技术

小型 CNG 供气系统由压缩天然气加气站、天然气运输车和小型供气站组成。在"气代煤"工作开展中，对于中小城镇工商业用户，若采用燃气管网供气，由于用户分散、管线距离长、建设投资大；用气量小，投资回报周期长。因此在管道天然气进入中小城镇之前，建设一定规模的 CNG 减压站作为过渡气源，先给一些重要的工业供上优质的天然气是很有必要的[26]。

这些小型的气源站在未来天然气主干管网系统建成后，可以用于储气调峰，增加管网的稳定性。

3.2.2 长管拖车泄漏监测和预警技术

CNG 长管拖车是一种移动式压力容器，主要在城市的主干道或居民区等人口密集的地方穿梭，一旦有泄漏等意外发生，其必然会造成一定的社会危害和经济损失，甚至人员伤亡。因此必须采取有效的措施保障长管拖车的安全运行[27]。有学者提出了基于光纤光栅温度传感器的压缩天然气泄漏的监测预警方法，对光纤光栅传感技术的现状和光纤光栅温度传感器的工作原理进行了研究，验证了基于光纤光栅传感技术的长管拖车泄漏监测预警的可行性和可靠性。

3.2.3 CNG 钢瓶检验技术

钢瓶作为 CNG 的载体，由于其复杂的使用环境极易出现裂纹等严重影响气瓶安全使用的缺陷。有学者提出了超声波斜探头检测的关键技术条件，确定最优选择，并提出采用小晶片探头和化学浆糊的组合对车用压缩天然气钢瓶的裂纹类缺陷具有最高的检出率[28]。

3.2.4 提高车用 CNG 气瓶工作压力

据了解，目前北美和东南亚不少国家的 CNG 汽车气瓶最高充装压力已提升至25MPa，我国不少 CNG 汽车装备制造厂家，已向国外提供 25MPa 工作压力的气瓶产品。在国内，受《汽车加油加气站设计与施工规范（2014 年版）》GB 50156—2012 相关压力限值的制约，25MPa 车用气瓶尚未在国内销售和使用。

新兴能源装备股份有限公司开发了出口国际市场了长管拖车与管束式集装箱等 CNG运输设备，其抗拉强度达到 970MPa 以上，在公称工作压力 25MPa 下，由于材质强度提高，壁厚更薄，同时，规定相应的主体材料化学成分及热处理后的机械性能，确定硬度检测、水压试验、超声检测等相应要求。由于天然气属于脆性气体，该公司对试样瓶进行了抗氢脆性能检测以及抗 SSC 性能检测，同时补充了爆破试验及疲劳试验。其中爆破试验爆破压力及破口形状与尺寸均符合标准要求；疲劳试验加压循环至 15000 次的过程中瓶体无泄漏和损坏，符合规范要求[29]。

3.3 技术文件

3.3.1 行业主管部门规范性文件

序号	文件名称	文号
1	《建设低碳交通运输体系指导意见》	交政法发〔2011〕53 号
2	《能源发展战略行动计划(2014～2020 年)》	国办发〔2014〕31 号
3	《危险货物道路运输安全管理办法》	交通部〔2019〕29 号

3.3.2 技术标准

序号	标准名称	标准号
1	《车用压缩天然气》	GB 18047—2017
2	《汽车用压缩天然气钢瓶》	GB 17258—2011
3	《压缩天然气供应站设计规范》	GB 51102—2016
4	《站用压缩天然气钢瓶》	GB 19158—2003
5	《汽车用压缩天然气钢瓶定期检验与评定》	GB 19533—2004
6	《车用压缩天然气钢质内胆环向缠绕气瓶》	GB 24160—2009
7	《汽车加油加气站设计与施工规范(2014 年版)》	GB 50156—2012

4 生物天然气

4.1 发展综述

生物天然气具有能源、生态和环保以及振兴乡村经济三大功能。发展生物天然气不会增加碳排放，甚至还能抵消部分碳排放。国家发展改革委、国家能源局、农业农村部、财政部、生态环境部、自然资源部、住房城乡建设部、应急管理部、人民银行、税务总局等10部委联合印发了《关于促进生物天然气产业化发展的指导意见》（以下简称《指导意见》），提出了我国生物天然气发展的方向、目标、任务和政策框架，明确提出生物天然气作为绿色低碳清洁可再生燃气新兴产业，将纳入国家能源体系，要强化统筹协调，发挥市场作用，建立产业体系，以产业化方式推进发展生物天然气产业，到2025年产量超过100亿 m³，2030年超过200亿 m³。唯一的不足是，由于作为沼气原料的农业废弃污染物处置费制度在我国尚未建立，沼气-生物天然气企业原料成本过大，而国家财政对这种新型气体可再生能源的补贴政策一直未能落地，在很大程度上制约了生物天然气产业的健康发展[30]。

中国具有发展生物天然气的良好条件。我国天然气消费量增长较快，需求缺口大，为生物天然气发展提供了广阔的市场空间。而作为人口大国和农业大国，可用于生产生物天然气的有机废弃物资源丰富，每年可收集农作物秸秆量近9亿 t，规模化畜禽养殖场每年产生粪污20.5亿 t，年产餐厨（含厨余）垃圾2.5亿 t。保守预测，我国生物天然气可开发潜力约为2500亿 m³[31]。

生物天然气在我国发展了10多年，但目前尚处于起步阶段，规模较小，还没有形成完善的产业体系、技术支撑体系和政策体系。截至2018年年底，我国生物质能发电累计装机1781万 kW，生物天然气总产能约为5760万 m³。农业农村部在2018年底至2019年初对中央财政资金支持的64个生物天然气项目的追踪调研结果显示，在运项目只有22个，还没有成功的规模化应用案例，项目建设仍处于引进消化吸收国外先进经验、探索自身市场发展路径的过程中。尽管如此，但国内市场各方对发展生物天然气积极性很高，2019年全国首批申报的生物天然气产业化示范储备项目有489个，涉及25个省（市），总投资约900亿元。

我国经过近几年大规模生物天然气工程实践，针对南北不同地区和不同原料的项目，对应的厌氧发酵技术都有很大程度上优化。业内最成熟的CSTR工艺技术，在最优的发酵环境下，容积产气率可达1.5，甚至更高，高于几年前的1.0～1.1，在各项投入均不变的情况下，产气率的直接提升，可从根本上提高项目的盈利能力；秸秆混合原料的发酵工艺也有了明显的进步，在多维搅拌和沼液回流的互相配合调解下，有效地解决了秸秆进料、酸中毒、结壳上浮、传热传质效果差、产气率低等问题，目前中温秸秆混合原料发酵产气率也可达到1.2以上，较过去提升10%以上；发酵浓度从过去的8%逐步提升至12%，有机负荷得到提升；干法高效发酵技术（又称固体发酵），其发酵料液总固体（TS）浓度大于20%，也得到了广泛的关注，国内已有项目运行。

沼气脱硫技术前期主要有变压吸附、氧化铁法等，均有二次污染问题，不易处理。生物脱硫属于业内一种新技术，通过控制微生物的生长环境，提高生物活性，利用微生物固化硫元素，不仅装置结构小巧，过程无污染，而且控制过程简单，脱硫均匀，再配上后端的精脱硫，这一套新技术已经成为沼气脱硫的常用配置，杜绝了二次污染，提升了脱硫单元环保性和高效性，节约了设备投资和运营成本。目前生物脱硫技术已应用到多个实际大型工程中，表现出良好的经济型和稳定性。沼气脱碳主要采取高压水洗技术，属于物理吸收过程，受制于压力限制，二氧化碳在水中的溶解度也有限，对设备要求高，占地面积大，操作复杂，能耗高。现已发展成橇装的膜过滤脱碳装置，一键启动，节省了能耗和占地，且三级膜可以达到99.9%脱碳率。目前该项技术在国内已实现国产化，但核心元件——过滤膜仍需要进口。脱碳单元装置向橇装化、集约化、智能化发展，提升了沼气净化提纯装备的专业化水平[32]。

依靠现代的互联网、数字化和人工智能技术，智慧生物天然气站场概念已经提出。数据的监测、传输、计算、对比和决策反馈完全实现了自动化。

4.2　技术进展

从生物质转化而来的燃气包括沼气、合成气和氢气。

生物质制氢技术作为一种符合可持续发展战略的课题，已在世界上引起了广泛的重视。制浆造纸、生物炼制以及农业生产等活动中会产生大量生物质废弃物，利用其来制氢为废弃物的转化再利用提供了新途径，成为当今制氢领域的研究热点。生物质制氢技术分为化学法和生物法两大类，如图 2-11 所示。

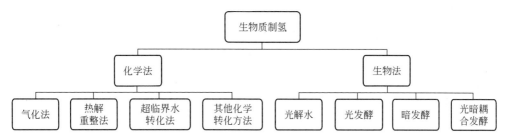

图 2-11　生物质制氢的分类

此外，也有人提出生物质能和风光能联合制氢的方法，比如以太阳能为输出能源，利用光合微生物将水或者生物质分解产生 H_2 的光合微生物制氢法，以及在较低温度下直接从原生生物质，比如木质素、淀粉、纤维素中获取 H_2 的电解生物质制氢法等，该技术还不成熟，处于实验室阶段。

目前，国际上对生物制氢技术的研究尚停留在实验室研究阶段，生物制氢技术仍不成熟，制氢效率低，成本高，尚需进一步研究。

生物天然气主要是指沼气提纯后的燃气，也就是利用畜禽粪便、农作物秸秆、餐余垃圾和工业有机废水废渣等有机物作为原料，通过厌氧发酵生产出甲烷含量在55%～65%的沼气，经过净化、提纯后，使甲烷含量达到90%以上的燃气，目前仅有沼气具有技术和成本优势。

生物天然气与常规天然气成分、热值等基本一致，主要应用于工业燃气、居民燃气、车用燃气等方面以及发电和集中供热等产业。

基于生物天然气工程产品的利用方式和工程所在地产品的利用优势，我国生物天然气产业目前已经形成几种重要的商业模式，主要有肥气电热联产模式、新农村集中独立供气模式、车用生物天然气入网模式、生物天然气装备制造和专业服务联合模式及生物天然气综合利用模式。

联产模式是在生物质资源的基础上，实现能源化利用的重要模式之一。新农村集中独立供气模式项目是根据实际情况建设一个区域化有机废弃物处理中心，将经济半径范围内的村镇所产生的有机废弃物原料全部收集起来，运输至该中心，经过合理的预处理后，直接进行混合厌氧发酵，并在净化提纯之后获得生物天然气，直接利用村镇级铺设的燃气管线将生物天然气输送到农户家中。车用生物天然气模式是目前生物天然气工程最主要的利用模式，生产出的压缩高纯度天然气能够直接通过燃气管道或者高压槽车输送到车用加气站，当作清洁能源供车辆使用。生物天然气入网模式主要对城镇附近工业有机肥料物进行预处理与发酵处理获得生物燃气，之后经过脱水、净化以及提纯等一系列流程后，向城镇的天然气管网中并入。生物天然气装备制造和专业服务联合模式中，规模化生物天然气工程关键技术装备供应商与工程承包商为重要主体，为差异化模式下的生物天然气工程项目或者生产企业，提供个性化、完善化、系统化的服务，充分提升生物天然气商业产业的经济效益。生物天然气综合利用模式主要是以上述几种模式为基础，对生物天然气产品实现多样化充分利用的重要模式，有机废水、畜禽粪便以及农作物秸秆等作为原材料，利用厌氧发酵技术生产粗生物燃气，并通过上文所介绍的几种模式，多样化利用生物天然气工程产品（沼渣、沼液和生物天然气）。

4.3 技术文件

4.3.1 行业主管部门规范性文件

序号	文件名称	文号
1	《全国农村沼气发展"十三五"规划》	发改农经〔2017〕178号
2	《关于促进生物天然气产业化发展的指导意见》	发改能源规〔2019〕1895号
3	《中共中央国务院关于全面加强生态环境保护坚决打好污染防治攻坚战的意见》	
4	《乡村振兴战略规划（2018～2022年）》	
5	《打赢蓝天保卫战三年行动计划》	国发〔2018〕22号

4.3.2 技术标准

序号	标准名称	标准号
1	《大中型沼气工程技术规范》	GB/T 51063—2014
2	《生物天然气产品质量标准》	NB/T 10136—2019
3	《提纯制备生物天然气工程技术规程》	T/CECS 654—2019
4	《沼气工程安全管理规范》	NY/T 3437—2019
5	《沼气工程远程监测技术规范》	NY/T 3239—2018
6	《地源热泵式沼气发酵池加热技术规程》	CECS 339—2013

5 煤制天然气

5.1 发展综述

2019年，煤制天然气产量为35亿m^3，较上年增加12亿m^3。

煤炭是我国的主体能源资源和重要工业原料，在保障国家能源安全和促进经济社会发展中持续发挥着重要的基础保障作用。煤制天然气是指以煤或焦炭为原料制得的气体燃料，是人工燃气的一种。发展煤制天然气行业是煤炭清洁高效利用的可行途径，也是加强国家能源战略技术储备和产能储备、保障能源安全、发挥我国煤炭资源优势、降低油气对外依存度的重要举措。经历了"十二五"和"十三五"阶段的示范发展，我国现代煤化工成绩显著，具体发展概况如下所述[33]：

（1）产能初具规模，产量稳步提升。截至 2019 年年底，我国现代煤制天然气产能、产量均达到较高水平，其中产能为 51.05 亿 m³/年；

（2）产业加快集聚，园区化格局初步形成。依托 14 个大型煤炭生产基地，初步构建了内蒙古鄂尔多斯、陕西榆林、宁夏宁东、新疆准东 4 个现代煤化工产业示范区。产业集聚化、园区化扩围提速，物流成本明显降低、运输压力有效缓解，更便于污染物的集中处置；

（3）关键技术装备攻关取得突破，国产化率大幅提高。目前已基本攻克了大型先进煤气化技术、合成气变换合成新技术等一大批技术装备难题，推动了我国装备自主化的进程，部分项目大型关键技术装备国产化率最高可达 98%，打破了国外相关技术装备采购成本高、周期长、长期垄断的局面；

（4）项目总体实现"安稳长高"运行，运行指标不断优化。已建成投产的煤制天然气示范和升级示范工程，基本实现了安全、稳定、长周期、高负荷运行。尤其是制约现代煤化工的"三大瓶颈"因素得到了显著改变。单位产品水耗显著降低，大多数已完成污水处理系统改造，但目前仍存在污水处理难度大等问题；

（5）目前，中国天然气市场仍处于相对垄断的状态，长期低油气价格下，已建成投产的煤制气项目总体经营艰难，规划新建类项目推进缓慢，难以落实示范任务，煤制天然气成本与售价严重倒挂，企业经营困难。

5.2 技术进展

5.2.1 煤制天然气技术

煤制天然气工艺普遍分为一步法和二步法，首先关于二步法，其合成气的主要原材料是劣质煤，通过净化以及转化之后，需要使用催化剂，促使其发生甲烷化反应，经过此系列工序才能生产出天然气，并且它会符合国家规定热值。此方法主要是 BGL 和鲁奇技术[34]。它的价值在于，能够使用价格低廉的材料，如褐煤，降低成本，还能够减少浪费，获得比较乐观的回报。此方法中核心技术就是甲烷化和甲烷化催化剂。另一个就是一步法，它又叫蓝气技术，它的原材料也是煤，不过它直接就能够合成甲烷，顺利得到天然气。这种方法的使用范围较小，主要是一些发达国家。该方法需要催化反应，利用单一反应器，促使煤和蒸汽合成天然气。相比较二步法，这种方式更加直接单一，促进了高效转化。这不仅可以让投资成本、固定投入等得到最大程度的降低，而且也可以更好的、科学的对废水、废气等进行处理。

我国在 20 世纪 80 年代就已经开始对煤制天然气的发展进行研究，一些科研单位在研究煤气甲烷化的过程中也探索煤制天然气的相关技术。从现状来看，我国煤制天然气的二步法工艺经过多年的发展和探索已经取得了不错的成果，并且在二步法技术探索的过程中也创新出了一种新的工艺方法，这就让煤制天然气的生产效率得到很大程度的提升。截至目前，关于一步法煤制天然气的技术，我国也已经开始进行研究和分析，并且在具体的项目中进行一步法煤制天然气技术的实践。但是煤制天然气的核心工艺、核心技术等一直没有取得进展，比如处理废水、甲烷化催化剂、管道建设等一系列问题。煤制天然气技术的不断发展，必须要和我国能源发展的步伐时刻保持一致，只有这样才可以满足天然气市场的需求，让天然气的供给量得到不断地增加。目前我国主要使用的煤制气工艺主要为壳牌煤气化技术、德士古煤气化技术[34]、鲁奇气化技术、喷嘴对置式气化技术。其中，喷嘴对置式气化技术是我国自主研发的新技术，投入使用后的日投煤量可达到1150t，压力能达到4MPa，该技术方法能够进一步提高热传递效率，喷嘴较多，增加了撞击波，提高碳的转化率，有效气体的含量也较高，但是在具体应用过程中，氧气的需求量较大，对有效气体的成分造成影响，要求煤质量较高，控制系统复杂，内部有耐火砖的存在，容易出现故障，投资费用较大。

5.2.2 对环境的影响

从煤炭消费、CO_2 排放和水资源消耗的角度，煤制天然气的生产与消费是一种资源消耗和环境排放转嫁，而且从整体上提高了我国的煤炭使用量和 CO_2 排放量。煤制天然气项目对生产地的环境有严重的负面影响。

定量评估显示，内蒙古因每年生产 40 亿 m^3 煤制天然气将会增加煤炭消费约 1203 万 t，同时增加约 2.38 万 t SO_2、2.49 万 t NO_x 以及 1405 万 t CO_2 排放。煤制天然气项目中 SO_2、NO_x 和 CO_2 的排放大部分来自生产过程，占到其全生命周期二氧化碳排放的 70% 左右，这将加剧生产地的空气污染问题。从全国范围的煤制天然气生产与消费来看，煤制天然气的产区主要位于我国西北部地区，而其消费区域则多集中在东部区域。由于碳泄漏的存在，煤制天然气的生产与消费将造成"区域治霾，全国增碳"的环境风险[35]。

另外，大多数"煤制气"项目建在远离大城市的地区，可能是荒漠地带。报告称"产生煤制天然气将消耗大量水资源，这将加重那些本来就缺水地区的压力。现实的情况是，在中国西北地区的甘肃、内蒙古等地引入黄河水已经开展的煤化工项目，已对黄河流域的生态和当地环境带来一定影响。

在当前雾霾大规模爆发、天然气缺口严重的背景下，加快发展煤制天然气实质上是一项无奈的政策措施。使用煤制天然气来替代煤炭发电，以达到雾霾治理这一紧急目标，对我国整体环境的改善十分不利。作为煤炭清洁高效利用的一种特殊方式，煤制天然气应该更合理地使用。发展煤制天然气需要考虑整个生命周期内，全国范围内的资源环境效率和公平性问题。如果为了重点区域的环境改善而忽略全国整体的环境问题，我国环境保护与低碳发展将陷入"头痛医头，脚痛医脚"的恶性循环。因此，煤制天然气项目建设必须高度重视，慎重决策。

5.3 技术文件

5.3.1 行业主管部门规范性文件

序号	文件名称	文号
1	《关于规范煤制油、煤制天然气产业科学有序发展通知》	国能科技〔2014〕339 号
2	《关于建立保障天然气稳定供应长效机制若干意见的通知》	国办发〔2014〕16 号
3	《能源行业加强大气污染防治工作方案》	发改能源〔2014〕506 号

5.3.2　技术标准

序号	标准名称	标准号
1	《煤制合成天然气》	GB/T 33445—2016
2	《取水定额 第39部分：煤制合成天然气》	GB/T 18916.39—2019
3	《煤制天然气单位产品能源消耗限额》	GB 30179—2013
4	《煤制天然气》	NB/T 12003—2016

6　氢能利用

6.1　发展综述

作为国家战略性新兴产业的重要组成部分，我国将加快推动氢能开发和产业应用。氢能已被列入《能源技术革命创新行动计划》等重大规划，并写入国务院《政府工作报告》[36]。氢气在传统石化行业和炼钢等工业领域已经有长期、大量的应用，近年来氢气在燃气领域的应用越来越广泛，氢气可应用于燃料电池汽车从而替代传统燃油汽车，节约石油消费；也可以用于家用热电联产，减少电力和热力需求；还可以直接将氢气掺入到天然气管网直接燃烧。

2019年，"氢能"首次写入我国政府工作报告。为进一步推动氢能利用与发展，我国不断加大氢经济领域投入力度，在政策、市场、技术等领域予以积极支持。当前，全国氢能产业正蓬勃发展，氢经济规模稳步扩大，我国氢能基础设施规划见表2-3。

氢能基础设施规划　　　　　　　　　　　　　　　　　　　表2-3

时间	制氢	氢能储存与运输	氢能利用及基础设施
2016~2020年（近期）	(1)工业副产氢气回收； (2)煤基制氢； (3)示范可再生能源制氢	(1)气态储氢(35MPa)； (2)拖车、液氨罐车运输； (3)气态储存(70MPa示范)； (4)管道输送(示范)	(1)燃料电池运输车辆(示范)； (2)到2020年，氢能现代有轨电车达到50列；燃料电池车达到1万辆；加氢站达100座
2021~2030年（中期）	可再生能源制氢(推广)	(1)液态及其他方式储存； (2)管道输送	(1)燃料电池车辆及发电应用、氢能轨道交通及船舶等推广； (2)到2030年，燃料电池车达到200万辆；加氢站达1000座
2031~2050年（远期）	(1)煤基低碳制氢(推广)； (2)绿色氢能供给方式多元化	(1)长距离管道输送； (2)安全、可靠的氢能储存及运输体系	加氢站覆盖全国,燃料电池运输车辆保有量达1000万辆；燃料电池发电推广应用

6.2　技术进展

6.2.1　氢气的生产

制氢的方式有很多，主要包括化石燃料制氢、电解水制氢、化工尾气制氢、可再生能源制氢等。

（1）化石燃料制氢技术

目前化石燃料仍然是工业大规模制氢的主要来源，已有成熟的技术和工业装置，其主要方法有煤气化制氢、天然气水蒸气重整制氢和甲醇裂解制氢等。目前,蒸汽甲烷重整被认为是最经济的方法,在全球制氢中所占份额最大,约为48%,煤炭和石油分别以30%和18%的相对份额排名第二和第三[37]。化石能源转换制氢成本低廉、工艺流程短、操作简单,可大规模生产,但是这种制氢方法存在经济效益差、污染严重等缺点,且煤、石油及天然气都是宝贵的一次能源,无法从根本解决能源问题。

(2)电解水制氢技术

目前的电解水制氢储能技术有碱性电解技术、固体聚合物电解技术(Solid Polymer Electrolyte,SPE)和固体氧化物电解技术(SOEC)。碱性电解技术最为成熟、成本最低,而且已经实现了大规模制氢应用,但是效率较低。电解水制氢是一种完全清洁的制氢方式。电解水制氢得到的氢气纯度高,操作简单,制氢过程不产生二氧化碳,无污染,但是其电能消耗大,生产成本高,转化效率低,因此目前在全球制氢范围内所占份额较小,约为4%。

(3)天然气制氢技术

天然气制氢主要工艺有天然气水蒸气重整制氢、天然气部分氧化制氢、天然气自热重整制氢、天然气绝热转化制氢和天然气高温裂解制氢。制氢流程主要包括:原料气预处理、天然气蒸汽转化、一氧化碳变换、氢气提纯。

(4)富氢气体制氢技术

富氢气体制氢主要有合成氨生产尾气制氢、炼油厂回收富氢气体制氢、氯碱厂回收副产氢制氢、焦炉煤气中氢的回收利用等。工业常用富氢气体提纯的主要工艺有PSA变压吸附氢气提纯技术和膜分离氢气提纯技术。

(5)可再生能源制氢技术

可再生能源制氢以其环保特性而在近年被积极推广,其中研究最为广泛的可再生能源制氢技术主要分为两类:一类是利用风、光发电的新型电解水制氢技术;另一类是生物质制氢技术。

风电制氢技术主要有碱性水电解、固体聚合物水电解和固体氧化物水电解。太阳能制氢的主要工艺方法有三种:利用光伏系统将太阳能转化为电能,再通过电解槽电解水制氢,电转换为氢的效率为75%;通过太阳能的热化学反应循环制氢;太阳能直接光催化制氢。生物质制氢技术分为化学法和生物法两大类,化学制氢法包括气化法、热解重整法、超临界水转化法等,生物制氢法有光解水、光发酵、暗发酵和光暗耦合发酵法等。

(6)热化学硫碘循环水分解制氢技术

热化学硫碘循环水分解制氢技术通过整个闭路循环实现净输入H_2O和合适的热量即可生成H_2和O_2,如图2-12所示。含硫循环体系主要包括:硫碘(SI或IS)循环、硫酸-硫化氢循环、硫酸-甲醇循环和硫酸盐循环等。目前除美国外,法国、意大利、德国、日本、韩国、中国和印度等国家的相关科研机构均选择SI循环作为未来太阳能或者核能制氢的首选流程。

(7)热化学杂化体系水分解制氢技术

杂化体系是热化学过程和电解过程联合组成的体系,简化了热化学循环分解水制氢流程,而且降低了电解温度,可以实现较高的热效率。目前,研究较多的杂化体系主要有硫酸-溴杂化循环、硫酸杂化循环、烃杂化循环、金属-金属卤化物杂化循环和金属-金属杂化

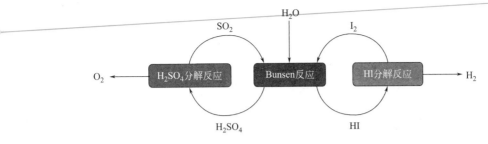

图 2-12　热化学硫碘循环水分解制氢原理

循环等。其中，金属-金属卤化物杂化循环的铜-氯（Cu-Cl）循环是近些年的研究热点，加拿大原子能公司和美国阿尔贡国家实验室都对其进行了持续研究。

该循环最主要的优点在于反应最高温度只有 800 K 左右，对材料要求低，且与核能耦合非常合适。据理论计算铜氯循环制氢效率可达 43%。

6.2.2　氢气的储运

氢气的储存方式包括压缩氢气、液化氢气、液体有机物氢载体、金属合金储氢等方式。

（1）氢气储存技术

高压储氢通常在最大运行压力为 20MPa 的高压气瓶内储存压缩后的气态氢，氢车储罐内的运行压力一般为 5000～10000psi（约为 35～70MPa）。液化储氢是将氢气液化后储存在真空瓶里。相比高压压缩储氢而言，深冷液化储氢，其体积能量密度高，储存容器体积小，但消耗的能量较大。具体过程为现将纯氢冷却到零下 253℃使之液化，然后装到低温储罐储存。有机液体储氢技术借助某些烯烃、炔烃或芳香烃等储氢剂和氢气产生可逆反应从而实现加氢和脱氢，常用的有机储氢材料为环烷烃，如环己烷、甲基环己烷、萘烷。金属及其合金储氢的原理是储氢金属和氢气发生了化学反应，首先氢气在其表面被催化而分解成氢原子，然后氢原子再进入金属点阵内部生成金属氢化物，这样就达到了储氢的目的。金属储氢材料可分为两大类，一类是合金氢化物材料，另一类是金属配位氢化物材料，近年来金属有机骨架化合物（MOFs）因具有纯度高、结晶度高、成本低、可大批量生产和结构可控的特点，在气体储存尤其是氢储存方面显示出了广阔的应用前景。

（2）氢气运输技术

压缩氢气运输技术常用压缩氢气长拖车，类似于压缩天然气的运输，氢气压力通常小于 20MPa，是目前最常用的氢气运输方式。液氢槽车运输类似于 LNG 的运输优点是初投资低，缺点是绝热与冷却系统成本高，液化会大量耗能，国外 70% 左右使用液氢运输，安全运输基本问题已经得到充分验证。国内应用目前仅限于航天领域，民用还未涉及。

管道输送氢气是实现氢气大规模、长距离运输的方式，可有效降低运输成本，但氢气长输管道建设的投资成本非常高，难度也较大。《中国氢能源及燃料电池产业白皮书》指出，美国有 2500km 的输氢管道，欧洲已有 1569km 的输氢管道，我国则仅有 100km 输氢管道。目前我国有多条输氢管道在运行，如中国石化洛阳炼化济源—洛阳的氢气输送管道全长为 25km，年输气量为 10.05 万 t；2014 年，中国建成的最长氢气长输管道—巴陵石化氢气长输管道，全长 43km，其主要功能是为石化行业加氢反应器提供氢气原料。

6.2.3 氢气的利用

氢气在传统石化行业和炼钢等工业领域已经有长期、大量的应用。近年来氢气热门的应用方向主要是用于燃料电池交通、掺氢、车用压缩天然气掺氢或纯氢燃气轮机发电及燃料电池分布式电站等，尤其是在交通领域的应用是目前氢能产业利用发展的重点。

燃料电池技术主要有碱性燃料电池、磷酸燃料电池、固体氧化物燃料电池、熔融碳酸盐燃料电池和质子交换膜燃料电池。从商业应用上来看，熔融碳酸盐燃料电池、质子交换膜燃料电池和固体氧化物燃料电池是最主要的三种技术路线。

氢燃料电池汽车的动力系统是由电堆、氢气供给循环系统、空气供给系统、水热管理系统、电控系统和数据采集系统 6 大部分组成。截至 2020 年 3 月，我国氢燃料电池汽车商业化营运的省份超过 17 个，其中广东、上海氢燃料汽车运营量突破 1000 台大关。但我国氢燃料汽车技术相比于日韩等国仍较为落后，在燃料电池电堆、质子交换膜等领域仅实现小规模制造，并且我国氢能源汽车的销量大多来自政府机构，几乎没有个人购买氢燃料电动汽车。

加氢站是为燃料电池汽车供应氢气的燃气站。根据加氢站内氢气储存相态不同，加氢站有气氢加氢站和液氢加氢站两种。全球 369 座加氢站中，30% 以上为液氢储运加氢站，主要分布在美国和日本。我国加氢站都是气氢加氢站，主要包括氢源、纯化系统、压缩系统、储氢系统、加注系统、安全及控制系统。氢气加注是将氢气经氢气纯化系统、压缩系统，然后储存在站内的储存系统（高压储罐），再通过氢气加注系统为燃料电池汽车加注氢气。

6.3 技术文件

6.3.1 行业主管部门规范性文件

序号	文件名称	文号
1	《"十三五"国家战略性新兴产业发展规划》	国发〔2016〕67 号
2	《国务院办公厅关于加快新能源汽车推广应用的指导意见》	国办发〔2014〕35 号
3	《能源技术革命创新行动计划（2016～2030 年）》	发改能源〔2016〕513 号
4	《关于促进储能技术与产业发展的指导意见》	发改能源〔2017〕1701 号
5	《关于加快建立绿色生产和消费法规政策体系的意见》	发改环资〔2020〕379 号
6	《氢能产业发展及其技术装备创新支撑研究》	
7	《关于做好可再生能源发展"十四五"规划编制工作有关事项的通知》	国能综通新能〔2020〕29 号
8	《关于 2019 年国民经济和社会发展计划执行情况与 2020 年国民经济和社会发展计划草案的报告》	

6.3.2 技术标准

序号	标准名称	标准号
1	《氢系统安全的基本要求》	GB/T 29729—2013
2	《水电解制氢系统技术要求》	GB/T 19774—2005

续表

序号	标准名称	标准号
3	《压力型水电解制氢系统安全要求》	GB/T 37563—2019
4	《氢气储存输送系统 第2部分:金属材料与氢环境相容性试验方法》	GB/T 34542.2—2018
5	《加氢站用储氢装置安全技术要求》	GB/T 34583—2017
6	《甲醇转化变压吸附制氢系统技术要求》	GB/T 34540—2017
7	《氢能车辆加氢设施安全运行管理规程》	GB/Z 34541—2017
8	《氢燃料电池电动汽车示范运行配套设施规范》	GB/T 29124—2012
9	《示范运行氢燃料电池电动汽车技术规范》	GB/T 29123—2012
10	《水电解制氢设备》	JB/T 5903—1996
11	《氢冷发电机供氢系统防爆安全验收导则》	NB/T 25073—2017
12	《焦炉煤气制氢站安全运行规范》	YB/T 4594—2017

7 液化石油气

7.1 发展综述

近年来,技术进步和成本降低,使液化石油气(LPG)产量大增,而化工需求则推动 LPG 需求大增,供应侧和需求侧革命性的变化不仅迎来了 LPG 的再次繁荣,更改变了我国 LPG 的市场格局。

液化石油气目前主要用途有两种:一种是作为燃料使用,约占全球消费总额的60%~70%;另一种是作为化工原料,约占全球消费总额的30%~40%。LPG 消费领域从燃料向化工原料转变,消费区域从城市到农村转移,供应来源从自产为主向进口为主转变,产量格局从国营炼厂主导向地方炼厂逐步占领转变。未来营销模式、定价方式、贸易流向、竞争主体等都将顺应新特点形成新趋势。

2019年,中国液化石油气国内总进口量为2086万t,减去出口量后,净进口量为1956万t。2013~2019年 LPG 年总进口量如图2-13所示,净进口量如图2-14所示。

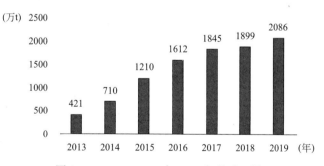

图 2-13 2013~2019 年 LPG 年总进口量

2019年我国液化石油气产量累计值达为4327万t,减去炼厂自用量后,国内商品量为2616万t。2013~2019年我国 LPG 年产量如图2-15所示,LPG 年商品量如图2-16所示。

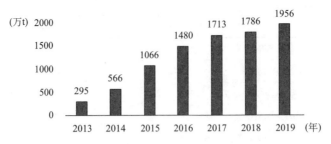

图 2-14　2013～2019 年 LPG 年净进口量

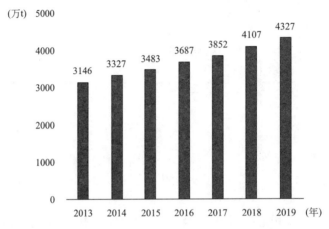

图 2-15　2013～2019 年 LPG 年产量示意图

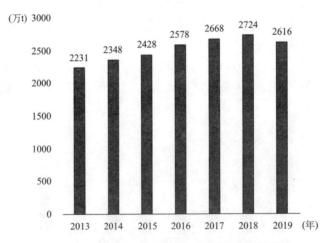

图 2-16　2013～2019 年 LPG 年商品量示意图

作为燃料，LPG 的应用主要分为三大领域：

（1）民用及商用燃料。液化石油气是重要的民用气源，在天然气长输管线到达不了的城镇及乡村居民用户中广泛使用。商业用户，尤其是炊事用户及小型热水炉用户，均可采用 LPG 燃料。据统计，目前民用及商用气部分已经占全球 LPG 燃料消费总额的 60% 以上。

（2）工业燃料。应用于工业生产中，作为能量来源。如有色金属冶炼，窑炉焙烧、农产品的烘烤等。目前该部分用气占比在 LPG 燃料消费中占比已经突破 30%。

（3）其他应用领域。如交通运输业、气雾罐等。受越来越严格的车/船排放标准限制，LNG、LPG 燃料汽车等新能源汽车迎来了新的发展机遇。由于 LPG 具有与 LNG 类似的清洁燃烧特性，C 级重油对比，LPG 能够做到减排 90%～97% 的硫氧化物和 15%～20% 的氮氧化物，因此在车/船用领域依然大有可为。

总体来看，我国城市民用人均 LPG 年消费已超过 20kg，保持稳定状态，消费人口基数难以增长；农村年人均消费仅有 10kg 左右，尚有较大发展空间。

7.2 技术进展

7.2.1 钢瓶配件

目前，我国的 LPG 行业存在经营比较分散，钢瓶阀门有安全隐患等一些问题。因此开发出带自闭功能的直阀和智能角阀。

（1）直阀

据统计，我国现有 LPG 钢瓶保有量在 2 亿只左右。每 LPG 用量约 600 万 t。LPG 钢瓶自闭式直阀结构是 20 世纪 50 年代，德国 SRG 公司的专利产品。目前在世界范围内的有几亿套 SRG 直阀在使用中。在中国约有 150～200 万套直阀在使用[38]。该类型阀门的特点是安全、简便、使用寿命长，其结构如图 2-17 所示。

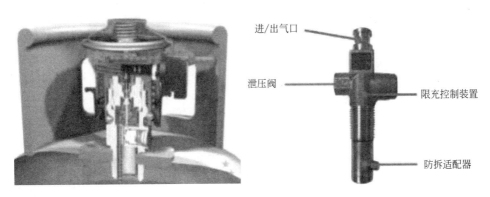

图 2-17 直阀结构

直阀的阀门始终处于自动关闭状态，只有装上调压器，拧下调压器开关时，阀门才打开。可带压力保护装置，万一液化气瓶内压力异常升高到上限，安全装置自动卸压，避免引起钢瓶爆炸。钢瓶压力下降到一定数值，安全装置复位。直阀处于常闭状态，并与调压器联锁，直阀部件不可拆卸，防止被改装，调压器部件不可拆卸，阀体和阀盖完全铆死，杜绝安全隐患。

（2）智能角阀

新一代智能角阀采用"一阀一码"技术，每个阀门都有一组电子密码和物理密码，通过双层加密新技术，大幅增加钢瓶的安全防控能力，确保钢瓶充装可控，满足对钢瓶的追溯管理要求。

智能角阀阀身上的 RFID 芯片，具写、读信息功能，可存储企业信息，钢瓶出厂日期、检验日期与钢瓶充装记录等信息；手轮上的二维码可以扫码、溯源；出气口带自闭装置，有自闭功能；阀体内嵌限充装置，防止交叉充装，实现限充功能；有防拆适配器，具有防拆功能；采用云密码、双层加密控制技术，多组密码防护性能强力升级。智能角阀钢瓶充装时，配套的特制充装枪会自动识别智能角阀 RFID 里面的信息，当判断信息无误，充气枪才会打开智能角阀里内嵌的限充装置完成充装[39]。其结构如图 2-18 所示。

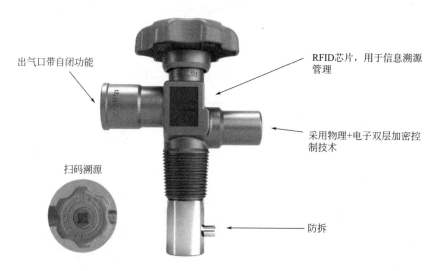

图 2-18　智能角阀结构

智能角阀与智能充气枪、系统软件配合可实现燃企运营、溯源信息化管理，确保液化气钢瓶的生产、充装、储存、运输、使用等各个环节能进行全过程全生命周期管理，钢瓶流向可追、企业责任可界定。从而减少安全事故发生、维护液化气用户及社会公共安全，促进市场健康有序发展。

（3）智能底座

智能底座具有瓶装气消费重量和防泄漏实时智能监测、数据传送、云平台管理、数据分析等功能，为国际首创的瓶装液化石油气物联网产品。智能底座通过对钢瓶整体重量数据进行智能分析换算，用户可实时掌握剩余气量信息。

瓶装液化石油气智能底座的应用，可以将送气服务由被动变为主动，燃企通过智能底座 APP 后台，可直观看到片区内用户剩余气量情况，主动提供有计划的服务。销售模式还可以由原来的按瓶卖变为按实际消费量计重收费，换瓶操作由用户变为企业员工，最大程度保障用户利益和安全。通过后台大数据统计，生成运营简报，便于燃企高层领导进行决策分析。

7.2.2　新型气瓶

（1）铝瓶

无缝铝制 LPG 气瓶瓶身无任何焊接，属轻量型，比传统钢制气瓶轻，无腐蚀性、超级耐用、气化良好、瓶身无任何焊接之处，安全性高、维护简单，其结构如图 2-19 所示。铝瓶相比传统的钢制气瓶：轻 65%，不生锈，导热率高 18%，无焊接缺陷。铝瓶相比复合材料气瓶：可 100% 回收再利用，导热率高 57%，成本低 47%。铝瓶相比焊接铝制气瓶：无焊接缺陷，可替换的颈圈和底座，使气瓶的使用寿命更长。

（2）高密度聚乙烯内胆玻璃纤维全缠绕气瓶

液化石油气高密度聚乙烯内胆玻璃纤维全缠绕气瓶，重量轻（约为钢瓶重量的 1/2），

"塑料颈圈"
由耐冲击聚丙烯制成
由叉和橡胶牢牢固定

"无缝铝制气瓶"
由A6016、T6制成
无缝、重量轻且不生锈

瓶颈开有沟槽,以便锁定

"尺寸过小的"设计
底座内径小于气瓶外径(～6mm);
经配装后,底座几乎拉伸至"屈服
限度"提供的夹持力大于2000N(约
200kg)

高强度材料
为了以最低维护成本实现耐久
性而选用抗冲击性高的聚丙烯

附着力增大(滚花)
将底座从瓶身分离开来所需的力因
表层的机械性改善而进一步增大

图 2-19 铝瓶结构图

使用寿命长(约钢瓶寿命的1～1.5倍),不易爆炸、不易产生冲击波及碎片,其市场价格约为 LPG 钢瓶的 2～3 倍,其结构如图 2-20 所示。

气瓶结构主要包括:聚乙烯内胆、纤维增强层、气瓶保护层及内植的射频芯片。内胆有一定强度,缠绕玻璃纤维后,冲击韧性好,在使用寿命内不发生蠕变破坏。气瓶具有优良的气密性、耐腐蚀性、高强度和高韧性等特点[40]。同时,可在内胆与缠绕纤维增强层中间植入射频芯片(RFID),有效的保证芯片的隐蔽性、永久性、抗屏蔽性和气瓶唯一性,能够实现气瓶的全流程信息化管理,结合现代的物联网、大数据与云计算等先进技术,有助于

图 2-20 复合材料气瓶结构图

进一步提高液化气灌装场站安全运营管理水平,提升社会与市场综合服务能力。

7.2.3 瓶组气化站

LPG 瓶组气化站具有一定的价格优势,同时还具有易于运输、供应方式灵活等优点,目前在山区农村逐步推广使用。北京液化石油气公司从 2016 年开始就在北京及廊坊地区开展液化石油气在农村煤改气应用的试点工作。

7.2.4 调制天然气

在国际上,提升气质热值方法主要是在原气质基础上添加高热值气体,例如天然气添加液化石油气、轻烃气体等,使其达到所需的热值[41]。从热值分析,LPG 的单位质量热值约 46MJ/kg,折合体积热值约为:108MJ/Nm^3,天然气的单位体积热值约 36MJ/Nm^3。在某些对燃料气热值要求较高的工业用户,需要更高热值保障生产的企业,可以采

用混掺 LPG 调节生产工艺中所需要达到的热值。

7.3 技术文件

7.3.1 行业主管部门规范性文件

序号	文件名称	文号
1	《城镇燃气管理条例(2016 年修订)》	国务院令第 666 号
2	《危险化学品安全管理条例(2016 年修订)》	

7.3.2 技术标准

序号	标准名称	标准号
1	《液化石油气》	GB 11174—2011
2	《液化石油气钢瓶》	GB 5842—2006
3	《液化石油气钢瓶定期检验与评定》	GB 8334—2011
4	《液化石油气瓶阀》	GB/T 7512—2017
5	《机动车用液化石油气钢瓶》	GB 17259—2009
6	《车用液化石油气》	GB 19159—2012
7	《液化石油气供应工程设计规范》	GB 51142—2015
8	《液化石油气充装厂(站)安全规程》	SY/T 5985—2020

第二节　输配

随着全国输气主干管网建设的提速,我国城市燃气管道长度不断增加,城市燃气用量逐年提升,截至 2019 年,全国城镇燃气供气管道总长度为 95.5×10^4 km,其中天然气管道 93.6×10^4 km。截至 2019 年年底,全国共建成 27 座储气库,地下储气库有效工作气量达 102 亿 m^3,同比增长超过 30 亿 m^3。

1 场站工程

1.1 发展综述

我国城镇燃气场站主要包括燃气输配场站、LNG 场站、CNG 场站、瓶组供气站等。

燃气输配场站类型主要是门站、储配站、调压站。运行模式主要分为有人值守和无人值守。有人值守场站占地面积大,能源消耗和人力成本高,随着远程控制技术的成熟,实现天然气管网的自动化、数字化管理已经成为天然气技术发展的必然趋势,为实现无人值守提供了技术保障。

在燃气管网无法敷设的地区,采用瓶组供气站进行区域点供,解决了燃气管道"最后 1km"问题,也是解决了农村居民燃气供应的主要技术手段之一。

1.1.1 储配站

是城市燃气输配系统中储存和分配燃气的设施。其主要任务是根据燃气调度中心的指令,使燃气输配管网压力满足终端用户用气需求,保持燃气供需平衡。主要设备包括储气、调压、计量装置和控制仪表等。储气装置是储配站的主要设备之一，其作用是解决燃气供应和使用之间的不平衡。

1.1.2　LNG 场站

我国 LNG 工业从起步到发展，在 LNG 产业链的液化、储存、运输等各个环节上都有了显著进步。随着全国天然气工程的发展，以及大规模"煤改气"工程的推进，储气调峰能力不足问题凸现，为了弥补国内调峰设施不足，全面提升燃气保供能力，2018 年 4 月 27 日，国家发展改革委、国家能源局印发《关于加快储气设施建设和完善储气调峰辅助服务市场机制的意见》，要求"到 2020 年，供气企业要拥有不低于其合同年销售量 10% 的储气能力，城镇燃气企业要形成不低于其年用气量 5% 的储气能力，县级以上地方人民政府至少形成不低于保障本行政区域日均 3 天需求量的储气能力"，该政策推动了国内 LNG 的大力发展。

截至 2019 年 9 月，我国已建成 LNG 接收站约 23 座，其中，中石油、中石化、中海油三大公司已建成接收站 18 座，全国占比 91%；地方国企和民营企业已建有接收站 5 座。同时我国 LNG 应急储备调峰站的建设也得到了蓬勃发展，大部分重要省市均在为提高气源供应能力，高度重视 LNG 应急调峰储备站的建设。据不完全统计，至 2019 年 9 月全国共有 12 个应急储备调峰新项目。

1.1.3　CNG 场站

自 20 世纪 30 年代开始，包括乌克兰、意大利在内的许多国家已开始关注天然气汽车项目的发展。进入 21 世纪之后，天然气汽车已在世界的 63 个地区以及国家进行了推广，全球范围内已经共有超过 6000 座 CNG 加气站，小型充气装置超过 4700 套。

1989 年我国首座 CNG 加气站投产使用，至今 CNG 加气站已遍布 31 个省、市、自治区 300 多个地级及其行政区域。截至 2018 年年底，我国 CNG 加气站保有量达到 5600 座左右。CNG 技术同时成为我国城市管道燃气供应、小型工业企业用气、新农村燃气设施建设的有效补充手段。

1.2　技术进展

1.2.1　橇装式 LNG 场站

小型橇装式 LNG 供气装置可作为 LNG 汽车燃料补给站或小型燃气管网的调峰装置，其灵活、机动的特性在我国很多领域得到发挥应用，已经成为天然气供应的重要手段。

（1）橇装 LNG 气化站

属于区域供气的一种方式，具有占地面积小，初投资低，建设周期短等特点，根据气化量的不同，LNG 气源可以采用槽车、储罐、钢瓶等多种供应形式，特别适合作为新农村建设中的燃气气源。由于该工艺安全可靠、技术成熟，在经济发达、能源紧缺的中小城市，这种供应方式为城市燃气管网和远离市区的工厂提供燃气，也可以作为管道燃气到达前的过渡供气设施。目前，橇装式 LNG 气化站总储存容积不大于 60m³，单罐容积不大于 20m³。橇装 LNG 气化站的主要设备包括 LNG 槽车（LNG 钢瓶）、储罐增压器、BOG 换热器、EAG 换热器、空温式气化器、水浴式燃气换热器、调压、计量、加臭装置等。

（2）橇装 LNG 加气站

橇装 LNG 加气站采用集成橇装 LNG 加气设备，设备集成度高、自动化控制程度高、建设周期短，适合设置在公交车停车场、客运站、物流公司停车场、加油站及其他点对点公路运输的必经之路上。

橇装式 LNG 加气站多数为三级 LNG 加气站，可以与加油站合建，合建站的级别应控制为二级站。工艺流程可分为卸车流程、调压流程、加气流程、卸压流程 4 个部分（图 2-21）。

图 2-21　橇装式 LNG 加气站

1.2.2　智能调压站

随着城市燃气管网发展快速发展，传统管理手段已不能满足城镇燃气发展的要求，为了提升管网运行安全性，需要采用先进电子技术、物联网技术实现城镇燃气管网智能化管理。

智能调压站是在传统的自力式调压器基础上，通过智能控制器对控制导阀、调压器出口压力和出口流量进行控制，实现监测、报警、调压站远程切断、备用调压路设定压力自动调整等功能。其组成设备按功能分为进口单元、过滤调压单元、出口单元和智能控制单元。

1.2.3　场站设计新理念

（1）场站设备模块化设计

天然气场站工艺流程的模块化设计包括方案、工艺流程和布置设计。方案设计主要研究完成项目任务的技术路线，工艺流程设计包括模块的设计参数信息和布置的拓扑信息，布置设计则用具体的几何学方法和计算机模拟技术来表达方案设计。

（2）BIM 技术应用

BIM 技术引入燃气场站工程设计，通过构建的信息模型来表达燃气场站中现实的物体，BIM 技术出色的展示效果能够准确反映各部件空间的关系，在设计阶段杜绝错漏碰缺，协调处理燃气设备与建筑、结构或其他专业之间存在的问题，简化设计过程的步骤，使燃气场站工程设计的信息化水平得到提高。

1.2.4　场站设备集成化

燃气场站设备的集成化，可以是对设备、管线、仪表、电气等具有相对独立功能个体的集成，也可以是将大型装置在工厂进行拆解、在现场对区域撬块进行组装而实现装置功能的集成。目前我国天然气场站设备大量采用系统集成，工厂内"成撬"生产，减少现场安装工作量，提高设备安装质量。

1.2.5　天然气计量

天然气的计量按用途可分为气田计量、输气干线贸易计量、城市门站及城市天然气用户贸易计量等几种类型。城市天然气用户计量所使用的计量仪表主要有涡轮、旋进旋涡、腰轮、膜式表等。

1）新型计量仪表

（1）气体超声流量计

气体超声流量计的主要特点：可以在不接触运动流体的情况下测量流速，无压力损失，无可动部件；测量准确度高，一般为 0.5 级，可达 0.2 级；量程比特宽，可达 1：300 或更大；适用于高低压、大口径、高准确度计量。

气体超声流量计的局限性：易受噪声影响，当气流噪声的频率与流量计工作频率范围一致时，将使流量计测量准确度降低，误差甚至达±2%；上下游直管段长度要求高；换能器表面易受脏污，并导致测量的准确度和稳定性降低（图 2-22）。

图 2-22　气体超声流量计

（2）热式气体质量流量计

热式气体质量流量计的主要特点：没有旋转活动部件；测量结果为质量单位；响应速度快，可测量瞬时流量；压力损失小；流量范围度宽，一般大于 1：50；始动流量极低，可用于测量微小流量。

热式气体质量流量计局限性：以体积量作为结算单位的现状，导致计量准确度受气体组分和密度的影响；检定的仪表系数随气体组分变化，检定介质和被测介质的不同将影响测量值，且被测介质变化也将影响测量精度；传感器表面灰尘和水分的脏污影响测量准确度；采用 MENS 传感器时，传感器保护层难于承受灰尘、颗粒的冲刷，可靠性、安全性较低（图 2-23）。

（3）热式涡街流量计

热式涡街流量计是将热式质量流量传感器与涡街流量计整合成一体的复合型流量计，在小流量段由热式质量流量传感器测量，当流量超过设定值时切换到涡街传感器检测，由配套修正仪实现测量的自动切换，并将小流量段的质量流量换算到体积流量，以及完成温度、压力的修正，也称之为"全量程流量计"。

热式涡街流量计的特点：在测量小流量时具有优势，始动流量很低，大大提高了流量范围度；无可动部件，可靠性较高；在中大流量段才由涡街传感器测量，避免了传统涡街流量计抗干扰能力差的问题。

热式涡街流量计的局限性：在由热式传感器负责测量的小流量段，具有热式气体质量流量计具有的全部局限性；在涡街负责检测的流量段，稳定性受流场畸变影响大，直管段要求高；涡街传感器还对机械振动敏感，强烈的管道振动影响计量准确度（图 2-24）。

图 2-23　热式气体质量流量计　　　　　　　图 2-24　热式涡街流量计

2）计量表移动标定及在线检定

移动标定车平均每天可以检定 10 台表以上，非常有利于一些不能长期停气的客户使用。目前已经在华北油田、佛山南海计量所、新疆计量院、临沂计量所等多个地方开展移动检定工作。

在线检定，就是在天然气的管道上进行检测。我们国家已经建立很多套实流检定装置，特别是中国石油天然气集团有限公司、中国石油化工集团有限公司等。随着高压超声和高压涡轮流量计的广泛使用，很多燃气公司也在考虑开始建立实流检定站，这是一个很有发展前景的产业。虽然我们国家已经有近 10 台实流检测设备，但是对于需要检测仪表来说，还是供不应求，目前大部分实流检定站都处于饱和状态。

关于精度等级，在线检定可以分几个标准级，有原级，次级和工作级。原级一般只用于对次级的校准，次级一般用于对工作级的校准，当然在实际工作中，也经常参与对市场上高精度仪表的校准，平时工作时大部分使用工作级。次级一般是音速喷嘴法，工作级一般是标准表法（图 2-25）。

3）物联网表应用

计量仪表自动通过移动空中网、传统互联网、有线传输或近距离传输等网络把数据上传至燃气公司服务器，实现流量计的数据传输，满足燃气公司的自动抄表、预付费管理和远程控制等全方位业务需求。同时，用户通过 APP、微信、支付宝等方便快捷的网上支付手段，实现缴费、查询等业务办理，与燃气公司进行实时互动，构建智能燃气运营管理网络，助力燃气公司步入精细化运营。

目前移动无线通信技术主要为 NB-IoT/5G 等通信方式，具有高效率、低成本、准确

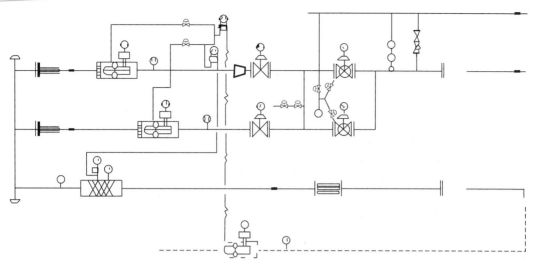

图 2-25　计量表标定原理图

性高、及时性（支持实时抄表）等优势。计量仪表集成相应通信技术后，主要应用于抄表管理、营收管理和安全管控等场景（图 2-26）。

钢壳

图 2-26　物联网燃气表

1.3　技术文件

1.3.1　行业主管部门规范性文件

序号	文件名称	文号
1	《城镇燃气管理条例(2016 年修订)》	国务院令第 666 号
2	《安全生产许可条例(2014 年修订)》	国务院令第 397 号
3	《危险化学品安全管理条例(2013 年修订)》	国务院令第 645 号

1.3.2 技术标准

序号	标准名称	标准号
1	《城镇燃气设计规范(2020年版)》	GB 50028—2006
2	《压缩天然气供应站设计规范》	GB 51102—2016
3	《液化天然气(LNG)汽车加气站技术规范》	NB/T 1001—2011
4	《液化天然气(LNG)生产、储存和装运》	GB/T 20368—2012
5	《液化石油气、压缩天然气和液化天然气供应站安全运行管理规范》	DB11/T 451—2017
6	《汽车加油加气站设计与施工规范(2014年版)》	GB 50156—2012
7	《城镇燃气调压器》	GB 27790—2020
8	《建筑设计防火规范(2018年版)》	GB 50016—2014
9	《涡街流量计检定规程》	JJG 1029—2007
10	《超声流量计检定规程》	JJG 1030—2007
11	《科里奥利质量流量计》	GB/T 31130—2014
12	《标准表法科里奥利质量流量计在线校准规范》	JJF 1708—2018

2 管网工程

2.1 发展综述

我国天然气的利用领域及规模不断拓展,天然气应用的覆盖范围和覆盖人数仍在不断扩大,北京、江苏燃气电厂集中投产,发电用气量增加,"煤改气"工程进程加快,天然气管网等基础设施建设继续保持强劲的增长势头,城乡统筹规划建设加大了城镇燃气管网和配套设施向农村区域延伸和覆盖的力度,形成了城乡居民共享的同网同价的天然气供应体系。

2.1.1 综合管廊

从综合管廊建设规模和发展经验来看,综合管廊可以作为城市现代化的重要实施途径。近年来,全国范围内综合管廊的建设工程已经陆续推进,据不完全统计,全国地下综合管廊已建设里程约1700km,全国共有69个城市在建地下综合管廊约1000km。入廊天然气管道管径已经达到DN500,设计压力以中压A压力级制为主,少数达次高压1.6MPa。

天然气管道管廊在国内的发展还存在诸多问题:

(1)建设标准有待完善。截至2019年6月,国家已发布了《城市综合管廊工程技术规范》GB 50838—2015、《城市综合管廊运行维护技术规程》T/BSAUM 002—2018、《城市地下综合管廊运行维护及安全技术标准》GB 51354—2019等管廊建设标准规范,但专门针对入廊天然气管道建设、运行维护的标准尚为空白。

(2)建设、运营维护成本高。在城市建设地下综合管廊,减少了道路开挖,减少了第三方破坏等一系列问题。但由于管廊敷设需建设廊体和附属设施,尤其是天然气管道为独立舱室,使其分担的建设、运营维护成本高的特点尤为明显。

目前,我国对管道企业缴纳的入廊费和日常维护费的收费标准尚不够明确。如果将建设、运营维护成本全部由管道企业承担，将给燃气管道企业带来巨大的成本压力。

（3）管廊结构安全问题。综合管廊施工常用的施工方式现场浇筑和预制拼装，使得相邻舱室之间的缝隙难以避免。当管廊结构基础位于松软及高水位的地质上时，可能出现不均匀沉降，进而发生综合管廊接缝间隙加大，甚至墙体裂缝。一旦天然气管道产生破损漏气，天然气则会通过综合管廊墙体裂缝进入相邻舱室，带来安全事故风险。有专家提出将天然气舱室壁面与相邻舱室壁面分开设置，并在之间设置沉降缝，减小舱室裂缝造成的相互影响，但这也将进一步增加项目的成本，图 2-27 为燃气管道入廊。

图 2-27　燃气管道入廊

2.1.2　农村供气

农村地区全面推进"煤改气"工作，环境效益相当显著，是改善大气环境污染，减少污染物排放量的有效措施之一。截至 2018 年年底，北方农村地区累计"煤改气"户数约 825 万户，占总清洁取暖比例的 52%。

农村"煤改气"工程主要供气方式为管道气、CNG 储配站、LNG 和 LPG 瓶组供气站等方式。

2.1.2.1　管网供气

利用天然气管网供气，具有供气方便、稳定，价格优惠、受外界影响较小的特点，是农村燃气设施建设首选气源。但是受天然气主干网络敷设范围以及村庄规模和地理环境的影响，对于远离城市的偏远农村，管道铺设长度长、投资大、穿跨越工程复杂、建设周期长，在实际建设中受到一些影响。在靠近城市周边区域的村镇或靠近天然气供气管线的区域被优先采用。

农村燃气管道多采用中、低压两级，燃气管道管材以 PE、钢管为主。中压管道采用埋地方式敷设，低压燃气管道多采用架空方式敷设。这种施工方式难度较小、投资少、安全性好，是目前农村燃气设施建设的主要方式。

调压方式主要是区域调压和单户调压，中压 B 级（0.2MPa）燃气经过调压、计量后使用。农村燃气计量多采用 IC 卡表或物联网燃气表。

2.1.2.2　非管网供气

非管网供气主要采用 CNG、LNG 和 LPG 供气方式，这几种供气方式解决了管网暂时不能敷设到村镇的供气问题。

（1）CNG 储配站

CNG 储配站方式指在村口建设 CNG 储配站，站内经两级调压后，引出低压管道，出站后继续沿村内道路敷设，然后进入农户住宅。该方式具有建设灵活、运输方便、供应范围广等优点。但是，CNG 储配站占地面积大，造价高，CNG 气瓶车运输受道路条件影响比较大。

（2）LNG 瓶组气化站

LNG 瓶组气化站方式是指将 LNG 钢瓶运至 LNG 瓶组气化站，经过气化、调压、计量、加臭后，引出低压天然气管道。低压管道出站后继续沿村内道路敷设，进入农户住宅。该方式具有占地面积小、建设灵活、运输方便、供应范围广、运输成本较低等优点。但是，建设运营规范缺失，相关消防措施要求较高。

（3）LPG瓶组气化站

LPG瓶组气化站是指在专用瓶组间，配置2～3只50kg的LPG钢瓶，为用户提供气源，该方式具有运输方便、灵活等优点，但由于用户住宅空间有限，设置单独瓶组间难度较大。

2.1.2.3 存在问题

1）工程建设

（1）当前北方地区进行煤改气的地市多为欠发达地区，现有房屋建筑为村民根据喜好自行建造，房屋结构未经科学设计，未充分考虑防火等级等因素。

（2）受政策与农村环境影响，农村天然气项目工程质量较能控制，燃气管道设施违规安装现象较多。

（3）很多新建的LNG点供站未竣工验收，就已进行日常运营状态，站内消防车道、消防设施、安全指示牌、静电桩等安全防护设施缺失。

2）户内设备

（1）壁挂炉

受限于农村户内建筑结构差异和农村居民生活需求差别，壁挂炉安装不规范，部分用户将壁挂炉安装在室内密闭位置，排烟管距室外燃气管道、电线电缆、易燃建筑物结构等间距不规范，距离居住房间门窗距离不符合要求，或者排烟管安装向上倾斜，不利于冷凝水排出。

（2）灶具与连接软管

农村居民人均收入低，在自行购买燃气灶具时，更倾向于选择价格便宜的燃气灶具产品，忽视燃气灶安全要求。部分用户的灶具连接橡胶软管紧靠燃气灶炉头，点火后火焰直接加热橡胶软管等，存在严重安全隐患。

（3）安全装置

燃气报警或自动切断装置安装不规范，安装位置距离顶部空间不足，有些报警器安装位置与使用人员距离较远，达不到应有的报警效果。同时，后期对农村居民户内燃气泄漏报警器的定期检查校验工作没有落实，运行维护保障不能满足需求等。

农村燃气供应具有幅员广阔，设施分散的特点，由于农村用户的自身特点，农村燃气供应管理的重点，应放在安全宣传和燃气设施的保护上，重点做好入户安全检查工作，严禁私自改动燃气管道。燃气管线的运营管理工作应取得村委会的支持，在村委会设置燃气安全综合协管员，专职负责配合政府和企业对村内燃气设施进行巡查，宣传燃气安全知识，及时发现问题。

2.2 技术进展

2.2.1 管廊建设

天然气管道位于综合管廊有限空间内部，建设过程涉及的管线规划、设计、施工、管理单位众多，基于BIM技术的地下管廊综合管理平台能够实现多部门及时共享管廊内部运维信息，保证信息的时效性和真实性，实现动态化的管理，为各入廊单位提供决策参考。

2.2.2 管道材料

管道制造水平的提升是实现管道本体安全的基础。目前，城镇埋地燃气管道主要为PE管材和钢质管材。其中PE管材为两种，分别为中密度聚乙烯PE80管材和高密度聚乙烯PE100管材；钢管管材主要为输送流体用无缝钢管、焊接钢管等碳钢。

（1）钢管

高强度高钢级钢管的国产化应用。我国管道钢的发展可以用起步晚、步子快来形容。1995年以前，国内的输气管道用钢基本停留在小口径、低钢级上。从1996年在陕京线上首次采用X60钢，2001年在西气东输工程中应用X70钢，到2005年在冀宁支线上使用X80钢，短短10年间，中国管道钢已跨越了三个台阶。在国产化方面，西气东输工程X70钢级的螺旋缝焊管实现了国产化，2009年建成的川气东送工程采用了国产化的X70钢级直缝埋弧焊管。

随着管道输送压力的不断提高，我国城镇燃气管道建设对高强度高钢级管材的需求在增多。在大口径厚壁高钢级管材和弯管实现国产化的利好情况下，城镇燃气管道工程可缩短供货周期，大幅度降低采购成本，不仅可满足工程建设需要，也提高城镇燃气管道整体安全。北京市已建成直径1016mm的4.0MPa高压A管线超250km，全部采用国产化的X70钢管。

（2）PE管

新混配料和大口径PE管的应用。在PE管制造方面，正不断更新其产品的技术，以便适应工程应用新领域的需要。目前，新一代PE100-RC混配料的研发成功，达到加强PE管材耐慢速裂纹增长性能的目标，使用寿命可达100年，使PE管材更利于敷设在非开挖、无沙回填的燃气工程中，为PE燃气管网的运行提供了安全保证。

目前，在全国很多地区的燃气工程，$DN400$PE管道已为常用口径，主干线规格已经用到了$DN560$口径，相应的管件、机具配套设施基本齐全。国内几家主要的PE管材、管件生产商完全具备生产$DN400$产品的技术能力。

（3）不锈钢管

薄壁不锈钢管约有50～70年的使用寿命。目前国内推广的薄壁不锈钢管的连接方式为压式连接和环压式连接，施工便利，施工周期大幅压缩。薄壁不锈钢管不足在于，因为薄壁不锈钢管的壁薄，运输过程中对管材轻微划损，对管道的抗腐蚀能力产生影响；薄壁不锈钢管机械连接方式的可靠性不如焊接牢固。

《城镇燃气设计规范（2020年版）》GB 50028—2006第10.2.6规定："室内燃气管道选用不锈钢管时应符合下列规定：1 薄壁不锈钢管：1）薄壁不锈钢管的壁厚不得小于0.6mm（$DN15$及以上），其质量应符合现行国家标准《流体输送用不锈钢焊接管道》GB/T 12771的规定"。目前，薄壁不锈钢管主要应用于居民天然气低压系统的室内燃气管道，规格在$DN15$～$DN50$范围。

随着经济和社会的进展，厚壁不锈钢管材、管件已经在燃气企业中推广、应用。

2.2.3 新型施工机具

（1）天然气管道综合焊接机

管道自动焊接设备在管道安装方面起到重要作用，自动化技术代替了人工操作。管道自动焊接设备目前广泛地应用于管道设施方面。管道全自动焊接机包括焊接小车、适配器、手持遥控器、控制线缆、焊接电源等，可用于管道根焊、热焊、填充焊和盖面焊，适合 GMAW/FCAW-GS/GTAW 三种焊接工艺，配置不同轨道也适合其他工件的全位置焊接需求（图 2-28）。

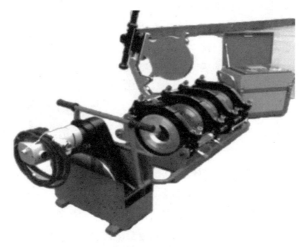

图 2-28　天然气 PE 管道综合焊接机

（2）全自动热熔焊机

全自动热熔焊接设备能使聚乙烯 PE 塑料管材焊接的时序过程完全按照人们设定的目标自动完成。由于目前对 PE 塑料管材的焊接接口无法实现非破坏性检测，严格执行焊接程序是保证接口质量的基本保障，使用全自动焊接设备，可以减少焊接过程中人为因素的影响，保证了接口质量。

（3）手动式金属管道钻孔机

金属管道钻孔机可用于地下管道钻孔施工，它既能保证管道的正常运行，又不影响用户的使用，同时又可以简化作业程序，保障带气接口安全。本机主要由机体、钻杆、推进手轮、钻头、连接体、扳把组成，依靠两人手臂力量，通过扳把钻杆带动钻头，钻削管壁开孔。

2.2.4　管道修复更新技术

管道修复或更换普遍采用非开挖方式，主要有裂管法更新技术、翻转内衬和聚乙烯管内插管道修复技术。

（1）翻转内衬法（CIPP）修复技术

CIPP 修复后创建了一种紧密贴合的管中管复合结构，可使新旧管道共同承压。CIPP 技术是非开挖管道修复技术中的重要组成部分，20 世纪 80 年代后期，在欧洲、美洲、东南亚等 40 多个国家和地区开始大量推广应用，2011 年，北京市首次成功运用 CIPP 技术对东三环次高压管网试验段进行修复，填补了国内次高压燃气管道非开挖修复技术的空白。2014 年，新一代 CIPP 技术又成功修复西南三环次高压管道近 20km，随后推广应用到国内多个城市（图 2-29）。

（2）聚乙烯管内插技术

聚乙烯管内插技术也是国内外燃气企业普遍采用的管道修复技术。聚乙烯管内插技术根据穿插管的口径可分为异径非开挖穿插以及挤压穿插技术。聚乙烯管内插技术修复成本

图 2-29 翻转内衬法修复技术

低，可使得管道的使用寿命延长 3～10 倍，修复速度快，适用于管径为 75～900mm 各类工业管道的修复作业（图 2-30）。

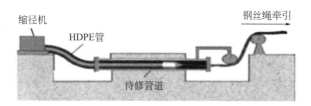

图 2-30 HDPE 管缩径穿插工艺示意图

2.3 技术文件

2.3.1 行业主管部门规范性文件

序号	文件名称	文号
1	《城镇燃气管理条例(2016 年修订)》	国务院令第 666 号
2	《安全生产许可条例(2014 年修订)》	国务院令第 397 号
3	《危险化学品安全管理条例(2013 年修订)》	国务院令第 645 号

2.3.2 技术标准

序号	标准名称	标准号
1	《城市综合管廊工程技术规范》	GB 50838—2015
2	《城镇燃气设计规范(2020 年版)》	GB 50028—2006
3	《城市综合管廊运行维护技术规程》	T/BSAUM 002—2018
4	《城市地下综合管廊运行维护及安全技术标准》	GB 51354—2019
5	《聚乙烯燃气管道工程技术标准》	CJJ 63—2018
6	《住房和城乡建设部办公厅关于印发〈城市地下综合管廊建设规划技术导则〉的通知》	建办城函〔2019〕363 号
7	《住房城乡建设部办公厅关于印发〈农村管道天然气工程技术导则〉的通知》	建办城函〔2018〕647 号

3 储气调峰

由于城镇燃气用气不均衡的特点及冬季供暖用气量的大幅攀升，城镇燃气峰谷差问题突出。近年来我国天然气消费快速增长，又进一步加剧了储气能力缺口。截至2018年年底，全国已建储气能力占天然气年消费量的5%，远低于发达国家20%左右的天然气储备水平。

我国从2014年起，陆续出台了多项储气调峰政策，储气调峰机制不断健全，储气调峰责任逐步明晰。

2014年印发《关于建立保障天然气稳定供应长效机制的若干意见》规定："天然气销售企业要落实年度天然气生产计划和管道天然气、液化天然气（LNG）进口计划，履行季（月）调峰及天然气购销合同中约定的日调峰供气义务。执行应急处置'压非保民'（压非民生用气、保民生用气）等措施，保证民用气供应的调度执行到位。城镇燃气经营企业要严格执行需求侧管理措施和应急调度方案，落实小时调峰以及天然气购销合同中约定的日调峰供气义务。"

2016年印发《关于明确储气设施相关价格政策的通知》规定："储气服务价格由供需双方协商确定，储气设施天然气购销价格由市场竞争决定。"

2017年印发《关于深化石油天然气体制改革的若干意见》规定："建立完善政府储备、企业社会责任储备和企业生产经营库存有机结合、互为补充的储备体系。完善储备设施投资和运营机制，加大政府投资力度，鼓励社会资本参与储备设施投资运营。建立天然气调峰政策和分级储备调峰机制。明确政府、供气企业、管道企业、城市燃气公司和大用户的储备调峰责任与义务，供气企业和管道企业承担季节调峰责任和应急责任，地方政府负责协调落实日调峰责任主体，鼓励供气企业、管道企业、城市燃气公司和大用户在天然气购销合同中协商约定日调峰供气责任。"

2018年印发《关于加快储气设施建设和完善储气调峰辅助服务市场机制的意见》规定："供气企业应当建立天然气储备，到2020年拥有不低于其年合同销售量10%的储气能力，满足所供应市场的季节（月）调峰以及发生天然气供应中断等应急状况时的用气要求。县级以上地方人民政府指定的部门会同相关部门建立健全燃气应急储备制度，到2020年至少形成不低于保障本行政区域日均3天需求量的储气能力，在发生应急情况时必须最大限度保证与居民生活密切相关的民生用气供应安全可靠。北方供暖的省（区、市）尤其是京津冀大气污染传输通道城市等，宜进一步提高储气标准。城镇燃气企业要建立天然气储备，到2020年形成不低于其年用气量5%的储气能力。不可中断大用户要结合购销合同签订和自身实际需求统筹供气安全，鼓励大用户自建自备储气能力和配套其他应急措施。"

3.1 发展综述

目前我国大中城市城镇燃气管网已经呈现"多级、高压"的输送特点，在北京、深圳、上海等大城市，基本实现了超高压管网联合LNG气源共同解决城市天然气调峰问题，开创了全方位保障大都市天然气安全供应和自主解决调峰的成功典范。

我国常用的天然气储气方式主要有地下储气库、沿海LNG接收站储罐、城市LNG储罐、高压球罐和管道储气。其中，地下储气库和接收站LNG储罐是我国城镇燃气主力储备设施。

地下储气库储气是天然气储存的最佳方式，是天然气储运系统的一个重要组成部分。世界各主要产气和用气量大的国家都重视发展地下储气库。地下储气通常有四种方式：利用枯竭的油气田储气，利用含水多孔地层储气，利用盐矿层建造储气库储气，利用岩穴储气。但是地下储气库成本高，占用地下面积范围较大，不适合发达城市。

1999 年，随着陕京管道的建设，我国开始筹建国内第一座调峰储气库——大张坨储气库，保障京津冀地区冬季调峰及安全平稳供气。2005 年，西气东输第一座盐穴储气库——金坛储气库开工建设，为长三角地区调峰保供发挥了重要作用。2011 年，第一批商业储气库开工建设，并于 2013～2014 年陆续投入运行，部分储气库已发挥调峰作用。目前，全国已建成地下储气库在环渤海、长三角、西南、中西部、西北、东北和中南地区均有分布，其中 24 座分布在长江以北地区。

LNG 储存和传统的储气调峰方式相比，效率高，储运手段灵活，具有较高的机动性，是解决城市管网调峰和应急的有效手段。随着 LNG 接收站调峰技术的发展，LNG 接收站功能定位已从最初的天然气的供应气源，转变为兼顾供气、调峰和应急三重功能。以上海为例，洋山 LNG 项目 2009 年投产至今，已成为上海市的主力气源、调峰气源和应急保障气源。2018 年，洋山 LNG 全年气化外输量为 44 亿 m^3，占全市供应总量约 47%。

国家虽然相继出台了一系列政策，鼓励各种所有制经济参与储气设施投资、建设、运营，但在投资主体的放开、储气调峰定价机制的完善、投融资和财政政策支持等方面仍然缺少配套的落实措施。在储气库建设投资资金保障、设施折旧方式方法、税收优惠政策、企业运行成本补偿、国家专项财政补贴等方面，给予的实质性、落地性支持政策仍显不足。目前直接面临储气库中大量的垫底气进项税难以抵扣的现实问题，大大增加了储气企业的现实经营负担，储气库建设效益难以体现，影响了储气库投资建设主体的积极性。中石化文 96 等 4 座储气库预计垫底气量合计将达 69.4 亿 m^3，形成增值税进项税约 12.7 亿元，初步测算，企业需要多达数 10 年的时间才能加以消化。

3.2 技术进展

3.2.1 储气设备

（1）球罐储气

球罐是燃气储配站中的重要设施，球罐作为一种高效的储存容器，在石油化工、冶金、城市燃气等行业得到了广泛的应用。我国目前已经建立了球罐设计、制造、组焊、检验、与验收的完整技术体系。

球罐结构形式有桔瓣式和混合式 2 种，桔瓣式具有不受体积大小限制和制造组装简单等优点，在燃气行业大量采用。球罐具有承受压力载荷均匀，球罐支承结构简单，易于实现大型化。

我国球罐的设计标准上在建立第一强度理论（最大主应力理论）为基础的传统设计方法上，已开始采用分析设计，对球罐上的应力分类加以控制，从而减小球罐壁厚，使结构更趋合理。随着冶金、锻造、焊接技术的发展，制造技术不断提高，球罐制造大型化、单台球罐容积不断增大。在大型球罐材料制造上，从 20 世纪 80 年代开始生产 CF-62 钢，并能做到大幅面生产，为制造大容积球罐提供了材料保证。球罐制造需要高强度钢焊接技术，对焊接方法、焊接材料、坡口形式、焊接热量输入、焊接工艺及气候环境等影响十分敏感，目前已经实现了球罐焊接自动化操作。

近年来，我国在大型球罐的制造、安装技术等方面都取得了长足的进步。如合肥通用机械研究院设计，大连金鼎石油化工机器有限公司、大连中集重化装备有限公司制造的10000m³天然气球罐填补了国内空白，提升国内大型球罐的制造水平，标志着我国在大型球罐、设计、制造、安装技术等方面已具备了全部国产化的能力。其在制造上有五大特点：

① 直径大、体积大、重量大、球片尺寸大，球壳厚度相对比较薄。

② 材料上采用国内自主研发的一种替代15MnR的压力容器用钢15MnNbR，材料采购质量要求高，塑性好，易变形，回弹性好。

③ 球壳精度要求高，所有几何尺寸都高于《钢制球形储罐》GB 12337的要求，10000m³球片是国内第一次，属于首创。

④ 工序多而杂，零部件最多达到20道工序；在切割工序上，采用双嘴半自动一次成型的火焰切割小车，小车在切割胎上运行，使球壳板的坡口和尺寸一次成型；焊接工艺上，焊前进行预热，焊后立即进行后热消氢处理；球壳板出厂前，在制造厂对极中板、极侧板、极边板进行预组装。

⑤ 支柱制造要求高，各项尺寸公差都超过《钢制球形储罐》GB 12337的要求。

（2）井管储气

井式储气装置广泛地应用于加气站、天然气调峰、工业储气中。地下储气井式的储配站由于占地面积小、使用期限长、消防系统简单、安全性能好，成为替代地上储罐储气的一种方式。其缺点是工艺较复杂，对操作人员的素质要求高。

地下储气井由井口装置、井底封头与井筒组成，其结构简单并深埋于地层深处。若产生泄漏和爆炸，由于其储气单元（井）被分散埋于地下，爆炸冲击能量迅速被地层所吸收，储存介质通过地层迅速予以释放，减弱了事故发生后带来的伤害。地下储气井深埋地下，井与井之间互为独立储气，储气单元多而单口井储气量相对小，可以相互倒罐，在发生泄漏或爆裂，对地面和相邻储气单元（井）造成威胁小。井口安全阀组可及时切断事故井与其他井的连接管线，截断气源。事故井口易封堵，处置措施简便，可有效防止事故的扩大。

地下储气井与地层形成一个整体，有效提高了储气装置的强度与刚性。同时井管外壁与地层中的腐蚀性介质被完全隔开，有效保护井管不受腐蚀，地面仅露进、排气口及排污装置，每年的维护费用低，使用期限可达25年（图2-31）。

（3）高压管束储气

高压储气管束，实质上是一种高压管式储气罐，因其直径较小，能承受更高的压力，管束储气是将一组或几组钢管按照一定的间距排列起来埋在地下，对管内所储存的天然气施以高压，利用气体的可压缩性及其高压下和理想气体的偏差进行储气，可使储气量大为增加。早在1964年，美国就

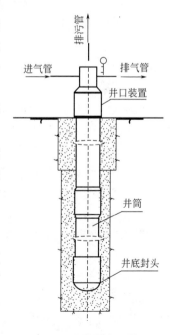

图2-31 井管储气示意图

已介绍了管束储气工程，英国在肯特郡利用口径 42 英寸（约 1000mm）的 X-60 钒钢管，建有可储气 28 万 m^3 和 33 万 m^3 的地下管束。近几年我国部分地区也开始应用。由于管束储气具有占地少、投资低、管理技术成本低的特点，可以预料管束储气这种工艺必将会得到快速发展。

管束储气的核心设备除大口径管道外，还包括一套天然气压送系统。为节省运行成本，目前项目多采用燃气发动机往复式压缩机组。

管束储气与球罐储气相比，操作压力高，具有较好的经济性。以单位储气耗钢材为例，若球罐耗材为 1，则管束耗材为 0.493。随着我国高强度管材及施工技术的发展，若进一步提高操作压力，管束储气的优越性将会更加突出。

3.2.2　地下储气库调峰站

地下储气库具有单位容量大、运行成本低等优势，也是目前适用范围最为广泛的一种调峰方式。地下储气库通常建在天然气输气管网的末端或用气负荷中心，这样才能确保及时地对用气量产生的变化做出迅速反应，有效地完成整个调峰过程。

地下储气库建于地下，地面占地面积较小。人们要根据城市实际情况，因地制宜地建设地下储气库，通常，其设计规模为年供气总量的 10%～20%（图 2-32）。

图 2-32　地下储气库示意图

3.2.3　LNG 储气调峰

低温液态天然气储罐单位储气量大，比高压气态天然气储罐投资成本小，建设环境要求更低。LNG 具体调峰方式可分为大型城市 LNG 调峰站和中小城市 LNG 卫星站两种模式。

按照调峰责任承担主体要求，根据储气调峰技术特点，合理选择储气调峰方式是保障储气调峰可行性与经济性的重要前提。在远离气源、无建库地质条件、调峰需求急迫的用气城市，可以充分发挥 LNG 调峰装置建设周期短、应急能力强、空间灵活性高的优势，建立 LNG 接收站、LNG 调峰站、LNG 储罐及相应的液化气化装置，根据地区用气峰谷的时间特点和空间特点进行灵活调峰。相较于地下储气库，LNG 储气调峰设施投资规模小，燃气企业可根据客户需求建立 LNG 储罐及 LNG 调峰站，大型用户亦可自建 LNG 储罐（图 2-33）。

图 2-33　LNG 储气调峰设施

3.3　技术文件

3.3.1　行业主管部门规范性文件

序号	文件名称	文号
1	《城镇燃气管理条例(2016 年修订)》	国务院令第 666 号
2	《安全生产许可条例(2014 年修订)》	国务院令第 397 号
3	《危险化学品安全管理条例(2013 年修订)》	国务院令第 645 号

3.3.2　技术标准

序号	标准名称	标准号
1	《天然气》	GB 17820—2018
2	《城镇燃气设计规范(2020 年版)》	GB 50028—2006
3	《液化天然气的一般特性》	GB/T 19204—2020
4	《液化天然气(LNG)生产、储存和装运》	GB/T 20368—2012
5	《地下储气库设计规范》	SY/T 6848—2012
6	《油气藏型地下储气库注采井完井工程设计编写规范》	SY/T 6645—2019

4 运营管理

4.1 发展综述

随着我国天然气供气量的增加，城镇燃气输配系统运营管理已经从传统的、被动的、单项的管理模式，向主动的、全过程、全方位、全员参与的系统安全管理模式转变，这主要得益于信息化和智能化等技术的应用。当前燃气经营企业普遍建立了健全的安全管理制度，并通过加强技术监控水平极大提高了我国城镇燃气输配系统安全防范运营管理水平。但是实现智能化的运营管理，并与技术标准和管理制度协同发展，我们还有很长的路要走。

目前管网运营技术研究集中于利用先进的科学技术手段，实时监测管网运行动态，保障管网安全稳定供气。针对天然气管道的第三方破坏预警系统、厂站防护、管道泄漏检测、SCADA 系统、管道完整性管理等方面都展开了相关技术研究。

燃气运营管理的计量公平问题，正在逐渐引起政府、供气企业和用户的重视。2017年 6 月 20 日，国家发展改革委印发《关于加强配气价格监管的指导意见》（发改价格〔2017〕1171 号）中为"激励企业提高经营效率、降低配气成本"提出规定：供销差率（含损耗）原则上不超过 5％，3 年内降低至不超过 4％。根据住房城乡建设部的统计年鉴，分别计算全国各省（市、自治区）2014～2017 年燃气损失量与供气总量比值，全国大部分省市 2017 年供销差都在 4％以内。部分燃气公司的供销差率表现详见表 2-4。

部分燃气公司供销差率表现 　　　　　　　　　　　　　　　　　　　表 2-4

类型	供销差率表现	备注
成熟大型跨区域燃气公司	某集团 2015 年加权平均供销差（率）为 2.2％,项目企业最高的达到 9.5％	内部刊物
华北地区成熟大型典型综合性燃气公司	某公司 2014 年供销差率为 4.85％	成本监审报告
西南地区成熟大型典型综合性燃气公司	某公司 2016 年、2017 年、2018 年度经营计划预安排公告中提出 3 年的输差率控制目标分别为 5％以内、4.16％以内、4％以内	上市公司公告
长江中下游地区成熟典型综合性燃气公司	合肥市成本监审局会同某会计师事务所的成本监审,确认 2014 年某集团公司供销差率为 6％	成本监审报告
典型以工商用气为主的燃气公司(工商用气占比 98％以上)	天津市西青经济开发区燃气公司 2008 年到 2010 年的供销差率均控制在 2.3％以下	专业论文

燃气购销差是世界各国燃气行业都面临的一个难题。国外将燃气购销差定义为未计量的燃气（Unaccounted for Gas）。美国管道和危险材料安全管理局将此定义为管道输差，即通过管道输送的燃气量与用户端接收的燃气量之差。各个国家为了降低购销差，不断地通过技术手段和管理手段对运营过程进行优化。美国管道局通过调查研究发现，燃气损失有两个主要的原因。第一是泄漏；第二是燃气表计量性能不一致以及由于温度和压力变化所导致的各种计量误差。美国有数十万公里的天然气管道，这些管道几十年来不断经历着高低温变化的冲击，有些管道因为老化发生断裂，产生燃气泄漏。美国最大的燃气配气商南加州燃气公司 2012 年气损率为 0.87％，2011 年为 0.84％。而服务哥伦比亚大区的华盛

顿煤气公司 2012 年的气损率为 3.65%，2011 年为 4.04%。美国各管理机构通过数据上报、建立刺激计划等方式，推动各企业关注供销差管理，提升供销差管理水平[42]。

英国监管机构仅从燃气泄漏方面等对燃气企业进行监管，未对供销差管理设为专项指标，但通过提高管网可靠性、减少燃气泄漏等，也在不断提高供销差管理水平；供销差管理仅由配气企业与上下游依据合同约定执行即可，一般供销差率约定为 2%。英国国家电网（National Grid，英国最大的配气企业）规定，旗下各配气公司要尽最大可能减少配气过程中的燃气损失，并于 2014 年 8 月实施专项行动，明确配气过程中的燃气损失的初始控制目标（最高为 5%），并以每年减少 0.5% 的速度进行下降，直到达到 3% 的控制目标[42]。

目前管网运营技术研究与应用集中于利用先进的大数据等各种科技手段，实现购销差管理、实时监测管网运行动态，保障管网安全稳定供气；建立针对天然气管道第三方破坏的预警系统、厂站防护与管道泄漏检测系统，通过更加完善的 SCADA 系统、GIS 系统和通信技术，逐步向全生命周期的、城镇燃气管道完整性管理方向迈进。

4.2 技术进展

4.2.1 供销差管理技术

燃气供销差是燃气企业供销差与燃气供应量之间的比率。它是反映燃气企业经营管理水平的综合指标，燃气供销差率的高低直接反映燃气企业在供销管理全过程中天然气资源利用程度的高低，进而决定了燃气企业经济效益的高低。

国内燃气企业的供销差一般由计量、泄漏、统计等多方面因素引起的偏差组成，具体包括计量精度（由于温度、压力未补偿以及计量设备本身精度、计量设备选型不匹配等引起）、计量设备故障、偷盗气、各种放散、泄漏（管网系统被破坏、管网自身缺陷等）、抄表统计（抄表不及时或不准确、不同用户抄表周期与结算时间不一致、供气量和销气量统计时间不一致等）、储气变化（管网及其他储气设施的压力、温度、容积等变化）等因素引起的偏差。

目前，针对供销差控制方法主要包括加强人员管理、采用高精度与稳定性好的设备以及优化管网布局提高管网末端稳定性等。

由于供销差计算的可信度很大程度依赖数据准确性和时效性，所以基于大数据的燃气供销差管理是未来的发展方向，通过供销差计算模型，构建大数据平台，采用结构化数据采集模块实时将物联网、营收、客户、抄表等系统中的购销气量数据进行汇总存储，并实时计算各环节气量差，从而得到更加准确的购销差[43]。基于大数据计算平台建立能够实现基础数据管理、日常管理、购销差管理、数据查询分析功能的供销差管理系统。

4.2.2 SCADA 系统

在工业发达国家，SCADA 系统已经历四代发展与演变。第一代是 20 世纪 70 年代由定制计算机和定制软件组成的 SCADA 系统。第二代是 20 世纪 80 年代由普通计算机组建的 SCADA 系统。第三代是 20 世纪 90 年代基于分布式计算机和 Database 的 SCADA 系统。第四代是基于因特网技术的 SCADA 系统。

我国城市燃气输配 SCADA 系统建设起步于 20 世纪末，采用通信手段与监控子站、RTU 站或其他站控系统相连，将厂站现场压力、流量、压缩机状态、罐容等调度人员需要的实时数据，进行汇集、处理、传输到调控中心，通过越限报警功能提示，对储配站的控制点进行手动或自动控制。我国传统的 SCADA 系统功能以遥测为主。

天然气西气东输工程的建成，极大地推动了我国天然气 SCADA 系统的监控调度水平，广泛建成集遥测、遥控、遥信、遥调功能于一身的实时数据监控平台。对调压站、阀门站等无人值守站，直接由各控制中心进行远程监控，具备了在紧急情况下远程控制切断气源的遥控功能。通信方式发生巨大变化，电信等公司提供的公众数据专线（nnN 或帧中继等）作为主传输通道，卫星通信作为宽带备用通信通道，确保系统的通信安全和正常。

SCADA 系统结构通常由调度中心、通信系统和远程终端三大部分组成。调度中心是集 SCADA 服务器、工作站、通信服务器等设备于一体的网络计算机系统。通信系统实现调度中心指令和远程终端站监测数据的双向传输，完成远程终端站与调度中心的通信功能。通信采用专线为主、CDMA 无线为辅的方式与调度中心通信，无人监控站采用 CDMA 无线方式。远程终端站（Remote Terminal Unit）的主体部分是测控柜单元，主要任务是对本地数据进行采集，并适时主动上传数据；接收调度中心指令并根据各种参数命令完成控制等。SCADA 系统综合利用计算机技术、PLC（Programmable Logic Controller）自动控制技术、通信技术、数据库技术，实现实时对分散的远程站点数据收集、现场设备的远程控制。利用先进的 GIS 地理信息系统，结合燃气管网的实际运行情况，以 B/S 架构方式实时获取现场工艺流程数据和对设备远程控制，为满足对整个管网监控需求，提供完整的技术手段[44]。

网络技术促进了天然气 SCADA 技术向更深层次发展，高速以太网、光纤、5G、VLAN 等技术使得监控的实时性有了极大地提高。同时 5G 无线技术使得监控分布偏远地区阀室数据成为可能。高速通信网络使各个层级实现了数据的高速交互传输，信息共享。

燃气行业以 SCADA 系统为核心的工业控制系统有效支撑了燃气的生产运营调度业务，逐步实现了燃气管网的自动化监控。然而随着城镇燃气信息化程度加深，IT（信息技术）和 OT（操作技术）逐步融合，独立的工业控制系统面临着网络安全风险也越来越大，因此加强燃气行业工业控制系统网络安全防护势在必行。建立工业网络的"白环境"，实现"自主可控、安全可靠"的燃气行业工控安全技术防护体系是面临的网络安全重点技术问题，包括工业网络边界防护，主机防护，安全运维和围绕 SCADA 系统的场站安全等。通过工业控制系统的安全防护等级部署工业防火墙甚至工业网闸，加强 IT 和 OT 的边界安全，并为 SCADA 系统单独组网，将 SCADA 系统和相关生产类系统与经营管理网物理隔离，在监控网和经营管理网之间建设数据交换区，保证了业务的正常流转又大大减少了网络安全事件发生的概率。其他如 SCADA 系统同城异地灾备中心建设，主备控制中心的切换演练和针对 SCADA 系统的应急演练，成为工控安全保护的技术手段和措施之一。

SCADA 系统包括：针对设备运行故障主动预警系统、针对运行调度的负荷预测系统和管网仿真系统、管网事故下的可靠性分析系统等（图 2-34）。

1）故障预警系统

故障预警系统是根据设备运行规律或观测得到的可能性前兆，在设备真正发生故障之前，及时预报设备的异常状况，采取相应的措施，从而最大程度的降低设备故障所造成的损失。当前国内外主流的故障预警系统有：基于报警跳闸限值的故障预警系统、基于专家经验的故障预警系统和基于大数据的故障预警系统，其中基于大数据的故障预警系统能够做到超前的故障预警，提醒企业管理运维人员制定针对性的保养维护策略，将设备的缺陷

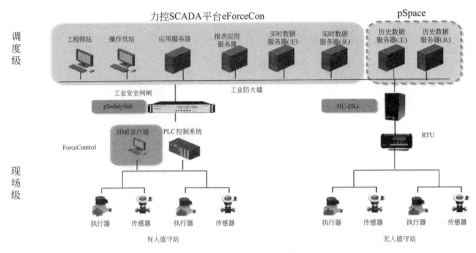

图 2-34　SCADA 系统平台

隐患消除在萌芽状态，延长设备的使用寿命，真正实现了状态驱动运维的模式，因此基于大数据的故障预警系统是未来研究及应用的发展方向。

2）燃气负荷预测技术

国外燃气负荷预测软件大都集成于能源公司的综合能源线上平台，德国的慕达数据分析预测系统采用综合预测方法，通过历史数据确定有针对性的预测模型，可进行电力负荷、太阳能发电、燃气负荷等能源方面的预测，其预测的精确度均达到了世界前列水平。该产品已经在多个国家推广。丹麦 ESI 能源公司开发的城市燃气管网负荷预测系统已在美国壳牌公司和佛罗里达州燃气公司应用，收效显著。

进入 21 世纪以来，国内的城市燃气公司开始引入、自主，或合作开发具有燃气负荷预测功能的软件，国内高校成为燃气负荷预测技术研究的主要力量。预测软件主体功能包括：燃气每日、月、旬和年的负荷预测，数据维护与报表、曲线图形显示及账户管理等。国内燃气负荷预测软件的研发因我国燃气企业数字化水平较低造成历史数据不完整，存在预测模型精度不高，系统功能集成度不足等问题。国外引进预测软件技术一定程度上存在不适应的问题。

负荷预测技术主要包括数据预处理技术和预测模型技术。

（1）数据预处理技术

对用于预测的相关数据，首先需要进行预处理。数据预处理技术包括：相关分析技术、离群点数据分析技术、灰色关联分析以及偏相关分析和主成分分析技术等。

（2）预测模型技术

负荷预测其核心技术是负荷预测的方法，即负荷预测使用的数学模型[45]。典型燃气负荷预测方法包括基于趋势外推、滑动平均等预测原理的传统数理算法和回归分析、时序分析、相关分析等统计学预测方法。

随着科学技术的不断发展，灰色预测法、人工神经网络法、模糊理论预测法等技术不断得到应用和推广。

近年在互联网、机器学习、人工智能等新兴信息技术跨越式发展的背景下，诸如小波分析、仿生物学算法、支持向量机等多种机器学习方法也被应用于燃气负荷预测领域的研究。另外，通过组合预测方法综合利用各负荷预测算法的优点和信息，去实现精度更高、适用城市更广的偏向于工程实际的负荷实时在线预测系统或平台的研发工作是未来负荷预测技术的研发重点方向。

3）管网仿真技术

天然气管道仿真软件方面，国外起步较早，从 20 世纪 70 年代就已经有初步的应用，现已开发出多款技术成熟的商业化仿真计算软件，如 Synergi Gas 软件、SPS 软件、TG-NET 软件，在全世界范围内得到广泛的应用。此外，美国的 Modisette Associates 公司、All American Pipeline 公司、加拿大 Novacorp 公司等也相继开发气体管道系统仿真软件[46]。

我国燃气管网模拟仿真系统立足行业十年信息化发展的基础，有机整合了 GIS 系统、SCADA 系统及客户管理系统，取到长足进步。

燃气管网仿真的过程是根据实际的燃气管网中的站场位置、管径、管长、设备位置、设备属性、气体属性等基础情况，建立燃气管网数字化仿真模型。通过全管网模型对管网运行工况，包括压力、流量、温度、管存等参数的变化进行计算，并将计算结果可视化输出和呈现。

天然气管网在线实时模拟软件，包括实时模型、预测模型、预报模型、组分跟踪和管线存量分析五大功能模块。在这五大模块中，实时模型是软件的核心部分，模型首先需要建立城市燃气输配管网的水力模型，这样就可以实现模型与 SCADA 系统数据库的数据交换，通过水力计算来实现管网运行工况的模拟，反过来可以验证 SCADA 系统的数据。预报模型建立在管网当前动态运行工况的基础上，保持管道运行参数条件不变，预测和分析管道未来运行工况的变化趋势。另外，软件模型中的管线存量分析可以提供管网在运行工况下管道的储气量。管网仿真系统未来发展方向：

（1）实现完全的天然气管网智能调度

国家管网公司的成立进一步加深燃气市场化程度，燃气企业急需一个提供科学调度、精准工况预测和输出经济性气源计划的智能调度系统，以适应外部市场化快速变化和内部安全稳定保供。在通过用户或用户群用气负载特征分析，建立精确、稳定的天然气长期和短期消费预测基础上，通过以管网仿真技术为核心智能燃气调度系统，实现平衡供销两端，制定管网输配的经济性方案，和调峰调度预案。

（2）作为能量计量的贸易交接依据

2018 年 5 月 24 日，国家发展改革委、国家能源局等 4 部门制定了《油气管网设施公平开放监管办法》中第十三条特别明确了建立天然气能量计量计价体系的要求：提出门站等天然气批发环节应以热量作为贸易结算依据。在目前的各种管网设施和检测设备条件具备的情况下，通过建立第三方的在线管网仿真系统能量计量的综合评估体系，实现能量计量作为贸易交接的依据，在线管网仿真系统可以与计量系统的实时数据对接，能量计量的数据将更加准确。

（3）瞬态仿真技术的改进

对燃气输配管网的仿真，从工程实际应用出发，管网中的压力及流量等的瞬态特性更有意义。目前的瞬态仿真技术较多，国内学者也已经将很多方法进行了改进和应用，但是仍然存在一些简化计算不可忽略的问题，值得进一步的深入研究，并与管线在线控制或可视化模块结合，最终形成可靠的燃气管网动态仿真系统。

建设管网模拟仿真系统，评估现状管网的运营输配状态，从工况的角度管理管网输配，科学地增强气源调度的可靠性、灵活性和经济性，合理地规划管网市场发展和工程建设，全面提升公司管网运营输配管理能力。同时，建设管网模拟仿真系统能够为公司未来搭建统一智能化平台夯实数据、输配管理基础，为智能决策提供强大的管网后台计算引擎。

4.2.3 地理信息系统（GIS）

地理信息系统（GIS-Geographical Information System）主要用于地理空间信息的存储和处理。通过建立地理信息数据库，以空间地理信息等基础数据为载体的信息化体系，可实现管网数据的同步更新，提升针对爆管等安全事故的应对能力，搭建配置以燃气管网数据为基础的供气调度、燃气管网抢修、应急指挥等信息系统，提高了燃气综合业务管理及辅助决策的现代化水平。

GIS系统在与燃气行业深入融合的过程中，有效发挥了地理信息数据的开放性和共享性，可从全局角度出发促进管道维修方案优化，提高管道管理的科学性和有效性。GIS技术同无线技术的结合，将使无线定位技术在燃气行业有较大应用空间，借助无线定位技术，实现燃气管道泄漏区域的确定，可进一步提高燃气行业管理效率[47]。

4.2.4 管道定位探测

燃气管道探测是指应用地球物理勘探的方法对地下管线进行定位、定走向、定埋深，是建设GIS系统、管道日常运营维护、抢修的重要基础工作。

（1）钢管

目前，燃气行业对于埋地钢管常用的探测方法有电磁感应法和充电法。电磁感应法是观察地下管线在一次电磁场作用下，利用发射线圈产生的电磁场对金属管线感应所产生的二次电磁场的变化规律以确定地下管线的位置。充电法是对地下管线施加直流电，在地面上观察电磁场的异常，以确定地下管线所在的位置[48]。

（2）PE管

PE管材属于绝缘体，常规的电磁法无法探测PE管道的位置。通常PE管定位做法是在管顶上方敷设一条金属示踪带，示踪带内藏有金属可探物质，但如果金属示踪线在安装时折断，则容易造成金属示踪带失效。

目前PE管的探测定位采用电子标识系统。电子标识系统由管道定位仪及电子标识器两大部分组成，其原理基于射频原理[7]。安装电子标识器与燃气管线同步进行，在填埋前写入管线信息。

4.2.5 管道腐蚀控制

目前城镇钢制燃气管道常用防腐措施是防腐层结合牺牲阳极或强制电流的阴极保护。

针对杂散电流和轨交基地附近，还有通过绝缘性能强的防腐层、杂散电流收集网、排流跨接保护等措施来有效减轻或消除杂散电流对埋地金属管道的腐蚀。

在干扰严重段安装阴保数据远传系统，通过现场前端智能采集数据，自动回传至系统，终端系统对所采集的数据进行评估，管理人员调节阴保系统运行参数，使阴保系统达到最佳运行工况，管道处于最佳保护状态。

（1）管道外检测技术

管道外检测技术是在检测防腐涂层及阴极保护的基础上，通过挖坑检测，达到检测管体腐蚀缺陷的目的。普遍的外检测方法包括：标准管/地电位检测、皮尔逊检测、密间距电位测试、多频电流测试、直流电位梯度测试。

（2）管道内检测技术

目前比较成熟的内检测方法包括漏磁检测、超声波检测、射线检测、涡流检测、红外热成像检测等。

漏磁检测是内检测的主要手段，具有准确性高、可靠性强的特点。漏磁检测技术最早在上游输气管道中应用，随后在城镇燃气大口径和高压力管道中推广应用。随着电子信息的发展、检测器探头的小型化、处理器采样速率的提高以及超大容量存储器的应用，漏磁检测正与 GIS、GPS 技术相结合，使得漏磁检测器分辨率、定位精度有了大幅度提高，实现了管道可视化完整性管理。

4.2.6 阴极保护远程监测管理系统

阴极保护远程监测管理系统一般包括系统软件、系统服务器、阴极保护在线监控数据通信平台。当在重要的管道位置安装阴极保护智能采集装置，可实现对其阴极保护状况实时在线监测，便于及时发现问题及时处理，保障阴极保护腐蚀控制措施的有效性。基于NB-loT 技术的数据采集监控系统解决了阴极保护监控系统传输技术功耗大、资费高和同频干扰的问题，是当前的发展应用方向。

4.2.7 管道完整性管理

目前，发达国家的油气管道完整性管理已形成较为系统的理论和方法，完整性管理技术也在逐步由基于规范预测的完整性管理技术标准向基于风险评价的完整性管理方案决策发展，完整性管理技术已成为全球石油天然气行业研究的特点。在管理上，国际大型油气管道企业以管道完整性管理为核心，建立起了专业化分工明确、管理职责到位的管理体系与运行机制。

美国有两部管道完整性管理标准《ASME B31.8s-Managing Intergrity System Of Gas Pipeline 2002》（《ASME B31.8s 输气管道完整性管理》）和《API 1160—2001-Managing System Integrity for Haz-ardous Liquid Pipelines》（《API 1160—2001 危险液体管道系统的完整性管理》），分别针对气体输送管道和危险液体管道系统的完整性管理的过程和实施要求进行了规范。

ASME B31.8s 是输气管道完整性管理的标准，它是对《ASME B31.8 Gas Transmission and DIstriaibu-tion Piping System》（《ASME B31.8 天然气输气管道与配气管道系统》）的补充，目的是为管道系统的完整性和完整性管理提供一个系统的、广泛的、完整的方法，并在 2002 年被批准为美国国家标准。其他还有一些涉及管道完整性评估技术、完整性检测技术、完整性修复和维护技术的标准。

管道完整性管理是以管道安全为目标的系统管理体系。内容涉及管道整个全生命周期，包括设计、施工、运行、废弃等。其基本思路是调动全部因素来改进管道安全性，并通过信息反馈，不断完善。它是在风险评价、风险管理的基础上，增加了管道检测、完整性评价、确定检测周期及效能测试等新内容，反映出管道安全管理从单一安全目标向优化、增效、提高综合经济效益的多目标趋向发展。风险分析、评价过程是现在安全管理的核心。

为了规范和指导国内油气输送管道完整性管理建设工作，2016年3月，我国首部管道完整性管理强制国家标准《油气输送管道完整性管理规范》GB 32167—2015正式实施。同年10月，国务院五部委发布《关于贯彻落实国务院安委会工作要求全面推行油气输送管道完整性管理的通知》（发改能源〔2016〕2197号），第一次从政府层面提出了油气管道完整性管理要求。

结合发达国家管道先进的管理做法和我国城镇燃气管网完整性系统数据采集的情况、事故统计的资料，目前我国城镇燃气管网风险因素基本分为6大类，具体为外部干扰、腐蚀与防护、材料/建造、自然及地质灾害、操作不当和未知原因等，其中外部干扰和杂散电流腐蚀是最主要的风险点。外部干扰类的风险因素包括巡线、管道埋深、活动程度（控制范围内外）、管道标示、违章占压、地面设施保护等。腐蚀类的风险因素包括管龄、防腐层类型、外腐蚀缺陷、内腐蚀缺陷、土壤腐蚀性、防腐层整体质量、防腐层破损点、阴极保护系统等。

4.2.8 阀井智能监控

早期对于阀井的监测，大部分城市都是人工巡检来管理，由于井盖数量庞大，人工巡检效率有限，往往无法及时准确地获取井盖状态信息，从而导致各类安全隐患。北京燃气集团率先启用闸井电子巡检系统，通过智能阀井监控模块可在管网中心实施监控阀井信息，有效地降低人工巡检频率和巡检成本。

智能阀井检测设备，依托NB物联网技术，可实现阀井的智能检测功能，对阀井内可燃气体浓度、温度、水位、井盖开启状态等数据全时段自动采集和远程传输，达到阀井数据自动采集、减少人工巡井工作的目的；通过无线传输可远程控制电磁阀或执行器，实现阀井阀门的远程控制，在发生危险情况时第一时间实现阀井阀门的紧急切断。目前阀井智能监控技术的应用已经成熟[49]。

4.2.9 综合管廊监控技术

主要通过监控系统搭建通风报警联动中心平台，实现管线的全方位实时在线监控、实时报警、准确定位，当发生意外及时采取措施以降低风险，提高管廊运行管理的快速反应和安全防控能力。

监控系统一般由感知器、采集传输器和监控平台组成，对管道本体和管廊内环境进行实时监测。管道本体监测内容主要包括管道振动、管道沉降、阴极保护等。对天然气管廊内环境监测内容主要包括：温度、湿度、水位、氧气、甲烷、一氧化碳、丙烷、硫化氢等。在管廊每个防火分区内每隔一段距离设置一套环境监测仪，在集水坑内设置液位传感器。

移动机器人在管廊巡视、监测方面，最早只搭载测温仪，现在兼备传感器技术、导航定位技术、机器视觉技术、无线传输技术等。智能机器人搭载高清可见光相机、红外成像相机、拾音器等智能化设备执行管廊内日常巡视，弥补了人工巡视中的一些不足，可以大幅减少运维人员的劳动工作强度，实现24h全时段不间断巡视。其图像和测温仪器量程范围更广，灵敏度更高。智能机器人在实现巡视的基础上，还在朝着向就地监护预警、操作处置的方向发展。在天然气综合管廊的地下密闭空间内，由机器人代替人工执行操作，有着巨大的发展潜力（图2-35）。

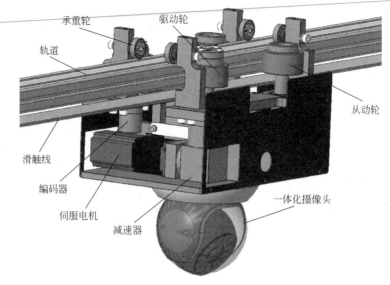

承重轮　驱动轮

轨道

从动轮

滑触线

编码器

伺服电机　减速器　一体化摄像头

图 2-35　移动机器人效果图

4.2.10　管道泄漏检测

管道泄漏检测分为硬件检测技术与软件检测技术[50]。随着电子信息的发展，管道泄漏检测技术有了管内智能爬机检测法、红外线成像法、分布式光纤检漏法、车载天然气管道泄漏遥感探测等技术，目前相关的燃气管网综合检测仪和激光检测车等均有应用。

1）手持遥测巡检

手持式的激光照射式产品的检测距离一般可以达到 50～100m，可用于日常巡线与燃气设施的泄漏排查，特别适用于架空管、立管等巡检难点区域。检测距离 150m 以上的遥测设备，可以透过玻璃检测厨房中的泄漏，很好地解决了高层住宅无法入户的泄漏巡检难题（图 2-36）。

2）车载、机载泄漏巡检

燃气检测车在城市燃气泄漏检测中有十余年的应用历史，先后经历了早期的 FID（粒子火焰）技术、后期的红外光谱技术，再到激光检测技术三个阶段。

图 2-36　手持式遥测巡检设备

目前主流应用的检测车主要有顶置照射装置，用于检测人行道和绿化带下管线泄漏；前置泵吸或略扫装置，用于检测行进道路下管线泄漏气体。

将激光检测装置搭载在无人机上，主要应用在从天空视角对农村架空管、燃气场站设施进行区域扫描检测；城郊管线巡检和人员不宜到达的跨越、盘山管线巡检（图 2-37）。

3）固定点泄漏监控

点式激光传感器利用小型化的短光路通过扩散检测甲烷，常用于替代传统的工业报警器。2017 年在煤矿行业首先标准化后，开始大量应用于管道的阀井、密闭空间和地下管廊等。

图 2-37　车载、机载泄漏巡检设备

2018年中油管道首先尝试在燃气场站的露天工艺区布置云台扫描式激光甲烷泄漏监控设备。这种装置将激光甲烷遥测设备与视频摄像机、全向云台相结合，布置在场站和高后区的立杆上，通过预置轨迹与点位对场站进行泄漏监控。

目前我国管道泄漏检测技术还不够成熟，尤其对小的泄漏不敏感，在研的泄漏检测技术有：

（1）声波定位技术

依据声波振动信号确定泄漏点，能够检测较小泄漏量，灵敏度高，适用性广，检测效果显著。流体穿过管壁漏孔外泄后，会产生广谱音频信号（1～80kHz），低于50kHz的声波信号，会沿着管壁传输较远距离，管道外壁安装的声波传感器，就会远距离探测此信号，通过信号连续波形采集与分析，即可定位到泄漏源位置（图2-38）。

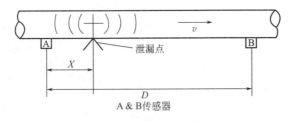

图 2-38　声波定位技术

图 2-38 中：
$$X = \frac{D - v \cdot \Delta t}{2}$$

式中　X——泄漏点距参考传感器 A 的距离；

　　　D——两个传感器之间的距离；

　　　v——声波传播的速度；

　　　Δt——从相关函数得出的泄漏信号到达传感器的时间差[4]。

（2）光纤传感技术

埋地管道防第三方破坏预警技术主要包括非光纤型和光纤型的检测、视频监控、基于电的声学传感、水听器技术、浮球、光纤传感等，目前相对成熟的技术主要是光纤、埋地声学传感器和视频图像三类（图 2-39）。

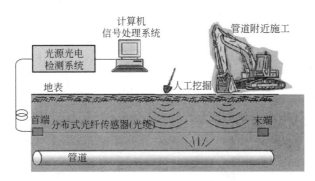

图 2-39　光纤传感技术

　　目前，国内外替代传统人工管线巡检的第三方破坏探测技术主要集中在两类技术：一是采用基于光时域反射原理 OTDR 和分布式光纤传感技术原理实现的分布式光纤传感检测技术；二是基于音波信号采集和分析的地音检测技术。

　　（3）电缆检漏法。

　　将特殊的电缆沿管道敷设，燃气管道泄漏后，泄漏物质会渗透到电缆里，电缆属性随之变化，从而能够实现精确定位。常用电缆包括分布式传感器、渗透性电缆、油溶性电缆几类，检测方法灵敏度高，对较小泄漏点检测效果显著，同时不受环境噪声、管道运行参数影响。但造价昂贵，施工费用与后期电缆更换维护工作量大。

　　（4）放射物检测法。

　　向输送介质中加入放射性标记物，出现泄漏后，沿线地面可检测出钠-24、碘-131、溴-82 等放射性标记物，广泛用于丹麦、印度、日本等国家，定位精准且操作便利。

　　（5）管壁参数检测法。

　　包括漏磁通检测法、超声波检测法、照相检测法、录像检测法等几类，对管道运行条件要求较高，易发生堵塞事件，运行成本高。管内智能爬机检测法，分为漏磁通检测器、超声波检测器两类，将爬机放置管道内，随着流体流动收集管壁完好性信息。但爬机易卡在管道内，适用于弯管少的管道，且对技术人员的操作经验有着严格要求。

4.2.11　厂站周界防护

　　天然气厂站对保证城镇管网安全运行发挥着重要作用。天然气厂站周界防护系统，运用各类传感技术，识别非法入侵行为，阻止和预防各种人为活动，克服传统人力防范在时间、地域、人员素质和精力等方面存在的局限性。

　　目前，根据厂站所处的位置不同，经常采用的安防监护技术有泄漏电缆、激光对射、张力式电子围栏、振动光纤等[51]。

　　目前存在问题：

　　（1）前端传感器需要电源供应，天然气厂站一般属于防爆区，防护技术应用在防爆区内需要做特殊处理，导致防护设备安装较为复杂。

　　（2）风沙、树叶、飞鸟、动物穿过时，会造成对射类产品（激光、微波）的报警，对于站场管理人员而言，需要有效降低此类误报[9]（图 2-40）。

图 2-40　厂站周界防护

4.2.12　天然气加臭技术

天然气加臭包括加注工艺技术和加臭设备制造技术，核心是加臭控制器技术。燃气加臭技术经历了实现追求警示气味的单一目标，到同时满足客户对燃气质量、效益、追求生态与环境保护的更高要求。随着对环境空气质量要求越来越高，目前非常重视对新型加臭剂的研发、生产和转换、加臭剂加入量确定等技术的研究[52]。

国内外常用加臭剂的有：乙硫醇（C_2H_6S）和四氢噻吩（THT）。近些年，德国香料公司德之馨研发了一种无硫加臭剂，在欧洲管道燃气的应用比较广泛，在国内也在试用推广。无硫加臭剂是具有强烈刺激性气味的无色透明液体，主要是含丙烯酸酯类95％以上的混合物（由丙烯酸甲酯、丙烯酸乙酯、3-乙基-2甲基吡嗪组成的混合物）。

4.2.13　LPG供应技术

（1）LPG最后1km配送

液化气从上游炼厂到终端用户，要经历充装站—销售门店—用户的渠道链。其中，钢瓶在充装站充装完毕后，依照相关法规，需要使用专业危化品运输车运送到销售门店；而从门店到用户的最后1km配送，则缺乏统一的行业规范和国家标准。我国各燃气企业根据自身情况和城市交通规则，多采用危化品运输车、电动三轮车、摩托车、自行车等多种车辆进行配送。各种配送模式，存在配送成本、配送效率、交通安全隐患差异大的问题。

国外LPG最后1km的配送经验十分丰富，以西欧发达国家为代表的是用户自提模式；以印度、巴西等发展中国家为代表的终端配送模式，对于配送车辆有着较为明确的要求，在印度，动力驱动的三轮运输车是终端配送车辆的首选。巴西的情况与印度较为相似，三轮车和小型货车是配送的主要车辆，而自行车和摩托车的配送不被允许。

综上，在政府政策允许、企业经营条件允许的前提下，采用电动三轮车进行液化气钢瓶的终端配送不失为一个好的选择。

（2）LPG物联网安全管理系统

综合安全管理系统基于物联网技术的硬件支撑，应用智能阀门上RFID芯片、二维码等物联网识别技术，为燃气企业和政府监管部门量身定制一套综合管理系统，帮助燃气企业进行规范化、流程化管理，满足政府主管部门的安全监管要求，实时监控每一个流转环节。系统采用规范的业务流程设计，区分岗位权限和安全责任；每个企业部门的业务数据可无缝衔接，一次录入自动流转，简化采集工作，规避人为差错，严堵管理漏洞和监管死角，提高企业工作效能和政府监管效率。

管理系统的主要功能：钢瓶身份档案信息化、充装过程记录自动化；运输、配送过程安全监管可控，旧瓶检验、报废自动警示；通过对钢瓶生产投入使用、场站充装、流转配送、入户安检、用户使用、旧瓶回收、到期检测、钢瓶报废预警和到期退出流通等全过程、全寿命、全天候溯源安全监管，达到减少安全事故发生，事故责任明晰，安全监管透明、可控、全面的安全监管效果。

4.3 技术文件

4.3.1 行业主管部门规范性文件

序号	文件名称	文号
1	《国务院关于促进天然气协调稳定发展的若干意见》	国发〔2018〕31号
2	《关于贯彻落实国务院安委会工作要求全面推行油气输送管道完整性管理的通知》	发改能源〔2016〕2197号
3	《中长期油气管网规划》	2017-07-12
4	《关于规范城镇燃气工程安装收费的指导意见》	发改价格〔2019〕1131号
5	《关于加强配气价格监管的指导意见》	发改价格〔2017〕1171号

4.3.2 技术标准

序号	标准名称	标准号
1	《IC卡膜式燃气表》	CJ/T 112—2008
2	《膜式燃气表》	GB/T 6968—2019
3	《石油液体和气体计量的标准参比条件》	GB/T 17291—1998
4	《天然气计量系统技术要求》	GB/T 18603—2014
5	《膜式燃气表》	JJG 577—2012
6	《城镇燃气设计规范(2020年版)》	GB 50028—2006
7	《城镇燃气输配工程施工及验收规范》	CJJ 33—2005
8	《城镇燃气设施运行、维护和抢修安全技术规程》	CJJ 51—2016
9	《涡轮流量计检定规程》	JJG 1037—2008
10	《天然气有机硫化物添味剂的要求和测试方法》	ISO 13734—2013
11	《天然气—燃气加臭指南》	ISO/TS 16922—2002
12	《燃气加臭》	DVGW G280-1—2004
13	《天然气用有机硫化合物加臭剂的要求和测试方法》	GB/T 19206—2020
14	《城镇燃气技术规范》	GB 50494—2009

序号	标准名称	标准号
15	《城镇燃气加臭技术规程》	CJJ/T 148—2010
16	《大气污染物综合排放标准》	GB 16297—1996
17	《天然气》	GB 17820—2018
18	《人工煤气》	GB/T 13612
19	《压力容器 第1部分:通用要求》	GB 150.1—2011
20	《集成电路(IC)卡燃气流量计》	CJ/T 334—2010
21	《智能气体流量计》	GB/T 28848—2012
22	《切断型膜式燃气表》	CJ/T 449—2014

5 应急抢险

近年来,随着科学技术的不断发展和进步,大量高科技的技术装备在城镇燃气应急抢修中得到应用和推广,极大地提升了燃气事故的处置速度和恢复效率。未来几年,城镇燃气应急抢修技术装备还将伴随着智能化和数字化科技发展的总趋势,发生革命性的变化。

城镇燃气管道出现泄漏最主要的情况有两种:一种是管道腐蚀老化而引起的泄漏,另一种是第三方施工破坏造成的泄漏。

5.1 发展综述

国外对燃气管道应急管理的研究大多围绕:敏感的防范意识、完备的应对计划、坚实的法律框架、高效的协调机构、全面的应对网络、迅速的社会反应、及时的危机沟通以及先进的技术支持等八个宏观角度展开。从微观角度,随着人们对油气输送管道危险性认识日渐深刻,国外逐渐发展起了新兴的管道完整性管理体系,对所有影响管道完整性的因素进行综合、一体化管理。随着科技的发展,新方法、新技术也应用于管道风险分析研究中。GIS技术目前已经成为设施管理、寿命周期检测、风险分析、协调管理、提高运营效率的有效手段,国外研究多围绕"技防"手段展开,而有关"人防"的应急管理研究相对较少。

目前,我国在燃气事故应急管理方面,研究多集中于通过借助电子系统和地理信息系统(GIS平台)针对如何完善应急处置预案,提升应急处置过程的反应速度、应急救援过程可视化及高效性方面进行相关研究。通过标准化管理,规范应急处置人员作业动作,可使整个应急处置极具针对性,助力应急处置过程安全、高效地完成。借助信息化系统协助开展应急处置,使得信息在管理层到操作者之间高效传递,显著提高事故处置的效率和管理水平,共同为燃气输配和应急管理提供坚实的基础。

随着社会应急技术装备的迅速发展,卫星、5G、区域链、物联网、大数据、云计算、无人机、机器人等新兴技术不断应用于应急领域,不同专业新技术的跨界融合越来越快,将会推动城镇燃气应急抢修技术装备的发展。预计未来城镇燃气应急抢修技术装备将会向燃气事故应急指挥平台系统的精准化和智能化、应急抢修操作智能化以及推广其他新技术应用方面发展。

未来城镇燃气应急抢修技术发展方向主要体现在以下方面：卫星技术助力燃气管网GIS地理信息向精准化发展；5G、物联网技术助力应急预警系统向快速化发展；大数据技术助力应急资源向共享化发展；网络技术和云技术助力指挥决策和专家辅助决策向智能化发展；大数据和云计算技术助力现场抢修方案向最佳优选发展；机器人技术助力抢修作业操作智能化，降低抢修作业人员伤害风险；无人机遥测和红外技术助力泄漏现场警戒精准化，确保抢修现场影响区域安全；人工智能技术助力应急设备操作智能化，减少抢险失误，缩短处置时间；物联网技术助力事故影响的燃气管网和用户状态监控，确保应急恢复快速化。

各个燃气公司在应急抢险方面都设有专业部门，深圳燃气应急抢修部门配备有个体防护装置、应急指挥车、警戒警示类、侦察检测仪器、移动式防爆照明灯（照明通风装置）、消防安全装置、通信传输装置、应急工具以及综合保障装置等。天津市输配分公司高压维抢中心配备有应急指挥车、应急抢险方舱三部及多台大型车辆、阻断设备、吊车、挖掘机等抢修设备，具备在各种条件下燃气应急抢险能力。

5.2 技术进展

5.2.1 不停输应急抢险技术

在役天然气管道由于制造缺陷、机械损伤、内外腐蚀等因素，存在着减薄、变形、泄漏、破裂等影响安全运行的隐患，一旦发生爆炸可能会带来巨大的经济损失和灾难性的后果，科学、有效、及时地完成事故应急处置是防止事故扩大、降低事故危害影响的有力措施。

（1）带压封堵技术

管道不停输带压封堵技术，使得我们在对天然气管道进行维修改造和应对突发事故抢修（如带压抢修、更换腐蚀管段、加装装置、分输改造等作业）时，不需要管道停气、降压和管道置换，只需对局部区域进行有效封堵，然后进行局部抢、维修作业，不停输封堵技术作为一种安全可靠、操作方便、经济实用、高效节能、随机性强的燃气管道作业方式，已经成为燃气行业一项具有重大意义的作业技术。近年来，管道不停输封堵技术不断向专业化发展，国内不停输封堵技术的管道口径从34mm逐步发展到1016mm，不停输封堵压力最高达到10.0MPa（图2-41）。

不停输封堵技术通常有气囊式和膨胀桶式、皮碗式3种[53]，气囊式的封堵方式一般适用在低压的燃气管道中，一般管道压力在1.6MPa以下，这种技术对管道质量的要求低一些。膨胀桶式不停输封堵技术主要运用于压力较高的燃气管道的传输，一般管道压力在1.6~4.0MPa之间。膨胀桶式封堵主要是对整个管道的断面实行封堵，所以管道的椭圆度和内壁的光滑度等基本上影响不到封堵用的橡皮片的密封效果，故在各种管道中都能使用。皮碗式不停输封堵技术主要是应用于压力较大的长管道燃气的传输，管道压力一般在4.0MPa以上，这种技术很好地解决了燃气长距离传输的问题，但是管道的维修成本过高。

（2）带压开孔技术

不停输带压开孔技术，首先需要采用不停输带压封堵技术。由于在开孔作业过程中管道中的天然气处于不停输状态，因此要求整个作业过程开孔设备处于一个完全密封的状态，这也导致在开孔过程中，施工人员很难检测开孔作业的深度，不能对施工进度进行有

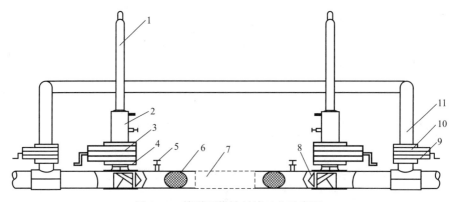

图 2-41　管道不停输封堵工艺示意图

1-封堵器；2-封堵结合器；3-封堵夹板阀；4-封堵三通；5-压力平衡短节；6-隔离囊；

7-维修改造管段；8-封堵头；9-旁通三通；10-旁通夹板阀；11-旁通管路。

效的监控，所以实现开孔作业的可视化非常重要。通过研究发现，燃气管道带气开孔设备上的可视系统的设计工作重点在于对成像传感器部分进行密封以及合理部署图像传感器，从而使成像范围覆盖连箱内的作业区域，密封可以在保护可视化传感器的同时使其不与内部燃气接触。利用可视化系统，现场作业人员可以通过作业区域状况的图像信息和资料辅助对某些特殊情况进行快速准确的判断，显著提高了现场的效率[54,55]（图 2-42）。

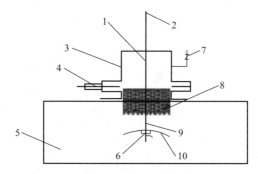

图 2-42　带压开孔原理图

1-主轴；2-连接液压站；3-连箱结合器；4-夹板阀；5-开孔设备、管道；

6-"Ⅱ"型钢丝；7-放空阀；8-开孔刀；9-中心钻；10-被切割块。

5.2.2　快速抢修技术

　　近年来在城市燃气管网应急抢险中，综合应用空间信息技术和计算机技术实现燃气管网的快速抢修。通过对来自 SCADA 系统的数据进行接收，获取各节点实时状态信息，对负压波异常情况进行监测；对监测到的负压波异常情况进行分析，对相邻两个 SCADA 节点之间出现泄漏或爆管情况进行判断；结合 SCADA 节点与管网 GIS 管网拓扑结构间距离关系，对爆管位置进行确定，同时向指挥中心及抢修队伍发送泄漏或爆管的时间及位置等信息。对泄漏或爆管等事故进行实时的监测、分析、定位，系统在事故发生后，在管网数据库内自动对事故发生的节点、管段以及可能损坏的器件、设备进行分析，自动生成材料清单，发送到材料仓库内，同时依据抢修队伍所在位置、仓库位置及事故点位置，利用 GIS 对最佳抢修路径进行确定，从而实现燃气管网的快速抢修[59]。

应急指挥系统以 GIS 为基础，结合视频系统，建立实时视频和数字化信息监控系统。系统主要包含应急事件处理，事件管理，应急资源管理，GPS 监控，调度管理及移动终端等功能模块，实现应急处理流程及资源信息的全过程管控。

目前，部分大、中城市的燃气企业已经初步建立了燃气事故应急指挥平台系统，但平台的智能化程度和各种辅助功能还有待提高。部分中小城市和农村乡镇的燃气企业还未建立燃气应急指挥平台，应急指挥技术水平相对较为原始。大部分城市还没有把燃气应急系统纳入地方政府的公共安全应急平台体系中实现一体化联动。未来实现可视化、智能化的应急安全管理是进一步完善和发展的重点。

5.3 技术文件

5.3.1 行业主管部门规范性文件

序号	文件名称	文号
1	《国务院安委会办公室关于加强天然气使用安全管理的通知》	安委办函〔2018〕104 号

5.3.2 技术标准

序号	标准名称	标准号
1	《含密封源仪表的放射卫生防护要求》	GBZ 125—2009
2	《油气管道管体缺陷修复技术规范》	SY/T 6649—2018
3	《油气管道内检测技术规范》	SY/T 6597—2018
4	《石油天然气管道工程全自动超声检测工艺评定与能力验证规范》	SY/T 4133—2018
5	《基于风险的油气管道安全隐患分级导则》	GB/T 34346—2017
6	《输气管道内腐蚀外检测方法》	GB/T 34349—2017
7	《埋地钢质管道应力腐蚀开裂(SCC)外检测方法》	GB/T 36676—2018
8	《石油化工非金属管道工程施工质量验收规范》	GB 50690—2011
9	《油气田及管道岩土工程勘察标准》	GB/T 50568—2019
10	《石油天然气站内工艺管道工程施工规范(2012 年版)》	GB 50540—2009
11	《埋地钢质管道防腐保温层技术标准》	GB/T 50538—2010
12	《油气输送管道线路工程抗震技术规范》	GB/T 50470—2017
13	《输气管道工程设计规范》	GB 50251—2015
14	《油气输送管道完整性管理规范》	GB 32167—2015
15	《钢质管道带压封堵技术规范》	GB/T 28055—2011
16	《钢质管道内检测技术规范》	GB/T 27699—2011
17	《燃气系统运行安全评价标准》	GB/T 50811—2012
18	《城镇燃气报警控制系统技术规程》	CJJ/T 146—2011
19	《城镇燃气管道非开挖修复更新工程技术规程》	CJJ/T 147—2010

6 智能管网

"十三五"时期是我国物联网加速进入"跨界融合、集成创新和规模化发展"的新阶段。2015 年 7 月，国务院发布《关于积极推进"互联网＋"行动的指导意见》。2015 年 9

月，国务院印发《促进大数据发展行动纲要》，系统部署大数据发展工作，明确推动大数据发展和应用的新模式。2016年，《城镇智能燃气网工程技术规范》发布，推动燃气行业向数字化、网络化、自动化、一体化、低能耗方向发展。

智能管网建设，利用先进的通信、传感、储能、微电子、数据优化管理和智能控制等技术，实现天然气与其他能源之间、各类燃气之间的智能调配、优化替代。利用"互联网+"、大数据分析技术，突破传统服务模式，拓展全新服务渠道，提供系统化综合用能方案，建立智能服务互动平台，提供优质的、低成本的用能服务。

6.1 发展综述

智能管网建设以模块化、三维化、标准化设计，实现设计、物资、工程、运营一体化。工程建设过程依托工程管理信息化系统，采用图像采集、精准定位、无人机采集、数据远传等新技术和新设备，对施工现场进行透彻感知，实时反馈；施工工艺、流程标准，简单高效；施工资料实时生成，及时归档。实现对工程建设的全流程管控，提高效率、提升质量，降低风险。

智能燃气技术充分融合互联网+、人工智能、大数据、云计算、北斗导航定位，实现燃气行业在管网管理、工程建设、应急抢险、智能决策、客户服务等领域工作的智能化。

6.2 技术进展

6.2.1 智能管网建设

智能管网是建设可控可视、全息全景的管网，通过实时数据监控、大数据分析，实现城市燃气管网运行状况的预警预判，透彻感知管网健康状态和隐患风险，保障城市燃气供气安全稳定，包括：管道管理完整化、场站管理可视化。

（1）管道管理完整化

城市燃气管道完整性管理是对燃气管道全生命周期进行管理，以燃气管网地理信息为基础，以设备基础信息为辅助，通过检测、监测、检验等各种方式，提供燃气管网历史及实时数据。通过完善的数据分析模型，对管道进行高后果区识别，风险评价，完整性评价，效能评价。实现自动识别风险，不断改善识别到的不利影响因素，预测管道报废年限，指导管道维护及更换，经济合理地保障燃气管道安全运行。

（2）场站管理可视化

城市燃气厂站，作为燃气管网重要的输配枢纽，其安全稳定运行关系到整个城市正常供气。场站管理可视化将场站设备实时运行数据视频安防数据、设备管理数据、场站运维数据、员工日常工作数据等进行汇聚和预处理，运用3D建模技术，实景还原场站布局，形象展示场站设备、人员及周边情况。当发生设备运行超限报警、周界入侵、安全警告等情况时，自动聚焦报警点，视频监控系统联动显示实时画面，控制逻辑（阀门、消防泵、急停等）自动执行。形成场站管理无人联动处置机制，危机处理及时响应，保障场站稳定运行。

6.2.2 智能调度技术

城市燃气智能调度的愿景是进行自诊断、自适应的闭环调节调度，通过大量基础数据采集，进行大数据分析，自我诊断，生成调度决策指令，自动控制执行，闭环反馈监视，实现燃气生产调度可控，燃气作业调度可管，可应用于生产调度闭环化与作业调度实施化两个应用场景。

（1）生产调度闭环化

生产智能调度，通过密集合理分布的数据采集监控点，及时收集气源、储配、管线、终端等节点的生产数据，结合燃气管网负荷规律和用户用气规律，采用水力分析、储气分析等建立生产调度模型，进行大数据分析，对燃气管网负载数据进行分析挖掘与预测，获得调压调度指令。应用 SCADA 系统的"四遥"功能，指令通过敏捷安全的通信通道，下达至具备远程开关的阀门和自动调压功能的调压器，进行开关阀门、自动调压，并将压力实时反馈给调度中心，实现闭环精准调度。

（2）作业调度实时化

作业智能调度，通过定位技术实时获取人员位置；通过预设工作计划以及工作里程碑看板，获取人员工作状态，分析员工工作饱和度；通过员工岗位考核、技能考核，获取员工专业能力度。当需要进行作业分派时，系统通过数据分析模型，根据员工距离、工作状态、技能等进行综合分析，为调度管理人员推荐最适合的处理人员，并通过人工智能匹配，从海量作业指导书中筛选符合当前工作的指导书。

作业调度指令下达后，系统自动为处理人员规划路径，躲避拥堵，引导处理人员第一时间到达工作现场。整个工作处理过程处理人员通过流程确认、文字、语音、图片、视频等方式实时上报，调度管理人员可以及时掌握现场信息。

6.2.3 智能客服技术

智能客服以智能化的终端设备、便捷化的服务平台、精细化的营销策略，为客户提供安全、便捷、贴心的用气服务。智能客服技术包括硬件平台、服务平台、增值业务三个应用场景，通过终端设备智能化实现了用户满意为核心的客服目标[56]。

（1）智能终端设备

智能化用气终端，指智能表具自动抄表，主动上传，燃气泄漏检测设备实时监测，及时报警，主动关阀；智能灶具远控启停，自动调温。

（2）客户服务平台

便捷的服务平台，通过网上营业厅/移动 APP/微信/支付宝等在线服务方式，采用智能客服机器人，实现自助业务办理、业务查询、自助抄表、移动支付等。为用户提供便捷的操作、友好的交互，提升用户体验。

（3）增值服务

在以用户使用燃气满意为目标的前提下，与第三方专业征信机构或其他信息机构合作，通过信用大数据模型，分析用户信用等级数据，结合用户用气习惯数据，对用户进行差异分级，根据用户的不同等级提供差异化服务，实现增值服务精准营销。借助社区平台流量，打造以燃气类产品为主，生活产品为辅的电商平台。

6.2.4 物联网技术

物联网即"万物相连的互联网"，是互联网基础上的延伸和扩展的网络，是新一代信息技术的重要组成部分。它有两层意思：第一，物联网的核心和基础仍然是互联网，是在互联网基础上的延伸和扩展的网络；第二，其用户端延伸和扩展到了任何物品与物品之间，进行信息交换和通信。

物联网技术通过射频识别、红外感应器、全球定位系统、激光扫描器等信息传感技术，按统一的通信协议，把任何物品与互联网相连接，进行信息交换和通信，以实现对物品的智能化识别、定位、跟踪、监控和管理的一种网络技术。

6.2.5 信息化技术

信息化建设是燃气工程建设、输配调度、管网运行监控、燃气销售及客户服务各环节的核心支撑平台。作为整个智能化建设过程中的基础。信息化建设最核心的内容是全面的数据采集和整合。通过工程管理、GIS 系统、SCADA 系统、管道完整性系统、应急抢险系统、巡检系统、客服系统等一系列基础系统的建设，完成燃气从上游购气、工程建设、输配调度、客户服务等各层面全面数据采集，并通过统一信息化平台系统的建设，实现各类数据的整合，形成开放共享的数据资源。

随着信息化技术的逐步提升，移动应用技术、云和大数据技术以及微服务与边缘计算技术等在燃气行业得到应用。

移动应用技术主要包括移动巡线与外勤业务，网上营业厅与消息推送。

云计算技术是分布式计算的一种，指的是通过网络"云"将巨大的数据计算处理程序分解成无数个小程序，通过多部服务器组成的系统进行处理和分析这些小程序得到结果并返回给用户。公用事业领域的云服务系统已逐步开展，其主要特点是：采用虚拟化技术、可扩展性高、按需购买或部署、灵活性高、性价比高等特点。

大数据是指无法在一定时间范围内用常规软件工具进行捕捉、管理和处理的数据集合，是具有更强的决策力、洞察发现力和流程优化能力的海量、高增长率和多样化的信息资产。天然气行业的信息化系统较多，如：GIS 系统、SCADA、管网仿真系统、客服系统、工程项目管理系统、ERP、EAM、IOT 平台或采集系统等，信息化系统产生大量的数据，数据的利用与相互联系的挖掘成为大数据研究的重点。

微服务架构是一项在云中部署应用和服务的新技术，在分散的组件中使用微服务云架构和平台，使部署、管理和服务功能交付变得更加简单，结合边缘技术，燃气行业目前很多终端也逐步向智能化发展，如智能流量计逐步实现植入自检测功能、双传感器功能等。

6.2.6 信息安全技术

随着新技术在燃气行业的深入应用，也带来了新的网络安全风险，以及网络安全法、等保 2.0 等国家监管要求，再加上不断恶化的外部网络安全环境，需要加强网络安全制度体系建设，打造网络安全纵深防御体系。燃气企业应结合自身业务和数字化技术业务特点，由少到多逐步配置并部署各类网络安全设备设施，包括防火墙、防毒墙、堡垒机、入侵防御、防病毒软件、漏洞扫描、统一身份认证平台等网络安全设备和系统，并建设基于大数据技术的网络安全分析平台。

大数据安全分析平台是基于人工智能，以大数据分析技术架构作为基础，可以实现燃气企业安全运维工作智能化、平台化、自动化。平台可以实现网络安全类、管理类、流量数据以及资产、用户的基本数据的采集、标准化和集中化存储，并在安全大数据中心的基础上建立安全态威胁分析与预警平台，实现全网的安全要素分析、安全威胁事件联动分析、异常行为快速发现的能力以及实现整体网络的安全态势可视化能力和整体网络环境安保能力综合评估。

6.2.7 北斗导航定位技术

北斗定位技术在燃气管道泄漏检测、应急抢险、无人机巡检等发挥重要作用。

北斗卫星导航系统（以下简称"北斗系统"）是我国着眼于国家安全和经济社会发展需要，自主建设、独立运行的重要空间基础设施[57]。近年来，国务院及相关地方政府相继发布了多项发展规划及政策措施来推动北斗产业化的发展，提出要采用北斗高精度定位技术推动城市精细化管理。由于卫星导航功能和应用领域的不断扩大，使得北斗导航与燃气行业技术得到融合与应用。

目前，北斗系统在燃气领域已经进入深度应用阶段，形成了基于北斗高精度位置服务的智能燃气管控一体化方案。形成综合运用 GIS、北斗卫星定位、移动互联网等新一代信息技术，集外业采集、数据更新入库、管网资产查询统计、管网巡检及移动办公等系列软件产品于一体的燃气管控一体化系统。

综合运用 GIS、北斗卫星定位、移动互联网等新一代信息技术，北斗导航在燃气行业有如下应用：

（1）管线泄漏检测：北斗精准定位终端与管道泄漏检测设备对接，读取并上传检测作业全程数据，同步加载精准坐标，通过管理软件实现统计、分析和风险计算。

（2）管线防腐检测：北斗精准定位设备与管道防腐层检测仪对接，精确记录和上传每次防腐层检测的结果以及位置数据，直接定位防腐层破损点的精准坐标，对检测结果进行统计分析，实现防腐检测作业的精准管理。

（3）应急抢修：通过实时北斗高精度位置信息及精准地图信息，实现对隐患、事发现场的快速定位以及寻址与响应，提升应急抢险的准确性和及时性。

（4）工程数据采集系统：工程施工人员配备北斗精准定位终端，记录管网节点的厘米级坐标，实时上传管线施工数据。

（5）车辆实时管控系统：通过将北斗与调度应急管理深度结合，把运输槽车、激光甲烷检测车等车辆的实时信息，以及燃气专业设备的位置信息集成到生产调度管理平台，为监测预警、应急处置、资源调度、安全监控和防灾抗灾提供支撑。

（6）地质与管网形变监测：南方形变监测预警在线监测系统，通过对特定区域及物体安装专业监测系统，实现对管网、储罐等构件形变的安全监测，实现对其所在区域地质形变隐患的监测与预警，并对监测数据进行长期储存、管理、查询、统计与分析，保证安全高效的运营维护。

（7）无人机油气管道巡检：无人机搭载高清摄像机和图像传输设备，支持自主巡检，不受地形影响，具有低成本、高安全性、高效率的特性，广泛应用于油气管道巡检。

（8）大型综合体实景三维燃气巡检系统：测绘室内数字化设备对布设的管线进行扫描，可以改变传统巡检方式，实现现代化室内管线监管，降低成本的同时，大大提升运维效率。依托物联网技术，实现对室内空间设备及环境的检测、监控、安防、集中管控，助力大型城市综合体精益智能管理。

6.3 技术文件

6.3.1 行业主管部门规范性文件

序号	文件名称	文号
1	《国务院安委会办公室关于加强天然气使用安全管理的通知》	安委办函〔2018〕104 号
2	《促进大数据发展行动纲要》	国发〔2015〕50 号
3	《关于积极推进"互联网＋"行动的指导意见》	国发〔2015〕40 号
4	《"十三五"国家战略性新兴产业发展规划》	国发〔2016〕67 号

6.3.2 技术标准

序号	标准名称	标准号
1	《埋地钢质管道腐蚀防护工程检验》	GB/T 19285—2014
2	《钢质管道外腐蚀控制规范》	GB/T 21447—2018
3	《埋地钢制管道聚乙烯防腐层》	GB/T 23257—2017
4	《石油天然气工业用耐腐蚀合金复合管件》	GB/T 35072—2018
5	《钢质管道内检测技术规范》	GB/T 27699—2011
6	《管道防腐层性能试验方法 第1部分:耐划伤测试》	SY/T4113.1—2018
7	《管道防腐层性能试验方法 第2部分:剥离强度测试》	SY/T4113.2—2018
8	《城镇燃气工程智能化技术规范》	CJJ/T 268—2017
9	《城镇燃气报警控制系统技术规程》	CJJ/T 146—2011
10	《城镇燃气管道非开挖修复更新工程技术规程》	CJJ/T 147—2010

第三节 应用

"2019年,城镇燃气占天然气消费量的37.2%。从城镇燃气的消费结构来看,工业用气和居民用气约占1/3,交通运输用气约占1/5,商业用气和其他用气占比较小。"

2017年12月发布了《北方地区冬季清洁取暖规划(2017~2021年)》,提出"到2019年北方地区清洁取暖达到50%,替代散烧煤7400万t,到2021年,北方地区清洁取暖率达到70%,替代散烧煤1.5亿t"的总体目标。

在国家政策利好的大背景下,燃气应用终端产品市场规模得以发展,2019年国内燃气供暖热水炉总销量为402万台,同比增加了25.6%;家用燃气热水器销售量约为1358万台;受房地产后周期延续低迷,我国燃气灶市场处于下行通道,燃气灶产量为3886.8万台,同比下降0.2%。2018年我国工业锅炉产量32.23万蒸t,其中燃气锅炉产量4.09万蒸t;2019年我国工业锅炉产量约为39.4万蒸t,同比增加22.2%。

1 居民和商业用气

1.1 发展概述

随着我国城镇燃气的高速发展,天然气长输管道逐步成环成网,燃气燃烧技术、安全用气技术和燃气具检测技术的发展,拓展了城镇燃气的用气领域。

通过多学科融合交叉,城镇燃气用气设备从常规家用燃气具,延伸为五大用具类型,分别是热水用具类、炊事用具类、供暖供冷用具类、洗涤干燥用具类、热电联产类等。按其使用功能每个类别均发展或引入了不同类型的产品设备:燃气供暖热水炉、太阳能-燃气集成热水系统被引入热水用具类产品,炊事用具类发展了烤箱灶、集成灶等用气设备,供暖供冷用具类产品发展了供暖器,洗涤干燥用具类发展了燃气洗衣机、燃气干衣机等设备。

伴随能效与减排的双重要求,基于产品设备的燃气燃烧技术也在不断进步。从变更传热结构入手，开发了旋流燃烧技术、半封闭式燃烧技术、三环燃烧技术、聚能燃烧技术、全预混燃烧新技术以及冷凝燃烧技术等；为降低排放，发展了低氮燃烧技术、浓淡燃烧技术；近年来随着燃气供暖热水炉的推广，零冷水技术得到广泛应用，极大地改善了产品设备节能减排性能。

燃气安全技术也不断在更新迭代，燃气管道电磁阀、热电耦、离子熄火保护技术等有效提高了燃烧技术中对故障情况的处理能力；从橡胶软管到不锈钢波纹管，从减压阀到过流过压切断阀，从普通燃气表到智能燃气表，燃气安全技术的进步代表着城镇燃气领域从业者对于燃气安全的不懈追求及努力。

在燃气具检测技术方面，根据燃气工业的发展历程可知，发达国家对燃气互换性的研究已有近百年的历史。我国对国外燃气互换性的理论和实践研究的进展也十分关切，《进入长输管网天然气互换性一般要求》GB/Z 33440—2016、《天然气》GB 17820—2018、《城镇燃气分类和基本特性》GB/T 13611—2018 的制定和实施，解决了在燃气行业中的质量指标、气质适应性、多气源互换性[57] 等问题。

1.2 技术进展

1.2.1 燃气用具检测技术

（1）燃气质量控制与城镇燃气分类技术

燃气质量对家用燃气具的影响一直以来倍受世界各国的重视，许多机构和组织进行了相关研究或测试。测试的总体目标是评价一个较广范围内的高热值和华白数对家用燃气具的安全性、操作性和效率的影响，这些将有助于规范供应燃气组分质量。但居民用气的质量控制包含很多方面，其中燃气组分变化所产生的互换性问题，始终是一个主要问题。

国际标准化组织制定了天然气质量指标的一般要求《天然气质量指标》ISO 13686—2013，据此国内制定了《天然气》GB 17820—2018，对我国城镇天然气的品质提出要求。一般而言，国际上采用燃气的华白数进行燃气类别的划分，以热值作为市场销售、跨境交易的计量单位和指标。

国家燃气用具质量监督检验中心，针对城镇燃气，按照燃气类别及其燃烧特性指标进行分类研究。在《城镇燃气分类和基本特性》GB/T 13611—2018 标准制定时，增加了考虑城镇燃气燃烧特性指标的"热值"作为"分类原则"的特性指标之一。提出城镇燃气分类原则：城镇燃气应按燃气类别及其特性指标华白数分类，并应控制华白数和热值的波动范围。在兼顾城镇燃气运营企业和用户需求的前提下，按照以上分类原则进行类别划分，有利于推进国内城镇燃气的计量交割、应用和发展。

根据城镇燃气发展需求，在新的城镇燃气分类中新增加了"液化石油气混空气"和"二甲醚气"两类新的燃气类别；"沼气 6Z"代替原"6T"燃气并单列。上述变化主要是适应目前燃气能源开发和供应的现实情况，增加天然气的替代气源和备用气源，保障国家能源供应安全，同时适应因地制宜原则，鼓励各地使用和发展适合本地区的城镇燃气。

① 其"液化石油气混空气"的基准气 12YK-0，是以 12T-0 天然气的燃烧特性指标如华白数、热值，进行反向配气得到的气质组分。除了黄焰现象外，在燃烧特性上基本等同于 12T 天然气，可以单独应用，也可作为 12T 天然气的替代气源在某些情况下使用；但不允许在燃具生产、实验和测试为主的实践活动时，使用液化石油气混空气作为天然气类燃具的测试气源。而其界限气组分的选取，亦参考了 12T 天然气的相应气质组分。

② 其"二甲醚气"，仅作为单一气源，不准掺混使用。由于二甲醚气具有对橡胶溶解的特性，所用的燃气输配设施和应用设施，必须满足克服这一"胶溶性"的缺陷特征，严禁在现有燃气输配、应用等设施中，直接配送或应用二甲醚气。同时，在使用城镇燃气用二甲醚时，必须满足《城镇燃气用二甲醚》GB 25035—2010 标准中规定的质量要求，作为单一的气体使用，严禁和其他燃气掺混应用。

③ 其"沼气"，是把原来标准中的 6T 天然气，作为一种单一燃气——"6Z 沼气"列出，以更加明确城镇燃气的基本类别和气质定位。

（2）多气源互换性及燃气具气质适应性测试技术

当前，天然气应用呈现两种格局：一是我国天然气长输管道逐步成环成网，输送调度日益全局统一化；二是我国天然气气源供应来源分散，气源组分与产地日益复杂多样化。在同一城市管网中，出现多种来源天然气，组分差异巨大。城市全域燃气用户，对气质要求的适应性区间非常窄，其对气源压力和组分变化的适应性非常差，以长期应用的某一气源为基本气源，对其初始工况调整后，后续引入新的气源或者多种气源后，如其组分或燃烧特性指数与基本气源的不一致，超过初始燃气热值±1%，就极易引发不安全燃烧事故。随着燃气供应规模的不断扩大，成分不稳定的气源与要求相对稳定的用户之间的矛盾在我国部分城市已经出现，在这方面我相关人员做了大量的工作，一些人甚至采用多方法结合来研究我国燃气互换性。

当前我国采用的互换性方法是基于燃气应用终端设备类型以确定选取不同关键特性指标的方法。国家燃气用具质量监督检验中心实验测定和明确提出了"华白数、热值"两个指标参数，以表述与完全预混燃气具互换相关的燃烧特性，补充和修正了我国传统互换性理论和指标参数，可用于指导行业实践和生产，具有科学指导意义和学术价值。针对大气式燃气用具和完全预混式燃气具，在《城镇燃气分类和基本特性》GB/T 13611—2018 中，就如何进行互换性配气给出了相应的技术方法和指导方案。

中国市政工程华北设计研究总院有限公司，依托"十一五"期间承担的《城市燃气气源储配及应用关键技术研究》（课题编号：2006BAJ03B02），首次系统进行了城市燃气互换性研究，历经"十二五"的技术积累，现已形成了多气源互换性及燃气具气质适应性测试技术。在多气源互换性方面，以解决多源天然气进入长输管线和城市管网气质适配性控制基准和边界为目的，提出了多气源供气协调基准技术、区域协调调度指标及边界确定技术，明确了城市运行基准气确定原则和方法；在超大城市实现"一张网、分区分级、互联互通"的供应调度工程应用，实现覆盖所有燃气应用终端的天然气共网运行、调质供应、互联互通。在燃气具气质适应性测试方面，以拓展燃气用具气质适配性和产业创新升级为目的，研究提出了气质适配性测评和燃气具质量提升技术路线，在国际首次提出燃气具气质适配性的量化测试方法，研发出燃气用具燃烧特性动态测试装置、性能测试工艺及装备，推动了我国燃气行业产品的技术升级（图 2-43）。

1.2.2 用气安全技术

（1）管道燃气自闭阀

管道燃气自闭阀技术通过多极永磁联动机构对燃气压力参数的变化进行识别，以控制气源启闭。该技术首先由陕西大唐智能仪器仪表有限公司研制，并于 2007 年通过有关专家评估，经过陕西、山西两省质检监督部门检测合格后，在该省燃气用户中推广使用，

图 2-43 燃气用具燃烧特性实验系统及能效检测系统

《陕西省燃气管理条例》将"管道燃气自闭阀"列为居民用户强制安装使用设施，已从 2008 年 1 月 1 日起实施。现行行业标准《管道燃气自闭阀》CJ/T 447—2014 于 2014 年 3 月发布，规定了管道燃气自闭阀的相关技术要求与试验测试方法，于 2014 年 7 月 1 日起开始实施。

为更好地适应我国的用气环境，通过多极永磁联动机构的规格与内部弹簧的技术改进，自闭阀技术功能由初期的在燃气具连接胶管偶然脱落及供气压力不稳定时自动切断气源，发展为具有超压自闭保护、欠压停气自闭保护功能的管道燃气切断阀，有效地实现了 3m 胶管上任意处破损孔径大于等于 4mm 时，燃气自闭阀能够安全自动切断功能。

（2）安全切断型物联网智能燃气表

随着电子技术、信息技术的发展，膜式燃气表也由纯机械式计量仪表逐渐进行扩展，加装了带辅助功能的电子装置，实现了智能化控制，如预付费装置、远传直读控制装置等，其应用也越来越普及。为了消除户内燃气使用过程中可能出现的安全隐患，日本于 20 世纪 90 年代末至 21 世纪初推出了带有切断阀的膜式燃气表。我国在 2014 年 3 月发布了《切断型膜式燃气表》CJ/T 449—2014，并开始推广切断型膜式煤气表技术的使用。通过物联网技术的综合应用，切断型膜式燃气表发展为安全切断型物联网智能燃气表，实现燃气泄漏的安全切断功能与智能管理功能有机地结合，对燃气泄漏进行实时监控，提高燃气公司对城市燃气的智能化管理的能力，是未来燃气安全切断技术的发展方向。

（3）燃气具熄火保护技术

燃气具行业从最开始的无任何有效的安全保护，发展到后来熄火安全保护时代，熄火安全保护装置也进入了国标体系。第一代熄火保护装置采用的是记忆金属保护技术，通过记忆金属的特性进行自动熄火保护。该技术只能在火熄灭后 2min 才发挥作用，动作时间过长，可能会造成大量燃气的泄漏，故目前已经不再采用此种保护技术的产品。第二代是热电耦式保护技术，通过两种不同金属丝的热电效应来感知温度，由金属丝两端产生的电压差的大小来感知火是否熄灭而关闭燃气灶。初期此技术可以将熄火时间控制在 40s 左右，随着技术进步熄火时间已可以控制在 10s 左右，其结构简单、工作可靠、抗干扰性好、成本低廉，是目前应用最广泛的一种熄火保护安全装置。第三代就是目前较为先进的离子感应技术。因为火苗是导电的，所以离子感应技术可以通过离子探针感知火焰是否熄灭。如果熄灭则立即控制电磁阀切断燃气通路，理论上控制时间可达到 1/10 秒，但该方法同时也存在着易受干扰的问题。

（4）燃气灶防干烧技术

进入 21 世纪，电子技术、半导体技术和自动控制技术等前沿科技日新月异，并不断应用于家用电器领域。目前，国内外各主要灶具制造商纷纷将注意力集中到前沿技术与传统燃气灶具的结合上，以求在激烈的市场竞争中占领市场的制高点，提高品牌形象。防干烧过热保护技术能够在使用过程中给用户带来全新的享受和切实的安全保障。

国外产品中已出现类似具备过热保护功能的燃气灶，日本等发达国家出于安全方面的考虑，已经出台相应的法律法规或强制性标准，要求上市销售的燃气灶必须具备相应的过热保护功能。国内同样致力于燃气灶过热保护技术方面的研究，目前行业内为引导企业在防干烧过热保护方面进行健康有序的发展，已经制定了相应标准，部分企业已经开始了相关产品的研发，如海尔等燃气灶主导品牌已经研发出具有自主知识产权的带防干烧过热保护功能的产品，并已将产品上市销售；广东万和的预防干烧传感控火及智能技术在燃气灶的开发与应用技术达到国际领先水平。

1.2.3 燃烧技术

（1）全预混燃烧技术

我国全预混燃烧技术应用起步相对较晚，主要包括三种形式[62、63]，即金属纤维燃烧器、不锈钢多孔片叠层形式与多孔陶瓷板。在这三种不同结构燃烧器中，多孔陶瓷板是一种性价比较高的燃烧器。随着科学技术不断发展，我国燃气技术升级速度不断加快，相较于其他燃烧技术，全预混燃烧技术本身具有较强的实用性，在低碳经济发展背景下，节能效果更加明显。同时，全预混燃烧技术能够有效降低污染物排放率[64]，所以相关部门应该强化全预混燃烧技术的研究与开发力度，将其合理地应用于燃气具之中，促进我国燃气具事业可持续发展。

（2）冷凝式换热技术

冷凝式换热技术最早被西方国家应用于锅炉。1928 年 Carlyle Ashley 设计了一个被称为"Weather-maker"的燃气专利产品，这是第一个将烟气中水蒸气的冷凝用于供暖空调领域的高效率燃气加热炉。20 世纪 70 年代早期的能源危机促进了高效率冷凝式锅炉的发展。整体冷凝式锅炉的大规模研究始于 1978 年，冷凝式热水器是在 20 世纪 70 年代末出现的新一代高效节能热水器，其工作原理和冷凝式锅炉相似，欧洲国家的冷凝式热水器，一般是指冷凝式两用炉。荷兰是最早研究冷凝式热水器的国家，1979 年第一台冷凝式热水器样机研制成功，到 20 世纪 90 年代初期，冷凝式壁挂炉锅炉除了具有传统锅炉的共性之外，更是在制热机理上进行了大革命与突破。由于政府鼓励，英国、法国、德国、美国等国家的冷凝式燃气壁挂炉需求量不断增加。欧洲的热水器市场已经相对成熟，对冷凝式产品已经建立了相应的标准，并采用标签等级的制度，根据不同的能效范围划分不同产品等级，同时各个国家对可在市场上出售产品等级的要求也越来越高。

冷凝式热水器由于需要利用烟气中的潜热，因而必须降低排烟温度，从而会产生冷凝水，并且烟气中的酸性气体会溶于冷凝水，从而形成酸性冷凝水。因此，采用间接换热方式的冷凝式燃气热水器有两个不同于普通热水器的技术问题：一个是酸性冷凝水的产生和排放问题；另一个就是酸性冷凝水对换热器表面的腐蚀问题。采用直接接触式换热技术的冷凝式快速燃气热水器在国内尚属空白。日本和美国已利用此技术制造、生产了冷凝式热水器（热水炉），均使用天然气，烟气与水直接接触，可溶性气体溶于大量的水，浓度非常低，完全在安全使用范围内，同时发挥了冷凝式燃气热水器高效率的特点。国内学者武立云等对浸没燃烧热水器的开发研究证实只要燃料符合要求，烟气与水直接接触的浸没燃烧热水器的水质和排放废气是符合国家和地方法规要求的。

（3）聚能燃烧技术

聚能燃烧技术作为一种全新的燃烧技术，通过对预混、燃烧结构的创新，将热效率由行业国标的 50% 提高到 68.5%，大幅度节省了能源消耗，同时，聚能燃烧技术采用三元催化技术，使燃烧后产生的有害气体几乎为零。聚能燃烧技术不仅可以应用在燃气灶、燃气热水器、家用供暖等家用燃气具产品与设备上，同时还可以应用在工业制造中的工业燃烧加热工序，如锅炉制暖系统、红外线热水系统、陶瓷窑炉、熔铝炉、固碱炉、工业锅炉等燃烧加热设备。

（4）燃气供热零冷水技术

零冷水技术的产生主要是为了解决燃气热水器的刚开机出现冷水的问题。2010 年起，燃气具行业推出了多种零冷水技术。如内置预热循环技术、温度传感器和循环泵装置综合技术、内置循环水泵和微型水箱过滤温度波动的综合技术、管巡航即热系统技术、"即开即洗"的热水供应技术等。近年燃气热水器的市场增长速度较快，主流品牌的高端产品阵营中均有零冷水燃气热水器。

（5）燃气热泵应用技术

从 1977 年，第一台燃气热泵（GHP）系统于德国多特蒙德投运，GHP 作为一种燃气空调的形式，已具有相当长的发展历史[65]。GHP 在国内的应用已超过 10 年，因 GHP 机组单机功率较大，多应用于大中型公共建筑。我国的 GHP 相关应用技术研究开始于 20 世纪 80 年代，天津大学、哈尔滨工业大学、上海交通大学、东南大学和同济大学等高校均开展了大量的研究，主要着眼于系统的性能改进、建模仿真，以及控制策略的完善等方面，内容涉及实验测试、仿真模拟、优化控制、样机开发、混合动力、发动机改装、复合式空调系统设计等，对 GHP 系统进行动态模拟，给出了蒸发器、冷凝器和贮液器的数学描述，建立了膨胀阀、压缩机和天然气发动机的集总参数模型；建立了适应燃气压缩式热泵系统非线性、强耦合、时滞性强特点的 PID 模糊控制模型，但基于 GHP 现场实测的研究比较欠缺。

1.3　技术文件

相关标准

序号	文件名称	标准号
1	《天然气》	GB 17820—2018
2	《人工煤气》	GB/T 13612—2006
3	《液化天然气的一般特性》	GB/T 19204—2020
4	《城镇燃气分类和基本特性》	GB/T 13611—2018
5	《家用燃气用具通用试验方法》	GB/T 16411—2008
6	《燃气燃烧器具安全技术条件》	GB 16914—2012

序号	文件名称	标准号
7	《家用燃气燃烧器具安全管理规则》	GB 17905—2008
8	《燃气燃烧器具实验室技术通则》	CJ/T 479—2018
9	《家用燃气快速热水器》	GB 6932—2015
10	《燃气采暖热水炉》	GB 25034—2010
11	《燃气容积式热水器》	GB 18111—2000
12	《家用燃气灶具》	GB 16410—2007
13	《家用沼气灶》	GB/T 3606—2001
14	《可燃气体报警控制器》	GB 16808—2008
15	《中餐燃气炒菜灶》	CJ/T 28—2013
16	《炊用燃气大锅灶》	CJ/T 392—2012
17	《燃气蒸箱》	CJ/T 187—2013
18	《集成灶》	CJ/T 386—2012
19	《家用沸水器》	CJ/T 29—2019
20	《家用燃气报警器及传感器》	CJ/T 347—2010
21	《燃气取暖器》	CJ/T 113—2015
22	《热电式燃具熄火保护装置》	CJ/T 30—2013
23	《家用燃气燃烧器具用自吸阀》	CJ/T 132—2014

2 工业用气

2.1 发展概述

当前，我国能源产业以煤为主，工业燃料中煤炭占比远高于欧美国家，为了促进能源结构优化，必须对工业燃料进行调整。我国先后出台了一系列政策以推动"煤改气"，其中《天然气发展十三五规划》提出，"以京津冀、长三角、珠三角、东北地区为重点，推进重点城市'煤改气'工程，扩大城市高污染燃料禁燃区范围，大力推进天然气替代步伐，替代管网覆盖范围内的燃煤锅炉、工业窑炉、燃煤设施用煤和散煤"。工业端"煤改气"的实施情况是关系我国未来燃气发展的重要环节，同时也将成为我国用气量增长的长期引擎。随着天然气消费市场的不断成熟，未来工业燃料、城市燃气、发电用气将呈现"三足鼎立"局面。

在工业用气领域，保障工业生产用气的安全与不间断供气，控制工业用气质量是工业安全生产的基本要求与前提条件[66]。针对用气终端设备，节能降耗与低氮燃烧技术是燃气用气领域的重点研究方向，通过采用冷凝水回收技术，在工业锅炉末端加装冷凝式换热器，对排烟的高温余热进行回收[67]，以降低燃气耗量，还可以利用先进的控制技术，准确实时控制燃料与空气量的配比[68]，实现燃气的高效燃烧。低氮燃烧技术采用不同的技术原理制造不同种类的低氮燃烧器[69,70]，如分级燃烧技术、烟气再循环燃烧技术等，通过新型燃烧器的开发与研制，不断提升燃气锅炉性能，减少 NO_x 的排放。另外，随着不同专业技术的深度融合，通过发现与实践，不断拓展燃气在其他生产中的应用，如天然气烧制建盏、LPG 在大棚供暖中的应用等。

2.2 技术进展

2.2.1 供气技术

(1) 安全应急技术

供气安全保障可通过设置供气应急装置得以实现，小型 LNG 瓶组自然气化供气装置可满足一般小型商业用户或特殊居民用户立管供气；中型移动气化供气装置可满足一般商业用户和小型工业用户供气；对于大型工业用户，可以配备一定容量的燃气储罐，通过压缩机将燃气充入储罐中储存，以保障燃气的供应安全。

(2) 气质控制技术

目前，我国天然气供应正在形成由国产天然气、进口 LNG、进口管道天然气等来源组成的多元化供应格局，造成燃气工业用户需要面临多气源供气的问题，多气源供气引起管网中燃气气质的变化与不稳定，对工业生产造成一定的影响，应采取一定的措施控制供气质量，现有技术通过控制天然气的特性参数进行燃气互换性的判定，以满足工业生产需求。

2.2.2 终端设备

1) 节能降耗技术

(1) 冷凝水回收利用技术

针对燃气锅炉排烟余热回收利用问题，目前燃气余热回收的方式主要有冷凝式换热器吸收烟气余热和利用热泵回收烟气余热两种技术。冷凝式换热器吸收烟气余热技术可通过研发一种新型直接接触式降温减湿的节能装置来实现节能的目的，节能装置主要由除雾器、冷水分布器、填料段、烟气引入段和热水回收段组成，填料段内放置了不锈钢填料，是节能装置的核心工作段，可强化传热传质效果。

(2) 控制系统可行性改造与空燃比控制技术

正确控制燃料量与空气量的配比，是合理组织燃烧过程的重要内容，可通过自动控制技术进行风量调节，适当调节辅机鼓风机与引风机，采用变频技术改变电源频率达到调节风量的目的，利用传动装置将燃气所需风量通过角度变送器的反馈信号传至变频器，由变频器调节锅炉鼓风机转速，通过实时调整频率可以实现降低能耗的目的。目前小型燃气燃烧机等多采用 LFL 控器[71]，一些燃气燃烧器程控器是以微电脑为基础的综合控制器，可替代超过 400 种各厂家推出的程控器，能使工作更安全并可实现全面自诊断，具有通信和联网功能，现已开始推广应用。

2) 低氮燃烧技术

工业低氮燃烧技术可通过低氮燃烧器实现。常见的低氮燃烧器有燃料分级燃烧器、空气分级燃烧器、烟气再循环燃烧器及复合型燃烧器等[72]。燃料分级燃烧器采用分级燃烧技术，通过优化化学当量比等参数，降低氮氧化物浓度；空气分级燃烧器在美国应用较为广泛，但我国研究较少，通过将空气分段送入燃烧器中，降低燃烧区温度，实现减少氮氧化物生成的目的；烟气再循环燃烧器根据运行性质，可分为烟气内循环燃烧器和烟气外循环燃烧器，但此技术虽然能够降低氮氧化物的排放，但对一氧化碳排放没有明显的影响；复合型燃烧器是结合多种低氮燃烧技术后通过优化设计形成的新型低氮燃烧器，就是将部分预混技术、燃料分级技术、空气分级技术、烟气再循环技术等技术综合考量，对燃烧器结构和使用流程进行优化提升设计，此燃烧器可达到减少 NO_x 排放量的目标，并已经达到国际领先水平。

2.2.3 应用拓展

燃气也广泛应用到其他生产行业中,如建盏的烧制方法有传统柴烧和电烧,但传统柴烧龙窑受环保限制,电窑存在成品率低、规模小等问题,现有技术开发了一种高效环保的新型天然气窑炉,用于建盏烧制,目前烧制一窑建盏所消耗的天然气平均为 $35Nm^3$,与电窑和天然气窑炉的能耗成本相差不大。另外,液化石油气供暖可应用于在农村蔬菜大棚中等。

2.3 技术文件

相关标准

序号	文件名称	标准号
1	《工业锅炉热工性能试验规程》	GB/T 10180—2017
2	《工业锅炉水位控制报警装置》	GB/T 13638—2008
3	《工业锅炉经济运行》	GB/T 17954—2007
4	《工业锅炉及火焰加热烟气余热资源量计算方法与利用导则》	GB/T 17719—2009
5	《工业锅炉水处理设施运行效果与监测》	GB/T 16811—2018
6	《锅炉大气污染物排放标准》	GB 13271—2014

3 车船用气

3.1 发展综述

3.1.1 天然气汽车

进入"十三五"以来,国内能源行业加快了转型升级的步伐。特别是近年来,在国家出台的一系列政策措施如《关于深化石油天然气体制改革的若干意见》《加快推进天然气利用的意见》《建设低碳交通运输体系指导意见》等的推动下,国内各行业的能源消费结构呈现出新变化、新特点。其中车用能源领域,柴油已步入峰值平台期,总体上负增长;汽油虽然总量增长,但增速放缓;以车用天然气、电动力等为代表的替代能源在环保与成本的双重驱动下呈现快速发展态势。

近年在国家力推天然气成为主体能源的大背景下,车用天然气需求增长迅速。我国天然气汽车保有量最先于 2010 年超过 100 万辆大关,接着于 2012 年、2013 年、2014 年和2015 年,保有量先后跨过 200 万辆、300 万辆、400 万辆和 500 万辆的台阶,经过两年艰苦奋斗,2018 年年底又跨过了 600 万辆大关,如表 2-5 和表 2-6 所示。

2011~2018 年 CNG 汽车及加气站保有量   表 2-5

年份	2011	2012	2013	2014	2015	2016	2017	2018
保有量(万辆)	148.5	208.5	323.5	441.1	496	531.6	573	632
增加率(%)	35	40.4	55.2	36.6	8.8	7.2	7.8	10.3
加气站(座)	2300	3014	3732	4455	4700	5100	5300	5600
增加率(%)	27.8	31	23.8	19.4	5.5	8.5	5.9	5.7

2011～2018 年 LNG 汽车及加气站保有量

2011～2018 年 LNG 汽车及加气站保有量 表 2-6

年份	2011	2012	2013	2014	2015	2016	2017	2018
保有量(万辆)	3.8	7.5	13	18.4	23	26	35	44
增加率(%)	280	97.4	73.3	33.5	25	13	34.6	25.7
加气站(座)	200	600	1844	2500	2650	2700	3100	3400
增加率(%)	100	200	207	35.6	6	2	14.8	9.7

截至 2018 年年底，我国天然气汽车保有量为 676 万辆，同比增加 68 万辆，增幅为 11.2%；其中，CNG 汽车保有量为 632 万辆，同比增加 59 万辆，增幅为 10.3%；LNG 汽车保有量为 44 万辆，同比增加 9 万辆，增幅为 25.7%；其中，LNG 重卡车保有量为 32.6 万辆，同比增加 7.1 万辆，增幅为 27.8%。

2018 年，我国原装车产量为 212188 辆，其中 CNG 油气两用乘用车为 11363 辆。2019 年 1 季度原装车产量为 67273 辆，其中 CNG 油气两用乘用车为 27688 辆。

2018 年我国天然气汽车加气站保有量约为 9000 座，同比增加约 600 座，增幅为 7.1%；其中，CNG 加气站约 5600 座，同比增加约 300 座，增幅为 5.7%；LNG 加气站约 3400 座，同比增加约 300 座，增幅为 9.7%。

CNG 汽车及加气站的保有量、LNG 汽车及加气站的保有量均已连续四年蝉联世界第一。特别是 LNG 汽车，除我国以外，世界各国的保有量不到 1 万辆[73]。

3.1.2 天然气动力船舶

LNG 作为清洁能源，应用于船舶领域将极大地减少大气污染物的排放。据中国船级社研究，以目前国内主流 LNG 动力船发动机为例，在 LNG 与柴油混合比例（质量比）为 70%：30% 的工作状态下，双燃料混合燃烧发动机与燃油发动机相比，硫氧化物（SO_X）和颗粒排放量降低 60%～70%，NO_x 排放量降低 35%～40%，CO_2 排放量降低 20%～28%。使用双燃料发动机，SO_X、颗粒排放量和 CO_2 排放量将更低。使用纯气体机，则几乎没有 SO_X 的排放。

行业规划方面，2013 年交通部发布《关于推进水运行业应用液化天然气的指导意见》，提出到 2020 年，内河运输船舶能源消耗中 LNG 的比例达到 10% 以上，远洋运输船舶的试点工作启动。2014 年与 2016 年交通运输部发布《水运行业应用液化天然气首批试点示范项目》，共开展 23 个试点示范项目。技术标准方面，自 2013 年开始，中国船级社、中国海事局颁布了一系列 LNG 动力船舶及加注站的标准规范，目前已基本覆盖我国 LNG 水上价值链各环节。财政补贴方面，财政部在 2014 年与 2015 年发布相应补贴政策，根据船舶功率大小对 LNG 动力船予以财政补助。

2014 年下半年开始，国际油价下跌，国内 LNG 动力船改造技术落后等诸多问题出现，LNG 动力船进展缓慢。截至 2017 年 8 月，我国内河已完工的 LNG 动力船 135 艘。由于改造技术落后，LNG 燃料经济性不足等问题，目前仅 30 艘左右的 LNG 动力船处于运营状态，其余改造船舶已不再使用 LNG 作为燃料[74]。

截至 2019 年年底，我国约有 LNG 燃料动力船舶 420 艘。按分布区域来看，内河 LNG 燃料动力船舶为 404 艘，沿海 LNG 燃料动力船舶为 16 艘。内河 LNG 燃料动力船舶分布在长江、京杭运河和西江，主要集中在长江下游的江苏和上海地区，江苏省和上海市

LNG 燃料动力船的保有量占全国的 40%；沿海 LNG 燃料动力船舶零星分布，尚不成规模。船型方面，我国 LNG 燃料动力船以工作船舶、客轮及干散货船舶为主，吨位多在 500～2000t 之间，加注量约为 3～5t/次。从动力类型来区分，应用柴油和 LNG 混合动力的船舶和纯 LNG 燃料的船舶各占 50%。此外，虽然国内 LNG 燃料动力船以改造船为起步，但目前新建数量略多于改造船舶[75]。

3.2 技术进展

3.2.1 天然气汽车

当前压缩天然气汽车技术应用较为普遍，加设车用压缩天然气转换系统，改装技术包括以下几个部分：其一，天然气系统。由高压接头、高压管线、天然气钢瓶、高压截止阀、充气阀、压力传感器、压力表、气量显示器等部分构成天然气系统；其二，燃气供给系统。由混合器、减压阀（三级组合式）、高压电磁阀等部分构成燃气供给系统；其三，由汽油电磁阀、点火时间转换器、三位油气转换开关构成燃气供给系统。

（1）天然气发动机

天然气发动机指仅使用天然气作为发动机燃料而不再用其他燃料的发动机。根据车用天然气的理化特性进行设计和优化单燃料车用天然气发动机的结构，通过增强缸内紊流、提高压缩比、调整点火参数等措施，充分满足天然气的燃烧要求从而获得更好的动力性、经济性及排放性。天然气发动机按其燃料供给系统可以分为缸内供气与缸外供气两种。天然气发动机的燃料供给与控制系统经历了混合器机械控制式、混合器机电控制式、电控单点喷射式、电控多点喷射式等阶段。

（2）天然气汽油两用燃料发动机

目前天然气汽油两用燃料发动机气体燃料供给形式分为缸外供气和缸内供气两类。缸外供气形式主要包括进气道混合器预混合供气和缸外进气道喷射供气；缸内供气形式主要分为缸内高压喷射供气和低压喷射供气[76]。

（3）天然气柴油双燃料发动机

天然气柴油双燃料发动机是指拥有天然气和柴油两套燃料供给系统，柴油和天然气两种燃料一起混合燃烧的天然气发动机，一般在压燃式发动机上应用。两个系统以一定比例同时供给天然气和柴油，天然气通过少量喷入的柴油压燃后引燃。双燃料天然气发动机气体燃料供气方式主要有两种，即缸内直接喷射和缸外供气。根据引燃柴油量的多少，双燃料天然气发动机还可分为常规双燃料天然气发动机和微引燃天然气发动机。

（4）天然气掺氢发动机

天然气具有良好的抗爆性，但其燃烧速率低（0.37m/s）、稀燃时燃烧不够稳定，降低了 CNG 发动机的性能。氢气的燃烧速率（2.7m/s）极高、热效率高且稀燃能力强。随着掺氢比的增加，燃气消耗率呈降低趋势，发动机的经济性得到明显的改善。随着过量空气系数的增大，发动机 NO_x 排放大幅减少，得到较优的排放性能。CO 和 HC 排放随着掺氢比的提高而下降；NO_x 排放在发动机高负荷运行时随着掺氢比的提高而增加，尤其是当掺氢比超过 20% 时更明显。掺氢比为 20% 时发动机的许多性能均达到最优。综合考虑发动机动力性和排放的影响，在增加氧化催化器后，发动机 NO_x、CH_4、CO 排放均减少，优于欧 V 排放水平；掺氢后可使发动机在更稀的情况下运行，通过修正点火提前角可以在较小地改变发动机动力性的前提下有效改善排放性能。增压稀燃和氧化型催化器相结合是天然气掺氢发动机节能减排的有效方案。

（5）液化天然气发动机

LNG 汽车与 CNG 的主要区别在于气瓶装置和减压（汽化）装置两点。一般 CNG 汽车高压气瓶采用 3mm 厚钢板制成，气瓶压力出厂检测是 35MPa，平时灌装 CNG 充填压力 20MPa，运营车辆气瓶每年都要按 35MPa 要求检测；LNG 钢瓶为双层真空结构。在车辆启动前，先将 LNG 钢瓶主安全阀门打开，液体通过气瓶自身压力释放到汽化器中，利用发动机冷却水来加热汽化器中的低温液体，因此，LNG 经过汽化器后吸收了发动机冷却液的热量，汽化为气态天然气，最后天然气与空气在混合器中混合。

3.2.2 天然气动力船舶

与燃油船舶不同，LNG 动力船舶的发动机类型多样，市面上有纯 LNG 气体发动机、LNG/柴油双燃料混合燃烧发动机、LNG/柴油双燃料发动机和 LNG-电力发动机（通过 LNG 发电，由电力驱动船舶航行）。目前国际上的主流发动机为 LNG/柴油双燃料发动机，即通过 1% 的柴油引燃，带动天然气燃烧制动，最终实现 LNG 替代 99% 的柴油燃料。国内发动机技术相对落后，普遍采用 LNG/柴油双燃料混合燃烧动力，发动机稳定运行时，LNG 与柴油的混合比例（质量比）为 70%：30%，即仅能替代 70% 的柴油燃料，船舶减排效果受到一定影响[74]。

2015 年，重庆港主城港区麻柳作业区 LNG 加注站投入运营，是长江上游第一个 LNG 码头，为国内首座岸基式船用 LNG 加气站。该加注站有 1 个 3000t 级兼顾 5000t 级加气泊位，配备 1 艘加气趸船，趸船尺寸为 75m×13m×1.2m；码头前沿总长度 240m，陆域高程 184m，陆域布置 LNG 储气罐，LNG 从陆路运输至码头罐区；设计年加气能力为 34300t，加气量 32000t；陆上储气量为 2000m³。

2020 年 4 月 9 日，大连中远海运重工建造的 28000m³ 液化天然气运输船"中技伟能环球"正式交付中技伟能 LNG 物流股份有限公司。船舶配备 3 个 C 型液货舱罐体，单灌最大容积为 10000m³，最大重量近 800t，是目前中国船厂建造的单舱最大 C 型 LNG 运输船。船舶满载 28000m³ 液态天然气，可供近 10 万户居民使用一年，船舶液货舱最低设计温度为－164℃，在业界素有"海上超级冷冻车"的美誉。船舶艏部配备可伸缩全回转侧推，即使在主机失去动力的情况下，也可维持 5 节航速航行，为船舶提供安全的动力保障；船舶采用双燃料主机驱动，配有甲板罐一个，可为双燃料主机供气，航行过程中主要使用 LNG 运输途中产生的蒸发气为燃料，不仅有效降低能源损失，还绿色环保，不产生有毒有害气体，减少环境污染；液货舱舱顶设计压力高达 0.365MPa，可在不消耗 LNG 蒸发气的情况下，连续承压一个月；液货系统还配有强制蒸发器，可主动蒸发 LNG 作为燃料输送，以确保随时能为主机提供充足的燃气。

3.3 技术文件

3.3.1 行业主管部门规范性文件

序号	文件名称	文号
1	《天然气发展"十三五"规划》	发改能〔2016〕2743 号
2	《节能与新能源汽车产业发展规划》	国发〔2012〕22 号
3	《国务院办公厅关于加强内燃机工业节能减排意见》	国办发〔2013〕12 号

序号	文件名称	文号
4	《加快推进绿色循环低碳交通运输发展指导意见》	交政法发〔2013〕323 号
5	《公路水路交通运输主要技术政策》	交科技发〔2014〕165 号
6	《交通运输节能环保"十三五"发展规划》	交规划发〔2016〕94 号
7	《"十三五"节能减排综合工作方案》	国发〔2016〕74 号
8	《天然气利用政策》	发改委令第 15 号
9	《能源发展战略行动计划(2014～2020 年)》	国办发〔2014〕31 号
10	《汽车产业发展政策》	发改委令第 8 号
11	《船舶与港口污染防治专项行动实施方案(2015～2020 年)》	交水发〔2015〕133 号
12	《加快推进长江等内河水运发展行动方案(2013～2020 年)》	交水发〔2013〕536 号
13	《关于推进水运行业应用液化天然气的指导意见》	交水发〔2013〕625 号
14	《关于推进长江航运科学发展的若干意见》	交政研发〔2015〕199 号

3.3.2 技术标准

序号	标准名称	标准号
1	《压缩天然气汽车燃料系统碰撞安全要求》	GB/T 26780—2011
2	《压缩天然气汽车维护技术规范》	GB/T 27876—2011
3	《压缩天然气汽车燃料消耗量试验方法》	GB/T 29125—2012
4	《车用压缩天然气》	GB 18047—2017
5	《汽车用压缩天然气钢瓶》	GB/T 17258—2011
6	《汽车用压缩天然气钢瓶定期检验与评定》	GB 19533—2004
7	《车用压缩天然气钢质内胆环向缠绕气瓶》	GB 24160—2009
8	《车用煤制合成天然气》	GB/T 37178—2018
9	《汽车用压缩天然气电磁阀》	QC/T 674—2007
10	《压缩天然气汽车燃气系统技术条件》	QC/T 245—2017
11	《汽油/天然气两用燃料发动机技术条件》	QC/T 692—2011
12	《压缩天然气汽车高压管路》	QC/T 746—2006
13	《天然气公共汽车配置要求》	JT/T 1204—2018
14	《液化天然气汽车技术条件》	GB/T 36883—2018
15	《汽车用液化天然气气瓶》	GB/T 34510—2017
16	《液化天然气(LNG)汽车专用装置技术条件》	QC/T 755—2006
17	《船舶液化天然气加注站设计标准》	GB/T 51312—2018
18	《船用柴油天然气双燃料发动机技术条件》	GB/T 36658—2018
19	《船用液化天然气燃料储罐》	CB/T 4453—2016
20	《液化天然气船对船输送操作规程》	SY/T 7029—2016
21	《液化天然气设备与安装 船用输送系统的设计与测试 第1部分:输送臂的设计与测试》	SY/T 6986.1—2014

序号	标准名称	标准号
22	《液化天然气设备与安装 船用输送系统的设计与测试 第2部分:输送软管的设计与测试》	SY/T 6986.2—2016
23	《液化天然气设备与安装 船用输送系统的设计与测试 第3部分:海上输送系统》	SY/T 6986.3—2016

4 燃气能源综合利用

4.1 发展概述

能源是社会和经济发展的动力和基础。城镇燃气是现代人类生活和工业生产的一种重要能源,也是城市基础设施建设的重要组成部分。加快天然气产业发展,提高天然气在一次能源消费中的比重,是我国建设清洁低碳、安全高效的现代能源体系的必由之路,也是化解环境约束、改善大气质量,实现绿色低碳发展的有效途径,同时对推动节能减排、稳增长、惠民生、促发展具有重要意义。

目前燃气能源综合利用技术主要包括天然气冷热电联产及分布式能源技术、多能源耦合供能技术、天然气管网压力能和LNG冷能利用技术等。这些燃气综合利用技术不仅能够高效率地利用燃气燃烧释放的热能,还能回收利用燃气本身所具有的物理能,包括压力能和冷能等。

4.1.1 天然气冷热电联产及分布式能源

天然气冷热电联产及分布式能源技术中输出形式包括冷能、热能和电能,其中电能一般为主要能源输出形式,而冷能与热能通过余热回收技术,吸收发电设备的高温热能得到。冷能输出的关键技术即为余热驱动制冷技术,较为成熟的是吸收式制冷技术,尤其是溴化锂吸收式机组。此外,热泵技术是目前发展最为成熟、使用最为广泛的利用余热输出热能的技术,同时吸收式热泵技术也是冷热电联产技术中较多采用的技术。冷热电联产技术可广泛地应用于同时需要电力、冷能与热能的场所,此外还可应用在深井热害治理、焦化厂等,通过充分利用工业余热,提高系统整体能源利用率。天然气分布式能源技术既可以提高传统能源利用率,又能充分利用各种可再生能源,蓄能技术的发展可优化分布式能源结构,进一步提升其运行效率。随着信息系统和能源系统的不断交互,使得分布式能源站的信息安全问题逐渐凸显,信息安全防护技术引起能源行业的高度关注,相关技术正逐步开展。

4.1.2 能源耦合供能技术

为了增加可再生能源在城镇能源的应用比例、优化能源结构、降低燃气消费、控制城镇用气过程碳排放,保护环境实现绿色可持续发展,多能源耦合供能技术已经获得了快速的发展。系统由多种能源形式组合得到,为实现资源的高效利用,需对系统进行优化设计与运行控制技术的研究,一般以年运行费用为目标函数进行优化,根据机组特性进行机组运行与控制的设定,最后可从热力性、环保性和经济性三方面对系统实际运行情况进行评价。在多能互补供能系统设计前,需要先确认供能区域的各类负荷需求与现有能源形式,可通过数学模型建立多元负荷预测模型,分析与规划能源形式,以构建多能互补供能系统,在运行与管理过程中通过对能源的生产、转换、调度、传输、存储及消费等环境进行智能化优化协调，形成智慧能源管控技术，使得多能源耦合供能技术可以在系统高度上按照不同能源品位的高低进行综合互补利用，并统筹安排好各种能量之间的配合关系与转换使用，以取得最合理能源利用效果与效益。

4.1.3 天然气压力能及LNG冷能利用

（1）在城市高压门站调压的过程中，会释放出大量的高品位压力能。如何合理高效地回收高压天然气中的压力能，已经在城镇燃气领域获得了广泛的关注和研究。天然气压力能利用通常有两种方式，一种是采用透平膨胀机取代常规的调压器将膨胀功转化为机械能；二是通过换热器回收天然气在膨胀过程中所释放的冷能，前者主要用于将压力能转化为电能，后者则把释放的冷能用于制冰、冷库以及空调等。天然气压力能的回收利用有利于提高能源利用效率，较少资源浪费，对于提高天然气管网的经济性具有重大意义。

（2）LNG除了可以作为清洁燃料为工业生产和居民生活提供热能，其本身所携带的高品位冷能也是极为优质的能源，在升温气化的过程中大约可以释放830kJ/kg的冷能。随着我国LNG进口量逐年快速增加，可利用的LNG冷能量将愈发可观。高品质的冷能使得LNG冷能回收利用技术的前景非常广阔，包括冷能发电、空气分离、低温粉碎、蓄冷业和LNG轻烃回收。若能合理、充分地利用LNG气化过程中释放的冷能，将实现节能减排、提高经济效益的目标，且有利于支持我国LNG产业持续健康发展。

4.2 技术进展

4.2.1 冷热电联产及分布式能源

1）天然气冷热电联产系统设备及余热利用技术

天然气冷热电联产系统由动力系统、制冷系统、供热系统和控制系统4部分组成。动力系统处于联供系统的上游，通常根据动力系统确定整个系统所采用的集成技术，且其排放的热量给余热利用系统进行梯级利用，可选择的动力技术主要有燃气轮机、内燃机、燃料电池等。随着冷热电联供系统的不断发展，制冷机与热泵成为系统中不可或缺的重要构成，也是改善系统综合利用效率的重要手段[77—79]。冷热电联产系统输出能的形式中包括冷量，其采用的关键技术即为余热驱动制冷技术，该技术主要包括吸收式制冷技术和吸附式制冷技术。目前，吸收式制冷技术已经较为成熟，在冷热电联产系统中得到广泛的应用，尤其是溴化锂吸收式机组，而吸附式制冷技术的应用较少。

（1）溴化锂吸收式制冷技术

水/溴化锂作为吸收式制冷中使用最为广泛的质对，利用蒸发热较高的水做制冷机，具有良好的系统性能和环境友好性，但系统运行存在腐蚀、结晶等问题，同时溴化锂吸收式制冷系统的性能可进一步提升。为解决腐蚀与结晶问题，近年来国内外学者对此进行了大量的理论与试验研究，通过向 $H_2O/LiBr$ 溶液中添加醇类物质、盐混合物、离子液体、纳米颗粒等方式增加溶液表面张力，可有效改善 $H_2O/LiBr$ 工质对存在的缺点，提升系统性能；现有技术通过改善吸收器、发生器等关键部件来提升系统性能，开发多种吸收器与发生器，如降膜吸收器、喷雾吸收器、膜吸收器、降膜发生器、膜发生器等，能够有效增强其传热传质性能；现有研究中，模拟分析了单效、半效、双效和三效循环的溴化锂吸收式系统，结果表明，三效吸收式系统的COP是单效系统的近3倍，此系统需要的驱动热源温度较高，半效系统的最大㶲效率最低，其次是单效系统，双效和三效系统最高[80—82]。

（2）余热利用技术

余热利用技术可分为同级利用和升级利用，同级利用主要是向能级相近的用户供热，而升级利用主要有热泵/制冷技术、热管、变热器、余热发电技术、热声装置等技术手段。其中热泵技术是目前发展最为成熟、使用最为广泛的余热升级利用技术，同时吸收式热泵技术也是冷热电联产技术中采用的技术。冷热电联产系统要实现供电、供冷和供热功能，必须配置发电机组、制冷机组和制热机组。采用以溴化锂吸收式热泵技术为基础的各种蒸汽、热水、烟气驱动的吸收式冷热水机组代替空调系统的冷热源，与冷热电联产技术相结合，回收利用余热，可以提高能源利用率，达到节约能源、降低成本的目的。以氨水溶液为工质的吸收式热泵的热效率比以水为工质的传统吸收式热泵提高了32%；现有技术中以氨水为工质的三级压力动力循环系统能够进一步提高吸收式热泵的效率，当余热利用温度在130～190℃时，可回收热量约21.6%；另外通过研究吸收式热泵的表面活性剂、强化管、吸收机制等技术来提升热泵的热效率，拓宽热泵的低温热源范围[83,84]。

（3）冷热电联产技术的应用

冷热电联产技术基本上可以应用于同时具有电力和空调需求的所有场合，如工厂、旅馆酒店、医院等，但限于设备投资费用和系统运行的经济性，系统中的电负荷及空调负荷具有一定的规模时采用冷热电联产系统才比较经济合理。我国北方地区冬季供暖期电网调峰能力存在不足的情况，可通过热电联产机组进行调峰，现有技术中利用等效热降理论建立热电联产机组数学模型，以实验的方法改变新蒸汽参数，在相应的供热负荷下确定机组的供电负荷可调整范围，此方法在实际电网中得到了应用，大大提高了电网运行的稳定性，降低整体电网能耗水平[85]；冷热电联产技术可应用在深井热害治理[86,87]中，在瓦斯浓度高的高瓦斯热害矿井中，利用瓦斯作为燃料，以发电机组发展，利用其余热作为风力，驱动吸收式制冷系统，为井下制冷降温，同时利用余热锅炉吸收发电机组余热，制取蒸汽和热水供给用户取暖，此技术实现了对瓦斯和地热灾害的同时治理，降低了制冷成本，工作面温度最高降低了5℃，湿度降低了20%，极大地改善了工人的作业环境；冷热电联产技术也可应用于焦化厂[88]，充分利用裕量煤气，在实现最大发电量的情况下，满足焦化生产蒸汽的需求，夏季生产用剩余蒸汽通过溴化锂冷水机组提供冷却量，形成能源转换最大收益；此外冷热电联产技术还可以用于水泥窑筒体、玻璃工厂等地，可以充分利用工业余热，提高系统整体能源利用率。

2）天然气冷热电联产主要发电设备及应用技术

天然气冷热电联产系统中根据发电机组不同可以分为三类：以蒸汽轮机为发电机组的冷热电联供系统、以燃气轮机和蒸汽轮机为发电机组的冷热电联供系统和以燃气轮机发电机组（包括微型燃气轮机）、内燃机发电机组、外燃机发电机组或燃料电池为主的冷热电联产系统，其中外燃机发电机组和燃料电池尚未实现产业化应用。以燃气内燃机和燃气轮机发电的联供系统应用相对较多，综合效率也较高，技术比较成熟，运行比较稳定。

太阳能与燃气轮机联合互补技术是当前天然气冷热电联产应用的热门技术[89—91]。近年来为提高燃气发电效率，充分利用可再生能源，大量太阳能-燃气轮机联合运行的系统研究应运而生。针对太阳能热发电成本较高、能量利用率低的问题，开发太阳能与燃气轮机联合循环互补系统，从能量等级匹配角度出发，优化了系统集成方式和能量转化的关键过程，即当太阳能发生变工况时，优化太阳能集热场给水份额，将中低温太阳热能与给水蒸发过程进行耦合，改善余热锅炉的换热性能，增加底部朗肯循环的工质流量，提升了中低温太阳热能品位，实现高效热功转化。此外还可以采用分级式太阳能与燃气轮机联合循环互补技术，根据不同类型的太阳能集热装置的集热特性，利用集热温度不同的直接蒸汽发生系统太阳能集热器和真空管式集热器分别取代余热锅炉各个压力等级的蒸发器，构建出两级式太阳能与燃气轮机联合循环互补系统，提高了太阳能的做功能力，降低过程的不可逆损失，实现其与常规联合循环发电系统的梯级互补。

3）天然气分布式能源技术

天然气分布式能源是一种分布在用户端的能源供应系统，就近满足用户的能源需求，是一种位于用户侧，并立足于现有能源-资源配置条件和成熟的技术组合，是不同领域新技术革命的整合，建立在信息通信技术、智能控制技术等基础上，具有低污染排放，灵活方便，高可靠性和高效率的能量生产系统。截至 2015 年年底，我国天然气分布式能源项目已经增加至 288 项，总装机容量为 1112 万 kW，其中楼宇式 133 项，装机容量约 23 万 kW，区域式 155 项，装机容量约 1089 万 kW。

（1）蓄能技术

分布式能源系统具有能源利用率高等优点，在国内外得到了快速的发展，但是仍存在设计容量偏大、运行效率降低、耦合可再生能源系统安全性差等问题[92,93]。为了解决上述问题，储能技术被应用于分布式能源系统，并得到广泛的应用。储能技术包括储热技术、储冷技术和储电技术。储热技术有显热储热技术、潜热储热技术和化学反应储热技术三种。目前储热方式的选择是以潜热储能和显热储能为主，潜热储能的储能密度大，但成本太高；显热材料成本低、环保，但是储能密度与储能效率都比较低。蓄冷技术主要分为水蓄冷技术、冰蓄冷技术、共晶盐蓄冷技术和气体水合物蓄冷技术。冰蓄冷空调系统目前是最受欢迎的蓄冷方式。冰蓄冷系统的应用在分布式能源系统中尤为常见，特别是楼宇型分布式能源系统中。目前，蓄电方式通常分为物理储能、电化学储能和电磁储能，各种储电技术在技术成熟度、功率能量密度、产业化进程、应用领域等方面都存在差异。分布式能源系统的合理利用是实现节能减排的重要措施之一，具有诸多社会效益和经济效益，是电网发展的必然趋势。储能系统在分布式能源体系中的作用也逐渐体现，不单单是简单接入作为辅助工具，而是承担了重要的任务。储能技术能够提高电网对新能源的接纳能力、调峰调频、平滑波动、输出优质电能，在我国大力发展分布式能源的大环境下，应用市场潜力巨大。

（2）信息安全防护技术

随着能源互联网的发展，分布式能源站发挥了可靠、高效、环保和经济的巨大优势。由于能源互联网具有极大的开放性和互联性，在数据采集和通信等方面可能存在一些潜在的安全漏洞，引发信息安全问题。分布式能源站控制系统的信息安全问题较为复杂，可分域和分层采取较为成熟的安全防护措施，以提高控制系统的整体信息安全防御能力。现有技术可通过增加白名单安全机制、工控防火墙等防护类安全组件及漏洞扫描软件、安全监测审计系统等检测类安全组件的方式提高分布式能源站信息的安全性，另外还可以构建分布式能源站安全平台，集成工业防火墙、可信网关、安全卫士、白名单、审计监测终端、漏洞挖掘系统、统一安全管理中心等于一体的控制系统信息安全防护平台，部署统一的安全管理中心，实现网络中部署的安全产品以及安全事件等统一管理[94]。

4.2.2　多能耦合

1）燃气与可再生能源耦合供能技术

（1）系统优化配置技术

基于燃气的多能互补供热系统是由两种及以上能源组成，系统并非能源的简单叠加，当一种能源供给不足时就投入另一种能源，应充分利用各自能源的特性。设备选型是联合供热系统应用首先需要解决的问题，而系统各供热单元的优化配置更是制约系统推广与应用的重要因素。充分考虑气候因素、燃气价格、电价等对设备容量选型的影响，通过优化能源系统的配置，提高系统的能源利用率，降低系统整体费用。燃气与可再生能源耦合供能系统的主要应用形式为基于燃气的多能源冷热电联供系统，优化配置技术一般通过建立系统全年的逐时电、冷、热能量平衡方程以及系统中各设备的能量转化模型，提出冷热电联供系统的优化目标，计算多能源冷热电联供系统和天然气冷热电联供系统的最优设备容量[95,96]。

（2）系统运行与控制技术

燃气与可再生能源耦合供能系统的运行与控制技术可通过协调各种能源利用系统的特异性，使其相互配合，降低或消除能源供应环节的不稳定性，提高能源利用率。多种能源联合供能系统的运行与控制技术较为复杂，需要同时考虑供应冷、热、电能多种能量，且需考虑室外环境条件、各能源负荷需求、供能设备运行性能等多种因素，在满足用户需求且系统运行能效较高的条件下，确定各设备的运行情况。系统运行与控制技术一般可通过研究机组运行特性，确定机组的调度限制范围，并选定典型日负荷曲线对多能互补系统进行调度计算，获得实时负荷分配结果，同时通过对同一负荷下不同机组运行组合方式的研究，获得该负荷下最优的运行组合方式[97,98]。

（3）系统性能评价技术

多种能源互补的联合供能系统设备较为复杂，且输出能量形式多且不统一，设备各项评价指标影响因素众多，导致其性能评价方法较难统一，严重制约着其标准化与规范化的发展。在对内燃机为动力机的冷热电三联供系统性能评价中，可从热力性、环保性和经济性三方面进行评价，可突出此供能系统具有提高能源利用率、减少 CO_2 的排放和提高系统经济性等优势；对微型燃气轮机热电联供系统的性能进行评价，可用发电供热性能、排放特性及微燃机在不同热回收条件下的运行性能等指标评价微型燃气轮机供能系统；对太阳能与天然气联合供能系统的性能评价，可通过建立系统热力学参数计算模型，基于矩阵模式的热经济学理论，进行系统在整个生命周期内的热经济学分析等[99—101]。

2）多能互补供能技术

（1）负荷预测与分析技术

供能区域冷、热、电、气、水等负荷种类与容量的需求是供能系统设计的基础，以确定系统各类设备容量配置，保障系统安全、经济运行。供能区域的负荷预测需要兼顾考虑电、气、冷、热等类型负荷及其相互耦合，且受到经济、气候、建筑布局、人口密度等多种因素的影响，其预测难度远超单一形式能源系统的预测，且负荷预测结果的准确性直接关系到供能系统规划与运行的合理性。负荷预测与分析技术可通过基于深度结构多任务学习、小波聚类的配变短期负荷预测方法等理论知识[102,103]，通过设置天气、历史、经济数据等输入信息，采用多权重的平均精度作为评价指标，建立电、热、气多元负荷预测模型。

（2）多能互补能源的分析与规划

多能互补系统在供能端和用能端存在多种不同能流系统的耦合，为实现多能耦合与协调，多能互补系统多能流分析模型应以电力分析为核心，以能源结构优化为基础，综合考虑不同形式的能源，同时兼顾不同能源的质量品质[104—106]。基于多能流耦合矩阵，建立多能互补能源系统为核心的优化规模模型，达到整体配置最优。多能互补能源的分析规划可通过建立包含供冷、供热、电力及天然气系统方程的多能流计算模型，构建基于通用能量母线模型的综合能源耦合环节数学表达形式，最后采用牛顿拉夫逊法对计算模型进行解耦求解，确定冷、热、电系统平衡节点的设置与对应的计算条件，结合各负荷及间歇性能源的概率模型，确定系统概率多能流计算模型，最后可通过算例验证所提方法的有效性[107,108]。

（3）智能型能源管控技术

智能型能源管控技术是通过对多能互补供能区域范围内能源生产、转换、调度、传输、存储及消费等环节进行智能化优化协调，经过分析规划、运行控制等过程，形成能源的产、供、消联动一体的智慧能源的管控技术。目前，针对多能互补系统的控制策略尚属于初级阶段，相比电力调度而言，多能互补系统的冷、热等能源的调度存在一定的滞后性，增加了多能源形式协同调度的难度。针对多能互补系统不同能源形式多时间和空间尺度的协同调度策略，将需进一步重点研究。智能型能源管控技术可通过分析区域智慧能源管控平台的物理架构、功能需求，指出智慧能源管控平台中的关键技术，提出了分布式协同控制、能量优化调度管理、能量转化控制等方式，在综合能源管理系统架构和功能的基础上，建立日经济优化调度模型，并确定最优调度运行结果[109—112]。

4.2.3 天然气压力能利用

1）天然气压力能发电技术

（1）开发系统工艺

尽管天然气压力能发电技术的原理较为简单，但是不同系统工艺之间有着较为明显的差异。利用天然气膨胀机输出功驱动同轴发电机发电的工艺，一般在天然气膨胀前先将其预热，以保证天然气膨胀后的温度在0℃以上，防止天然气中的水汽凝结。不利用天然气膨胀功的工艺，将膨胀后的低温天然气冷量用于燃气轮机进气冷却，被冷却的空气温度降低，在压比不变的情况下减少压缩机的功耗，提高燃气轮机效率，同时省去发电厂传统的燃气轮机机组冷却设备。为了进一步提高压力能的利用效率，将上述两种工艺进行融合，在利用膨胀机做功的同时也利用膨胀后天然气的冷量[113,120—123]。此外，新型燃气—蒸汽联合循环系统则是先回收膨胀功，再利用膨胀后低温天然气冷却进入压气机的空气，继而进入凝汽器，进一步吸收蒸汽轮机排气热量，最终经过排烟预热回收器后，进入燃烧室。虽然此系统工艺较为复杂，但是通过膨胀机膨胀、进气冷却、提高凝汽器真空度、排烟余热回收等流程，可提高循环效率和能源的综合利用率，最大限度地回收了管网压力能。

（2）发电设备研发

天然气管网压力能发电主要通过气体膨胀发电装置实现，包括膨胀降压转动部件、发电和联动部件。常见的膨胀降压转动部件有透平膨胀机、螺杆膨胀机、活塞膨胀机、转子膨胀机以及流体电机。透平膨胀机是比较常用的膨胀发电机，有着较高的等熵效率，但是其内部结构复杂，对工质的要求较高，制造成本也较高。转子膨胀机相较于其他膨胀机更具应用优势，具有较低的转速，等熵效率与透平膨胀机接近，膨胀比区间范围广，可实现多级膨胀，内部结构更加简单，工质包容性好，可靠性好。尽前述设备在其他行业或者场合应用广泛，但是由于天然气易燃易爆的特性，使得其在天然气膨胀发电领域存在特殊要求和技术难度，比如零泄漏、寿命、性价比等。在进行设备选型时，需要参考压力等级、膨胀比、发电规模、成本造价、操作条件、工艺驳接、使用寿命等因素进行合理比选，确定最终工艺设备方案。

2）天然气压力能供冷技术

膨胀后的天然气具有较低的温度，采用冷能回收利用技术，获得的冷量既可以用于制冰、空调和冷库等产业[114]，又能够用于制取液化天然气和天然气水合物，以实现安全存储和调峰的目的。相较于直接用冷制冰、空调和冷库等应用方式，压力能制冷用于生产 LNG 和天然气水合物的工艺流程更为复杂。在城镇燃气门站，回收管网压力能的天然气液化流程工艺，通常有两种类型，一种是带有膨胀机，将产生的膨胀功用于驱动压缩机等耗能部件，另一种是采用涡流管设备，利用压缩气体旋转时产生的涡流效应，将压缩气体分为高温和低温两股气流，收集后分别进行低温冷却，以获得液化天然气。此外，一种是采用气波制冷机进行低温制冷工艺，利用气体的压力能产生激波和膨胀波使气体降温，气波制冷机与制冷工艺中的透平膨胀机、节流阀作用一样，靠气体的等熵膨胀过程获得低温，与膨胀机不同之处在于，它是以气波（激波、膨胀波）为主要工作元件的设备。

4.2.4　LNG 冷能利用技术

较为常见的 LNG 冷能利用方式分类包括直接利用和间接利用两种，直接利用包括低温空气液化分离、冷能发电、轻烃分离、空调冷库制冷、制液化 CO_2 和干冰[115,116]；间接利用主要指利用冷能空分生产的液氧或者液氮来进行产品加工，主要有低温破碎、冷冻干燥、冷冻食品、淡水加工、水和污染物处理等[117,118]。

1）直接利用技术

（1）空气分离技术

采用 LNG 预冷的空气分离系统与常规空气分离系统相比可显著降低耗电量。现阶段对于 LNG 冷能空气分离技术的研究多集中于工艺流程的优化，目的在于进一步降低能耗，提高系统效率。常用的研究方法是采用流程模拟分析软件对多种不同工艺流程进行分析，通过对比性能的优劣，提出满足一定条件下的最优工艺流程[119]。如采用流程模拟软件研究双级精馏塔空气分离的优化工艺流程，将一级精馏塔预冷分离富氧液空，二级精馏塔分离液氮，可显著降低单位质量产品能耗；采用三塔空分流程工艺的系统，分为空气压缩与净化、空气冷却、精馏和 LNG 冷能利用 4 部分，既可以生产高纯度液氧、液氮，也能够根据具体需求生产低成本的高压氧气。除理论研究外，目前国内已经完成了 LNG 冷能用于空气分离项目的建设。

（2）LNG 冷能发电技术

传统的 LNG 冷能发电技术分为直接膨胀法和二次媒介法，前者直接利用 LNG 在气化过程中因体积变化所产生的压力能，后者则是采用 LNG 冷却中间介质，利用中间介质受热膨胀做功发电。二次媒介法的冷能利用效率虽高于直接膨胀法，但由于中间介质的冷凝温度与液化天然气温度之间存在一定的温度差，因此该方法的冷能回收效率必然受到限制。提高二次媒介法效率的关键是选择合适的中间介质，由于液化天然气是多组分的混合物，沸程宽，要提高效率，使液化天然气的汽化曲线与中间介质的凝结曲线尽可能保持一致是十分重要的。工作介质可以是甲烷、乙烷、丙烷等单组分，或者是他们的混合物。相对于单一介质形式，混合介质提供了更大范围的冷能，拥有更高的冷能利用效率。但在实际的使用过程中，因混合介质配比受天然气组成影响较大，工作状态不稳定性，严重影响实际的使用效果。与利用膨胀功发电技术相比，低温半导体温差发电技术更具有新颖性，在LNG热管的内外两面粘贴半导体温差发电片，并对半导体中的发热片进行密封处理，工作时LNG和水分别通过换热管内部和外部，形成内外温差，进而产生直流电。

（3）LNG冷能轻烃分离技术

LNG的分离工艺有直接换热、涡流管技术、轻油回流、膜分离等。直接换热工艺将原料气进行膨胀制冷，然后将制冷后的原料与脱乙烷塔塔顶的气体同时引入换热器进行热交换，使脱乙烷塔塔顶的气体降温冷凝，再把降温后的气体送入直接接触塔塔顶；涡流管技术利用气体通过涡流管在降压过程中分为冷热两股流，为LNG组分的分离提供了冷量，在相同条件下气流经过涡流管温度比通过节流阀封更低。评价LNG冷能利用过程工艺的指标主要包括冷量㶲效率、能利用效率、单位产品功耗三个方面。其中建立的㶲分析模型中除了㶲效率，还要包括有热力学完善度、㶲损系数和㶲损率等关键参数。

（4）冷库空调制冷系统

冷库利用LNG冷能，无需使用制冷机，降低了系统造价及运行费用，但即使超低温冷库也只需维持在$-65 \sim -50$℃，与LNG本身的温度有较大的差距，因此为了有效利用LNG冷能，可以将-60℃左右的低温冻结库、-35℃左右的冷冻库、0℃以下的冷藏库以及$0 \sim 10$℃的果蔬预冷库等按温度梯度作为串联系统，使LNG冷能得到系统化应用。回收LNG的冷量并输送至冷库的中间冷媒需要满足一定的要求，其凝固点温度既要高于LNG温度，也要避免爆炸、有毒以及污染环境等特点。为了协调LNG的燃气供应负荷与冷能供应负荷之间的不平衡，采用蓄冷介质将LNG冷量储存起来，在供冷高峰期进行逐步释放，工艺操作弹性好，LNG冷能利用率高，可保证空调供冷的稳定性。

2）间接利用技术

（1）低温深冷粉碎技术

常规冷冻技术进行低温粉碎废旧物品能耗高，利用LNG冷能进行低温深冷粉碎，可减少电制冷产生的能耗。低温粉碎技术主要有以下三种形式：将原料投入到冷却器中予以降温冷冻后送入常温状态的粉碎机中进行粉碎；将常温状态的原料投入有冷却剂的低温粉碎机中进行粉碎；将原料置于冷却剂中降温，同时粉碎机内也保持适当的低温，使原料在预冷和粉碎的过程中一直处于低温状态。利用N_2作为循环工质，与低温LNG进行换热的改善了传统流程存在的颗粒细粉污染问题，减少了低温粉碎颗粒工艺流程的步骤。中国海油深冷精细胶粉项目以废旧轮胎为生产原料，以液态空气分离产品为依托，通过采用深冷低温粉碎法生产$80 \sim 200$目高附加值的精细胶粉，填补了国内高端精细胶粉技术空白。

（2）海水淡化技术

LNG冷能利用海水淡化技术采用冷冻法，利用海水结冰将盐分排除在冰晶外，再通过对冰晶洗涤、分离、融化后得到淡水，与膜分离法和热蒸发法等常规淡化方法相比，冷冻法的能耗极低，且冷冻法是在低温条件下操作，海水对设备的腐蚀轻、结垢少。LNG

冷能冷冻海水淡化过程中冷却液温度、冻结时间、过冷、洗涤方式等对淡水产量和水质具有较大的影响，通过研究冷媒压力、冷媒流量、LNG 压力、LNG 流量及海水流量等主要参数对系统工艺流程的影响，确定最优工艺参数，提高冷能回收利用效率和系统总体的经济效益。不足之处在于 LNG 冷能海水淡化目前主要停留在理论和实验研究阶段，工业化应用经验不足。

（3）LNG 冷能梯级利用技术

LNG 冷能的综合梯级利用是将不同的冷能利用项目按温度逐级升高的顺序进行合理连接，相邻项目之间的温差越小，系统的㶲损越小。仅采用单一的 LNG 冷能利用方式时，无论是冷能发电、空气分离、海水淡化等均无法高效地利用 LNG 的冷能，能量损失较大。需要将上述各种方法相互交叉集成，使 LNG 的冷量得到梯级利用，可以提高冷量的利用效率，实现 LNG 冷能的最大化利用。目前提出的梯级利用方案较多，有空气分离-干冰制取-低温冷库的三级利用方案，半导体温差发电-电解水制氢的两级利用方案，半导体温差发电和动力装置相结合的利用方案。此外，LNG 冷能循环利用方案，即将 LNG 冷能用于空分，将得到的液氮部分运回气田用于生产 LNG、气田回注或排空。

4.3 技术文件

4.3.1 行业主管部门规范性文件

序号	文件名称	文号
1	《热电联产管理办法》	2016 年修订
2	《电力规划管理办法》	2016 年修订
3	《能源标准化管理办法》	2019 年修订
4	《石油天然气规划管理办法》	2019 年修订

4.3.2 相关标准

序号	标准名称	标准号
1	《燃气冷热电联供工程技术规范》	GB 51131—2016
2	《热电联产系统用于规划、评估和采购的技术说明》	GB/T 32797—2016
3	《热电联产单位产品消耗限额》	GB 35574—2017
4	《节能评估技术导则 热电联产项目》	GB/T 33857—2017
5	《分布式冷热电能源系统的节能率 第1部分:化石能源驱动系统》	GB/T 33757.1—2017
6	《分布式冷热电能源系统技术条件 第1部分:供冷和供热单元》	GB/T 36160.1—2018
7	《分布式冷热电能源系统技术条件 第2部分:动力单元》	GB/T 36160.2—2018
8	《多能源互补微电网通用技术要求》	DB 44/T 1509—2014
9	《多能互补热源系统》	T/CECS 10077—2019
10	《带辅助能源的住宅燃气采暖热水器具》	GB/T 38350—2019
11	《燃气锅炉间壁式烟气余热回收利用技术规范》	DB 65/T 4242—2019

5　燃气应用节能减排技术

为应对气候变化，减少化石能源的消耗，降低污染物的排放，国家"十一五"期间就提出了节能减排的政策。2017年1月，国务院印发了《"十三五"节能减排综合工作方案》，提出要推动能源结构优化，推进"煤改气""煤改电"，鼓励利用可再生能源、天然气、电力等优质能源替代燃煤使用，到2020年天然气消费比重提高到10%左右，并提出"十三五"主要行业和部门的节能指标，其中终端用能设备中二级以上能效的家用燃气热水器市场占有率到2020年要达到98%。节能环保政策文件的发布与实施，极大提高了燃气应用终端设备的能效与排放要求，为燃气应用领域带来了巨大的挑战。

为了适应越来越严格的能效与排放标准，燃气应用领域投入大量的人力、物力与财力，开展节能技术与减排技术的研究，并初步取得一定成效。

5.1　高效节能技术

为提高燃气应用终端设备的能源利用效率，可从使燃气充分燃烧、极大释放燃烧化学热和回收高温烟气热能两方面入手，即开展燃烧节能技术与余热回收利用技术的研究。

5.1.1　高效燃烧节能技术

在民用和商用燃气具中主要采用全预混燃烧技术，将燃气和足够的空气在进入燃烧器之前进行充分的预混合，在燃烧的过程中无需再补给空气，可根据热需求或热负荷，风机转速调整空气进风量，燃气进气量则随着进风量的变化而变化，以保证精确的空燃比，使燃气充分燃烧，保证最佳燃烧工况，提高燃烧效率。涉及的相关技术有鼓风全预混式燃烧技术、红外燃烧技术和聚能燃烧技术等[124—127]。在工业上通过使燃烧状态达到富氧或全氧的状态实现节能。含氧量大于20.93%的空气为富氧空气，富氧空气参与燃烧给燃烧提供了足够的氧气，使可燃物充分燃烧，减少了固体不完全燃烧的排放，减少了氮和其他惰性气体随烟气带走的热能，将具有明显的节能和环保效应，膜法富氧技术是近年发展的非常适合各种锅炉、窑炉做助燃用途的高新技术。当氧气的浓度达到90%以上，即利用氧气纯度大于90%的氧气代替空气与燃料进行燃烧，可实现全氧燃烧，目前主要的纯氧助燃技术在玻璃生产行业有浮法玻璃熔窑中俗称的0号小炉纯氧助燃技术、玻璃熔窑梯度增氧纯氧助燃技术、玻璃熔窑增设全氧喷枪纯氧助燃技术等。全氧燃烧技术在世界燃烧工艺上还没有大范围应用推广，目前仅在玻璃行业生产过程中有一些应用[128—131]。

5.1.2　烟气余热回收技术

在民用燃气具中余热回收可以通过低氮冷凝技术实现，通过热媒水与排放的高温烟气的热交换，预热回水，使其充分吸收烟气中的显热及水蒸气凝结后的潜热，降低能耗，以天然气低热值进行计算，冷凝式燃气具热效率可超过100%。据调查工业能耗占我国总能耗的70%以上，其中50%以上的部分都转化为工业余热，为提高燃气利用的效率，应大力开展工业锅炉余热回收利用技术。国内外针对工业燃气燃烧的烟气余热回收利用技术的研究已经有很多，比较成熟和有效的是加装烟气节能器。其中，烟气余热深度回收利用技术主要有烟气冷凝换热器技术和吸收式热泵机组技术。烟气冷凝换热器技术是在排烟管道上设置烟气节能器，通过换热设备将烟气中的热能通过换热器直接传递给一次回水，降低一次能源的消耗量来提高锅炉的热效率；吸收式热泵机组以燃气为驱动热源，燃气燃烧排放的烟气和吸收式热泵运行排放的烟气混合后，进入烟气冷凝换热器，在该换热器中热泵制取冷水，通过与高温烟气换热使烟气温度降低直至冷凝，烟气中的冷凝潜热被热泵冷水吸收，一次热网回水先经过热泵被加热后，再进入燃气燃烧设备进一步升温，对烟气余热进行回收。

5.2 烟气碳氮组分减排技术

燃气应用终端减排技术主要通过低氮燃烧实现，低氮燃烧技术是基于氮氧化物的生成机理发展起来的减排技术[124]，主要可通过减少燃料周围的氧浓度，包括减少总的空气系数、减少一次风量、减少燃气燃尽前与二次风的掺混，或者在含氧浓度较低的情况下，能够维持足够的时间，使生成的 NO_x 经过均相或多相反应被还原，已经在空气过量的条件下，降低燃烧温度，减少热力型 NO_x 的生成，如采用烟气再循环等。当前比较成熟的低氮燃烧技术有分级燃烧、烟气再循环、全预混表面燃烧、水冷预混等技术。

5.3 技术文件

5.3.1 行业主管部门规范性文件

序号	文件名称	修订时间
1	《可再生能源电价附加资金管理办法》	2020 年修订
2	《能源标准化管理办法》	2019 年修订
3	《工业节能管理办法》	2016 年修订
4	《节能低碳产品认证管理办法》	2017 年修订
5	《重点用能单位节能管理办法》	2018 年修订
6	《节能技术改造财政奖励资金管理办法》	2011 年修订
7	《高耗能特种设备节能监督管理办法》	2009 年修订

5.3.2 相关标准

序号	标准名称	标准号
1	《家用燃气快速热水器和燃气采暖热水炉能效限定值及能耗能级》	GB 20665—2015
2	《家用燃气灶具能效限定值及能效等级》	GB 30720—2014
3	《商用燃气灶具能效限定值及能效等级》	GB 30531—2014
4	《工业锅炉能效限定值及能效等级》	GB 24500—2020
5	《工业锅炉系统节能设计指南》	GB/T 34912—2017
6	《工业锅炉系统节能管理要求》	GB/T 38553—2020
7	《锅炉大气污染物排放标准》	GB 13271—2014
8	《燃煤工业锅炉节能监测》	GB/T 15317—2009
9	《燃气锅炉烟气再循环降氮技术规范》	DB65/T 4243—2019
10	《燃气锅炉烟气冷凝热能回收装置》	CJ/T 515—2018

参考文献

[1] 国家能源局石油天然气司.中国天然气发展报告（2020）[G].北京：石油工业出版社，2020.

[2] 高鹏，高振宇，刘广仁.2019 年中国油气管道建设新进展 [J].国际石油经济，2020，28（3）：52-58.

[3] 戴金星，秦胜飞，胡国艺，等.新中国天然气勘探开发 70 年来的重大进展 [J].石油勘探与开发，2019，46（6）：1037-1046.

[4] 张圣柱，程玉峰，冯晓东，等.X80 管线钢性能特征及技术挑战 [J].油气储运，2019，38（05）：481-495.

[5] 周平，兰亮云，邱春林，等.X100 管线钢的热轧显微组织分析 [J].钢铁，2010，45（09）：77-81.

[6] 宋航.浅谈石油天然气长输管道设计模式的发展 [J].化工管理，2020（01）：151-152.

[7] 李广群，孙立刚，毛平平，等.天然气长输管道压缩机站设计新技术 [J].油气储运，2012，31（12）：884-886.

[8] 赵宁，张翠婷.天然气长输管道干空气干燥技术 [J].内蒙古石油化工，2020，46（04）：82-83.

[9] 马秀花，杨俊明，伍召成，等.长输管道施工先进技术与焊接质量管理 [J].焊接技术，2016，45（09）：64-66.

[10] 张毅，刘晓文，张锋，等.管道自动焊装备发展现状及前景展望 [J].油气储运，2019，38（07）：721-727.

[11] 温镜冉.无人机技术在天然气长输管道巡护管理的应用 [J].网络安全技术与应用，2019（03）：96-97.

[12] 于清澄.光纤预警技术在长输管道中的研究与应用 [J].中国仪器仪表，2020（03）：37-40.

[13] 董绍华.中国油气管道完整性管理 20 年回顾与发展建议 [J].油气储运，2020，39（3）：241-261.

[14] 唐晓渭.碳纤维复合材料在长输原油管道维修补强中的应用 [D].西安石油大学，2014.

[15] 杨永和.西气东输管道维抢修技术研究 [D].天津大学能源与环保，2017.

[16] 高振宇，高鹏，刘倩，等.中国 LNG 产业现状分析及发展建议 [J].天然气技术与经济，2019，13（6）：14-19.

[17] 李平舟.聚焦液化天然气及其储藏与运输 [J].上海煤气，2016（5）：38-41.

[18] 龙学渊.基于超音速流相变凝结机理的天然气液化技术研究 [D].重庆大学，2018.

[19] 王安印.小型橇装式 LNG 液化装置工艺设计 [D].西南石油大学，2014.

[20] 刘佳.试析我国液化天然气的海上运输 [J].国土资源情报，2014（12）：27-31.

[21] 崔相义.内河中小型 LNG 运输船风险分析 [D].江苏科技大学，2017.

[22] 张莹.长江内河小型 LNG 集装箱船航线优化设置研究 [D].大连海事大学，2019.

[23] 刘刚.LNG（液化天然气）铁路运输技术及政策 [J].中国化工贸易，2018（13）：5-7.

[24] 张辉，吕志昕，陈志先.我国液化天然气（LNG）铁路运输区域通道设计研究 [J].铁道货运，2019，37（12）：74-79.

[25] 代启兵.基于风险分析的液化天然气道路运输路径选择研究 [D].华南理工大学，2017.

[26] 陈景新.中小城镇 CNG 供气工艺技术及可行性探讨 [J].化工管理，2016（20）：171.

[27] 蒋骏.长管拖车泄漏监测与预警技术研究 [D].武汉工程大学化工过程机械，2018.

[28] 张一山.超声波斜探头检测在车用压缩天然气钢瓶检验中技术条件的选择 [J].能源研究与管理，2020（1）：115-118.

[29] 崔闻天，宋志江，武常生，等.提高 CNGV 系统压力可行性与必要性 [J].电子技术与软件工程，2018，000（014）：227-228.

[30] 中国农业大学教授程序.生物天然气行业有望迎来井喷式发展 [N].中国能源报.

[31] 萧河.我国生物天然气产业发展将进入快车道 [J].中国石化,2020,No.412 (01):84-84.

[32] 邱灶杨,张超,陈海平,等.现阶段我国生物天然气产业发展现状及建议 [J].中国沼气,2019,37 (06):50-54.

[33] 杨芊,杨帅,张绍强.煤炭深加工产业"十四五"发展思路浅析 [J].中国煤炭,2020,46 (03):67-73.

[34] 马超.基于煤制天然气技术发展现状的研究 [J].科技风,2019 (13):158.

[35] 朱富斌.煤制气方法的应用及工艺比较 [J].化工设计通讯,2018,44 (5):22,24.

[36] 曹蕃,陈坤洋,郭婷婷,等.氢能产业发展技术路径研究 [J].分布式能源,2020,5 (01):1-8.

[37] Balat M. Potential importance of hydrogen as a future solution to environmental and transportation problems [J]. International Journal of Hydrogen Energy,2008,33 (15):4013-4029.

[38] 张毅.浅论新式液化石油气瓶阀的优缺点:中国燃气运营与安全研讨会(第九届)暨中国土木工程学会燃气分会 2018 年学术年会,中国四川成都,2018 [C].

[39] 陈本聪.惠州市瓶装液化石油气市场治理研究 [D].华南理工大学,2016.

[40] 徐君臣,银建中.纤维缠绕复合材料气瓶研究进展 [J].应用科技,2012,39 (4):64-71.

[41] 蔡宪和,冯亮.天然气热值调整方法及适用性分析 [J].煤气与热力,2013,33 (5):40-42.

[42] 彭知军,仇梁著.燃气行业供销差管理实务手册 [M].北京:中国建筑工业出版社.2019.

[43] 姜兆巍,崔恩怀,张海俊,蔡凡凡.基于大数据的燃气购销差建模方法及系统实现方案 [J].城市燃气,2019 (11):31-38.

[44] 余文.SCADA 系统在燃气输配系统中的应用 [J].化工设计通讯,2018,44 (10):79+106.

[45] 周洲.城镇燃气日负荷组合预测模型的研究 [D].哈尔滨工业大学,2019.

[46] 唐胜楠.城市燃气管网事故工况模拟及调度分析 [D].哈尔滨工业大学,2015.

[47] 赵明光.地理信息系统在燃气行业内应用现状及发展趋势 [J]..城市建设理论研究(电子版),2019,08,25:29

[48] 王歆.地下燃气管线定位方法的探索 [J].上海煤气,2009 (02):15-16.

[49] 谢海强,王小江.城市燃气阀井数字化监测与控制技术探讨 [J].科技创新与应用,2015 (22):20-21.

[50] 郎宪明,李平,曹江涛,任泓.长输油气管道泄漏检测与定位技术研究进展 [J].控制工程,2018,25 (04):621-629.

[51] 孙洁.油气站场周界安防技术适用性分析 [J].油气储运,2016,35 (07):698-701.

[52] 黎耀初.城镇燃气加臭技术与应用(下) [J].煤气与热力,2011,31 (06):26-31.

[53] 冯颖,彭国晟.皮碗式带压不停输封堵技术的改进 [J].煤气与热力,2006 (05):8-9.

[54] 程习刚,沈志恒.带压开孔封堵技术应用及探讨 [J].石油化工建设,2015,37 (03):83-86.

[55] 赵欧.燃气管网快速抢修技术的研发与应用 [J].低碳世界,2017 (18):274-275.

[56] 《中国城镇智慧燃气发展报告》(2019)中国城市燃气协会智能气网专业委员会,2019.05.

[57] 《中国北斗卫星导航系统》白皮书 [J].卫星应用,2016 (07):72-77.

[58] 同济大学,重庆建筑大学,哈尔滨建筑大学,等.燃气燃烧与应用 [M].北京:中国建筑工业出版社,2000.

[59] White Paper on Natural Gas Interchangeability and Non-Combustion End Use,NGC+ Interchangeability Work Group,2005.

[60] 金志刚主编.燃气测试技术手册 [M].天津:天津大学出版社,1994.

[61] "Gas Burner Design," Chapter 12,Section 12,Gas Engineers Handbook,1965. Industrial Press, New York,NY.

［62］姜正侯主编.燃气工程技术手册［M］.上海：同济大学出版社，1993.

［63］Rossbach，E. O.，S. I. Hyman，Interchangeability：What It Means，Catalog No. XL0884，1978. American Gas Association，Arlington，VA.

［64］赵璇.全预混燃烧技术在燃气具产品中的应用［J］.现代制造技术与装备，2019（01）：142，144.

［65］王春林.探究天然气低氮氧化物燃烧技术的发展［J］.中国战略新兴产业，2019，000（026）：21.

［66］秦朝葵，陈政.燃气热泵应用研究现状［J］.城市燃气，2018（06）：11-16.

［67］董丽.城市综合体安全供气问题的探讨［J］.城市燃气，2016（07）：4-7.

［68］冯文甫，刘学强，赵世杰，等.CO二次燃烧技术在AOD炉应用的研究与工业实践［J］.炼钢，2020，36（05）：32-36.

［69］李春晓.基于模糊神经网络控制算法的工业炉窑燃烧控制仿真分析［J］.工业加热，2020，49（09）：12-13＋16.

［70］许鑫玮，谭厚章，王学斌，等.煤粉工业锅炉预燃式低氮燃烧器的实验研究与开发［J/OL］.洁净煤技：1-8［2020-10-15］.

［71］张艳伟，林欣，任志远.生物柴油在WNS型工业锅炉中的燃烧和氮氧化物浓度特性的数值模拟研究［J］.工业锅炉，2020（04）：23-28.

［72］王曦宏.工业炉燃烧监测及控制系统的安全探讨［J］.石油化工安全环保技术，2020，36（02）：51-54＋7.

［73］吴珉颉，段兆芳.我国LNG动力船发展现状、问题及建议［J］.中国石油企业，2019（11）：73-76.

［74］周玉良.船舶LNG加注的市场前景及发展建议［J］.中外企业家，2020（12）：109-110.

［75］姚鑫，张春化，李阳阳.不同负荷CNG/汽油两用燃料电控发动机排放物对环境影响研究［J］.环境科学与管理，2017，42（04）：28-31.

［76］蒋军，聂立平，刘晟，等.我国内河LNG动力船发展现状、问题及对策建议［J］.水运管理，2016，38（07）：28-31.

［77］郭旭，曲凯阳，袁涛，等.天然气冷热电联产系统经济性分析方法研究［J］.建筑热能通风空调，2019，38（10）：23-25＋40.

［78］王海敏.分布式天然气冷热电联产经济性评价及效益分析［J］.中国新通信，2019，21（11）：198.

［79］王宇.分布式天然气冷热电联产经济性分析［J］.科技风，2018（13）：223.

［80］陶新国.溴化锂吸收式制冷机节能运行分析［J］.化工设计通讯，2016，42（02）：149＋151.

［81］梁文兴，徐新闯，王瑶.浅谈溴化锂吸收式制冷［J］.科技风，2019（14）：134.

［82］杨磊，李华山，陆振能，等.溴化锂吸收式制冷技术研究进展［J］.新能源进展，2019，7（06）：532-541.

［83］杜文智，郭小虎，朱晓龙，等.吸收式热泵技术及其研究发展介绍［J］.山东化工，2020，49（16）：132＋134.

［84］宋述生，韩大帅.一种溴化锂吸收式大温差复合式热泵机组的设计［J］.机电信息，2020（19）：81-83.

［85］肖彤彤.供热机组低温余热热泵回收系统建模及经济性分析［D］.山东大学，2020.

［86］杨丁丁，王佰顺，周生国.热电冷联产技术在深井热害治理中的应用［J］.煤炭工程，2012（11）：118-120.

［87］黄贺江，陆红娇，候永.低浓度瓦斯热电联产工艺流程设计与优化［J］.煤炭工程，2017，49（09）：40-42.

［88］赵承继.热电冷联产在焦化厂的高效应用［J］.山西焦煤科技，2014，38（07）：41-43.

［89］曹勇.太阳能-燃气联合循环电站的模拟与性能研究［D］.东北电力大学，2020.

［90］金光，陈正浩，郭少朋，等.严寒地区槽式太阳能与燃气轮机联合供能系统经济性分析［J］.建筑科

学，2019，35（10）：110-117.

[91] 李猛.基于太阳能与天然气互补的燃气轮机分布式供能系统研究 [D].华北电力大学，2019.

[92] 梁晶，张楷，陈瞳，等.分布式能源储能技术发展研究 [J].能源与节能，2020（06）：54-55＋72.

[93] 杨勇平，段立强，杜小泽，等.多能源互补分布式能源的研究基础与展望 [J].中国科学基金，2020，34（03）：281-288.

[94] 彭道刚，卫涛，姚峻，等.能源互联网环境下分布式能源站的信息安全防护 [J].中国电力，2019，52（10）：11-17＋25.

[95] 陈志炜.太阳能—燃气互补供热系统优化设计方法研究 [D].天津：天津大学，2016.

[96] 杨林，高文学，王艳，等.基于遗传算法的多能互补独立供热系统优化配置研究 [C].2019年中国燃气具行业年会论文集.南昌：中国土木工程学会燃气分会，2019：713-720.

[97] 李勇刚，张梦婷，由世俊等.太阳能、热泵、燃气联合供热系统能效测试 [J].煤气与热力，017，37（11）：18-23.

[98] 杨林，张欢，由世俊，等.太阳能燃气互补供热系统实验研究 [J].太阳能学报，2018，39（8）：2260-2266.

[99] 王艳，高文学，王启，等.欧盟热水器热性能测试技术与计算方法解读 [C].2017年中国燃气具行业年会论文集.贵阳：中国土木工程学会燃气分会，2017：382-387.

[100] 王艳，高文学，王启，等.欧洲带辅助能源的燃气采暖热水系统能效评价 [J].供热制冷，2018（9）：40-41.

[101] 王艳，高文学，王启，等.多能源供热采暖系统供暖季节能效评价 [C].2019年中国燃气具行业年会论文集.南昌：中国土木工程学会燃气分会，2019：422-425.

[102] 史佳琪，谭涛，郭经，等.基于深度结构多任务学习的园区型综合能源系统多元负荷预测 [J].电网技术，2018，42（03）：698-707.

[103] 沈沉，秦建，盛万兴，等.基于小波聚类的配变短期负荷预测方法研究 [J].电网技术，2016，40（02）：521-526.

[104] 金海魁，王健，阮应君，等.能源规划中区块化供能方案及运行策略分析 [J].科学技术与工程，2020，20（10）：3978-3983.

[105] 刘天杰.区域能源系统评价体系研究 [D].哈尔滨工业大学，2018.

[106] 陈娟.能源互联网背景下的区域分布式能源系统规划研究 [D].华北电力大学（北京），2017.

[107] 刘鹏.区域能源结构优化和低碳化路线图研究 [D].河北工业大学，2016.

[108] 周金顺，鞠明.燃气分布式能源站智能化建设思考 [J].华电技术，2019，41（11）：80-84.

[109] 孙弘.基于互联网技术的移动版能源管控系统设计 [D].北京工业大学，2016.

[110] 乔秋飞，仲梁维，袁坤坤，等.基于物联网技术的智能能源管控系统的研究 [J].信息技术，2016（04）：10-13.

[111] 华贲.天然气冷热电联供能源系统 [M].北京：中国建筑工业出版社，2010.

[112] 马婉玲.分布式能源系统中燃气轮机热电联产的研究 [D].合肥工业大学，2008.

[113] 闻菁，徐明仿.天然气管网压力能的回收及利用 [J].天然气工业，2007，27（007）：106-108.

[114] 陈秋雄，徐文东，安成名.天然气管网压力能发电制冰技术的开发及应用 [J].煤气与热力，2012（09）：25-27.

[115] 熊永强，华贲，罗东晓.用于燃气调峰和轻烃回收的管道天然气液化流程 [J].天然气工业，2006，26（05）：130-132.

[116] 宋翠红，吴烨，高锦跃，等.液化天然气（LNG）冷量的利用技术 [C].中国液化天然气储运技术交流会.2016.

[117] 苗沃生，李琦芬，杨涌文，等.LNG冷能用于橡胶粉碎的流程优化研究 [J].天然气化工，2020，

045（002）：77-80，94.

[118] 曹增辉.液化天然气冷能利用方法的研究与展望［J］.化工管理，2020，559（16）：66-67.

[119] 杨勇，陈贵军，王娟，等.基于液化天然气（LNG）接收站冷量的空分流程模拟研究［J］.节能，2014，33（6）：23-23.

[120] 林苑.LNG冷能用于冰蓄冷空调的技术开发与应用研究［D］.华南理工大学，2013.

[121] 高顺利，颜丹平，张海梁，等.天然气管网压力能回收利用技术研究进展［J］.煤气与热力，2014，034（010）：43-47.

[122] 徐文东，郑惠平，郎雪梅，等.高压管网天然气压力能回收利用技术［J］.化工进展，2010（12）：2385-2389.

[123] 论立勇，谢英柏，杨先亮.基于管输天然气压力能回收的液化调峰方案［J］.天然气工业，2006（07）：114-116.

[124] 郑志，王树立，陈思伟，等.天然气管网压力能用于NGH储气调峰的设想［J］.油气储运，2009（10）：47-51.

[125] 孙鱼铭，黄小美，向熹，等.家用燃气快速热水器低NO_x燃烧技术［J］.煤气与热力，2018，38（11）：42-45.

[126] 向熹.全预混燃烧技术在热水器中的节能应用［J］.科技致富向导，2015（18）：190.

[127] 曾旭杰.燃气灶具节能技术应用现状及未来发展趋势［J］.现代家电，2011（14）：40-41.

[128] 蔡骏.全预混燃烧中的差压空燃比控制方式［J］.工业锅炉，2018（05）：55.

[129] 吕汉章.富氧预混/燃料分级对氮氧化物生成的影响［D］.河北工业大学，2015.

[130] 姚盼盼.解读膜法富氧技术在内燃机上应用的研究进展［J］.内燃机与配件，2018（15）：229-230.

[131] 黄永香.膜法富氧助燃技术在锅炉上的应用［J］.广西节能，2017（03）：32-33.

第三章　科技成果

国家在天然气发展"十三五"规划中，重点提出要"加强科技创新和提高装备自主化水平"，即依托大型油气田及煤层气开发国家科技重大专项，推动油气重大理论突破、重大技术创新和重大装备本地化，全面实现"6212"（6大技术系列、20项重大技术、10项重大装备、22项示范工程）科技攻关目标。重点攻克页岩气、煤层气经济有效开发的关键技术与核心装备，攻克复杂油气田进一步提高采收率的新技术，同时加强科研项目与示范工程紧密衔接。

第一节　气源

1　管道天然气

1.1　非常规天然气储层超临界二氧化碳压裂工程基础研究

（1）起止时间：2013年1月至2016年12月。

（2）项目来源：国家自然科学基金联合基金项目。

（3）完成人：孙宝江。

（4）研究背景和研究内容

非常规天然气（致密气和页岩气）储层一般呈现低孔隙度、低渗透率、低孔喉半径等特征，气流阻力大，水力压裂是实现商业开采的常用手段。但水力压裂存在水敏、储层污染等一系列问题。超临界二氧化碳压裂是一种经济有效的压裂新方法，并具有减排优势。本项目针对非常规天然气储层超临界二氧化碳压裂改造工程中的关键科学问题，通过攻关，揭示超临界二氧化碳在非常规天然气储层中的滤失规律，建立储层中超临界二氧化碳压裂液滤失描述的数学方程；基于避免储层伤害的原则，探索出超临界二氧化碳压裂液增粘方法；建立裂缝内增粘后不同超临界二氧化碳压裂液体系中支撑剂的二维非稳态输送方程，给出支撑剂在裂缝中的跟随性评价方法；建立超临界二氧化碳相态控制方法，得到超临界二氧化碳压裂参数优化设计方法，形成具有自主知识产权的非常规天然气储层超临界二氧化碳压裂改造的基础理论体系，为我国非常规天然气藏高效开发提供支撑。

（5）先进性及创新点

本课题针对非常规天然气储层超临界二氧化碳压裂工程基础研究进行攻关，采用调研、实验、理论、计算、模拟等手段，系统研究了超临界二氧化碳压裂液在非常规天然气储层中的滤失规律和吸附驻留机理，超临界二氧化碳压裂水力参数优化设计和现场实验。研发了页岩中超临界二氧化碳流体滤失、吸附解吸附及渗流驱替实验装置、超临界二氧化碳相平衡及增粘效果评价实验装置、超临界二氧化碳裂缝携砂流动实验装置。开发了新型超临界二氧化碳增粘剂、超临界二氧化碳增粘及支撑剂跟随性评价实验技术和实验方法，建立了超临界二氧化碳压裂非常规天然气储层的两相滤失速度计算模型、超临界二氧化碳压裂液体系下裂缝中支撑剂跟随性计算模型、超临界二氧化碳压裂液在裂缝内的流动模型、超临界二氧化碳压裂液在井筒和裂缝内的流动阻力的计算方法和相态控制模型，揭示了聚合物增粘剂在超临界二氧化碳中的溶解和增粘机理，掌握了超临界二氧化碳压裂滤失速度、相态控制方法及水力参数优化设计方法。

（6）应用价值和应用情况

本工作揭示了聚合物在 SC-CO$_2$ 中的增粘机理，有助于指导设计超临界 CO$_2$ 增粘剂分子；建立了一套科学的 SC-CO$_2$ 压裂液体系下裂缝中支撑剂跟随性评价方法，提出了 SC-CO$_2$ 压裂裂缝中支撑剂的输送模型，能够为支撑剂输运水力参数设计提供理论支撑，该成果在 SC-CO$_2$ 压裂工程设计中具有指导作用。本研究还揭示了 SC-CO$_2$ 物性参数的变化规律，特别是临界点附近 SC-CO$_2$ 物性参数突变对其在管道和裂缝中流动摩阻系数的影响规律，提出了适合 SC-CO$_2$ 的摩阻系数计算新模型，且有很高的计算精度，使得 SC-CO$_2$ 管道内流动摩阻的准确确定成为可能；揭示了 SC-CO$_2$ 压裂中井筒及裂缝温度场的变化规律，实现了 SC-CO$_2$ 压裂井筒及裂缝温度场的准确预测，在 SC-CO$_2$ 压裂及钻井新技术中具有广泛的应用前景。

1.2 泥页岩吸附/解析天然气的主控因素及其组分和同位素分馏作用研究

（1）起止时间：2013 年 1 月至 2016 年 12 月。

（2）项目来源：国家自然科学基金。

（3）完成人：李吉君。

（4）研究背景和研究内容

吸附相是页岩气赋存的主要相态之一，吸附气的资源潜力在很大程度上决定了页岩气藏的勘探开发价值，对其富集主控因素的系统研究有助于确定页岩气勘探的有利区。页岩气成分多样，除含甲烷外，还可能含有重烃（C$_2$-C$_6$）及非烃（CO$_2$、N$_2$）气体，多种气体的共存不可避免地会发生竞争性吸附作用，在影响天然气吸附量的同时还会对其组分和同位素组成产生影响。因此，对竞争性吸附作用的研究有助于对页岩气资源前景做出准确评价，解析页岩气组分和同位素组成所蕴涵的成因和成藏信息，指导页岩气的气驱开采。本次研究计划借助不同条件（温压、湿度、泥页岩性质和天然气组分）下的实验对泥页岩吸附/解析天然气过程的主控因素以及该过程中产生的组分和同位素分馏作用进行研究，建立确定泥页岩吸附气勘探有利区的综合判别方法，实现对泥页岩吸附/解析天然气过程中的组分和同位素分馏的定量模拟研究。

（5）先进性及创新点

采用聚焦离子束扫描电镜、低温 N$_2$ 吸附、高压压汞和核磁共振联合的方法对泥页岩孔隙特征进行了刻画，揭示了各方法的优缺点，指出核磁共振与低温 N$_2$ 吸附实验在揭示泥页岩孔径分布方面具有良好的吻合性、相互依赖性和补充性，它们的结合是揭示泥页岩孔径分布的理想方式。通过系列平行实验和数值模拟揭示了泥页岩吸附能力影响的因素。利用巨正则蒙特卡罗法研究了页岩气在伊利石上的吸附机理。以单位表面积表示的伊利石过量吸附量模拟结果与实验结果基本一致。微孔中吸附势重叠会导致低压阶段随孔隙尺寸的增加过剩吸附量的减少，高压呈反向趋势。建立了页岩吸附天然气的兰氏体积和兰氏压力的多因素综合模拟及预测方法。兰氏体积主要受控于温度、页岩总有机碳、残留烃量和黏土矿物含量，兰氏压力主要受控于黏土、碳酸盐、伊利石和长石含量。开展了页岩气吸附解吸过程中的组分和同位素分馏作用实验和数值模拟研究。

1.3　高温高压输气管道沉降失效机理和安全评价方法研究

（1）编制时间：2017 年 08 月 08 日。

（2）项目来源：黑龙江省自然科学基金。

（3）完成人：刘金梅。

（4）研究背景和研究内容

为防止泄漏或破裂等恶性事故发生，研究高温高压输气管道在基础沉降下的结构性能，在事故可能发生前给出安全预警至关重要。本项目拟采用理论分析、数值模拟和试验研究相结合的方法，综合考虑管道输送介质和载荷特征，依据经典力学理论，建立基于稳态热传导的输气管道三维力学模型，模拟管道地基沉降前后的变形状态，分析其力学性能随地基沉降量的变化规律，探讨影响管体性能的主要因素，深入分析管道沉降失效机制。在此基础上，制定试验实施方案，研究管道地基沉降安全预警的方法，最终实现失效前的安全预警，为管道的安全运行提供理论依据和技术支持。

1.4　超高压大直径天然气储运装备及专业制造装备产业化

1）编制时间：2016 年 11 月 24 日。

2）项目来源：河北省科技支撑计划。

3）完成人：杨彬、王国强、段玉林、武常生等。

4）研究背景和研究内容

超高压大直径天然气储运装备及专业制造装备产业化研究利用我公司首创的超大口径无缝钢管旋压收口技术及蓄热式高效燃烧技术，开发填补国内工艺空白的大口径无缝钢管旋压机和蓄热式调质炉。主要完成内容如下：

（1）本研究开发完成后大口径无缝钢管旋压机将是国内直径最大、成型质量最好的专业设备，该收口机的后续研发目标将达到 DN720，将成为世界上最大的旋压收口机。

（2）蓄热式调质炉是国内首台利用蓄热式燃烧技术的自主知识产权的核心装备，该调质炉采用空气预热，低氧状态下燃烧，促使火焰温度提高，相应地火焰辐射能力增强，加热速度加快，生产效率提高 10%～15%，同时废气量减少，达到清洁生产的目的。

（3）专业装备制造生产线升级主要为进一步提高产品生产效率、提升质量可靠性和自动化水平，达到洁净生产的目的。

1.5　高强度耐腐蚀石油天然气集输和输送用管线钢生产技术

（1）编制时间：2015 年 08 月 12 日。

（2）项目来源：国家科技支撑计划。

（3）完成人：刘清友、任毅、孔君华、姜中行、郑磊。

（4）研究背景和研究内容

本课题的研究目标是系统掌握高硫、高酸油气环境中，低合金钢材料在 HS、SO 和酸性盐水介质，以及上述各种复杂混合介质条件下的腐蚀规律，研究保证钢的耐蚀性、强韧性、焊接性要求的成分、工艺控制共性技术。开发 X60、X65、X70 耐 HS 腐蚀热轧管线钢板/带和直缝埋弧焊管、螺旋焊管批量工业化生产和应用技术；开发 X80 耐 H_2S 腐蚀管线钢和中铬经济型耐 CO 腐蚀集输管线钢带的原型技术，拓展耐腐蚀管线钢的品种和规格，提高我国耐腐蚀管线钢的制造水平、生产和应用比例，保障我国石油天然气集输和长距离输送的稳定和安全。主要内容包括：H_2S 腐蚀机理研究和腐蚀模型的建立；H_2S 腐蚀与合金成分、夹杂、组织结构、带状组织、钢中第二相硬质相、织构以及偏析的关系研究；材料的合金及组织设计；高洁净钢冶炼和夹杂物变性处理技术开发；高均质化铸坯连铸技术开发；厚规格钢板/带的组织均匀化控制技术；耐 H_2S 腐蚀 X60、X65、X70 钢板/带工业化生产技术开发；耐 H_2S 腐蚀 X60、X65、X70 直缝埋弧焊管、螺旋埋弧焊管焊接材料开发；耐 H_2S 腐蚀 X60、X65、X70 直缝埋弧焊管、螺旋埋弧焊管和 ERW 钢管生产技术开发；X80 级耐 H_2S 腐蚀管线钢的原型技术开发；经济型耐 CO_2 腐蚀中铬钢的热连轧钢带、HFW 焊接原型技术开发。

（5）先进性及创新点

我国油气开采与储运用耐蚀钢的开发和应用尚处于起步阶段，迫切需要进行耐腐蚀石油天然气集输和长距离输送用管线钢的关键生产技术开发，打破国外技术和产品垄断，形成具有我国自主知识产权的耐腐蚀系列管线钢生产技术和标准规范，提升我国钢铁材料的品种质量水平，提高我国钢铁工业和石油钢管制造业的国际竞争能力。本研究将形成具有自主知识产权的耐腐蚀石油天然气集输和长距离输送管线钢专利和技术标准规范，尽快满足我国石油工业发展对集输钢管和输送钢管用钢铁材料的要求，实现高品质耐蚀管线钢的国产化，打破国外相关技术垄断，提升我国耐腐蚀钢的技术水平。

1.6 大型复杂天然气管道系统实时动态模型泄漏检测技术研究

1）编制时间：2016 年 12 月 21 日。

2）项目来源：国家自然科学基金。

3）完成人：王寿喜。

4）研究背景和研究内容

较之液体管道，天然气管道泄漏检测更加复杂和困难，动态模型泄漏检测是其唯一行之有效的基于管道内部流动的泄漏检测方法。本课题针对大型复杂天然气管道系统及量测数据分布特点，从泄漏传播和发展规律研究着手，研究管道流动参数分布和端点量测数据对泄漏的响应特征；考虑天然气管道流动模型的非线性及检测过程噪声、参数不确定性等随机因素影响，采用最优化和敏度分析理论，解决非线性滤波和参数估计问题，建立管道在线非线性滤波自适应动态仿真模型，通过学习-观测耦合，实现精确在线动态仿真；依据随机状态诊断和过程分析、动态仿真-实测压力分布差相关性分析等技术，建立动态模型泄漏检测新理论和方法体系，扩展动态模型泄漏检测的适应性，实现大型复杂天然气管道系统剧烈瞬变流动下微小泄漏的及时和可靠诊断，并在各种实验进行测试、验证和完善，为具有自主知识产权气体管道泄漏检测技术的开发和完善奠定理论基础。

5）先进性及创新点

（1）建立了大型复杂天然气管道新型动态模型泄漏检测理论和方法体系。突破了分段泄漏检测的限制，创立了 CPM 大型复杂天然气管道系统泄漏检测体系，针对大型复杂天然气管道系统及量测数据分布特点，提出基于动态模型的天然气管道压力分布相关性分析泄漏检测方法。对压力分布偏差进行相关性分析建立泄漏检测模型，通过随机状态诊断、随机过程分析以及时域和轴域分析，实现大型复杂天然气管道系统泄漏的及时报警、准确定位和可靠诊断，突破了管道系统分段检测的限制。该泄漏检测理论已在室内和现场试验中得到验证。

（2）针对新型泄漏检测理论和方法体系，在关键技术研究上取得重大突破和创新。新型泄漏检测方法时通过仿真与实测管道系统压力分布的偏差来判定管道系统是否存在泄漏并锁定泄漏位置。因此，本项目提出了两项关键技术，也是技术难点。

（3）建成室内实验系统，完成在线仿真和泄漏检理论室内测试和验证。

6）应用价值和应用情况

基于本项目研究内容和成果，课题组与中石油华北油田山西煤层气分公司合作开展研究，开发和验证地面集输管网动态仿真及调度理论和相关技术。现场泄漏实验证明，本项目建立的泄漏检测新方法和自主开发的软件系统具有较高的准确性和宽广的适用性，目前已用于指导和监控该管线的日常运行。课题组与陕西燃气集团公司联合申报并获批了2016年陕西省科技统筹创新工程项目：基于管网仿真的油气管道泄漏检测技术研究，将就本项目的研究成果在靖西二线、三线上的应用情况进行更深入地联合攻关。

1.7 天然气管线低污染型燃驱压缩机组关键技术研究

（1）编制时间：2013年11月26日。

（2）项目来源：科技部支撑计划。

（3）完成人：杨正薇、王元龙、李名家。

（4）研究背景和研究内容

本课题的研究目标包括掌握驱动燃气轮机低排放燃烧室设计技术、高速动力涡轮设计技术、控制系统设计关键技术、燃气轮机制造工艺技术及燃压机组成套设计等核心技术，实现天然气压缩燃压机组的国内供货和维修保障。

研究内容包括：引进一台天然气压缩用GT25000燃气轮机本体（燃气发生器和高速动力涡轮），燃驱压缩机组成套设计和附属系统配套由国内完成，包括监控系统、起动系统、滑油系统、燃料系统等，形成一套完整的燃驱压缩机组（简称研制样机一）。建立燃驱压缩机组试验台，开展此套机组的工厂性能试验，对机组成套设计进行初步验证。结合中国石油的天然气管线建立工业示范平台，进行工业应用考核。引进的燃机还可作为高速动力涡轮、燃烧室等关键技术的突破提供设计参考。并且以船用GT25000燃气轮机为基础，突破高速动力涡轮、燃烧室等部件的设计技术，完成30MW级天然气压缩用燃气轮机样机的研制，通过系统配套形成一套完全国产的燃驱压缩机组（简称研制样机二）。在中国石油的工业示范平台上，对国内研制的天然气管线低污染型燃驱压缩机组进行工业应用考核，验证研制样机的性能和可靠性。

2 液化天然气

2.1 耐超低温大口径液化天然气装卸臂成套装备关键技术研发

1）编制时间：2018年10月07日。

2）项目来源：江苏省重点研发计划。

3）完成人：魏洁、缪宏。

4）研究背景和研究内容

本研究针对耐超低温大口径（16英寸以上）LNG装卸臂成套设备研究过程中输送装置、旋转连接装置、紧急脱离装置以及快速连接装置等关键部件存在可靠性差、智能化程度低、操作繁琐、工作强度大等一系列问题，创新地开展耐超低温大口径LNG装卸臂制造技术研究及产品开发，采取理论研究、规律探索与实验验证相结合、前沿技术研究与工程应用示范相结合的方式，集中融合高等学校和装备制造企业各自的优势，开展耐超低温高可靠性液化天然气（LNG）装卸臂成套装备关键科学理论和核心制造技术研究，并将研究成果用于指导工程实践。研发出：

(1) 耐超低温、耐腐蚀、抗冷热疲劳的柔性输送装置；

(2) 具有强密封性能与智能监测功能的空间全方位旋转连接装置；

(3) 具有高可靠性、快速分离功能的液压驱动紧急脱离装置；

(4) 基于耐超低温电液驱动式自动对心技术与现场-中央操控台互锁控制技术的快速连接装置；

(5) 具有预测与时变功能的智能化驱动控制系统等关键部件和系统，着力解决若干制约我国大口径 LNC 装卸臂制造技术的瓶颈问题。

5) 先进性及创新点

开展柔性输送装置系统研究，研究在输送装置上设置事故预先处理系统，设计具有智能化的紧急干式切断装置；开发具有柔性和抗冷热疲劳性的薄壁型波纹管输送装置。开展基于空间多方位布置由两端法兰连接内外圈形成相对旋转运动的一体化连接技术研究，实现装卸臂空间 360°的全方位连接；采用在两端法兰与内外圈形成的空隙处安装氮气密封圈的密封方法，设计惰性气体吹扫系统；研究空间全方位旋转连接装置的智能响应技术，利用多传感器信息融合技术，分析外界温度、压力对旋转连接装置的影响。设计具有 UPS 系统的中央控制台，研究能够自动或手动触发脱离信号装置。研究带可伸缩卡爪的螺旋弹簧限位式压紧机构，实现不同管径的自动对心连接以达到快速连接的目的；基于电气控制与液压控制相结合技术，研究手动和遥控相互转换的电气控制指挥系统与为连接及脱离提供动力的液压控制动力系统；基于接触器电气互锁技术，研究现场便携式控制器与中央操作台双重互锁控制系统，防止停电或液压系统出现故障。

6) 应用价值和应用情况

根据国家发展改革委有关研究资料，未来 20 年中国天然气消费需求将达到 2275 亿～2965 亿 m³/年，可以预见，在未来 10～20 年的时间内，LNG 将成为中国天然气市场的主力军。但面对这样一种态势，中国 LNG 市场未来最担忧的问题不是量的问题，而是运输和装卸设备（即 LNC 装卸臂）的数量和质量问题。国内的大口径 LNG 装卸臂目前全部采用进口产品，面对国内需求的巨大市场，以及国内尚没有企业能够开发大口径 LNG 装卸臂的实际情况，如果本研究能研制成功，开发出具有自主知识产权的大口径 LNG 装卸臂，将会大大降低大口径 LNG 装卸臂成本，打破国外同类产品的垄断，逐步挡住高价进口，并可以抢滩国际市场，为我国经济和国防事业发展作出贡献，其经济和社会效益以及产业化前景十分巨大。

2.2 基于流体高速膨胀特性的天然气液化机理研究

1) 起止时间：2013 年 1 月至 2016 年 12 月。

2) 项目来源：国家自然科学基金。

3) 完成人：谭树成。

4) 研究背景和研究内容

研究主要涉及四个方面的内容：

(1) 高速流动条件下天然气液化特性研究：对高速流动条件下天然气液化过程中液滴

与周围气体之间的传热传质过程进行研究；研究天然气高速膨胀过程中成核模型与液滴生长模型，建立难液化气体的高速流动条件下膨胀液化数学模型，包括液相流动控制方程、气液相间耦合方式、气液混合物热力学参数计算方法等内容；利用建立的高速流动条件下的天然气液化数学模型进行有关的模拟计算。

（2）高速流动条件下天然气液化过程影响因素及规律分析：研究高速流动条件下天然气液化过程中气动激波对流场、液滴成核特性、液滴生长特性的影响规律；研究不同入口温度、压力对天然气液化过程、液化参数、液化率等参数的影响；研究膨胀率不同时，天然气液化过程中典型参数的变化规律。

（3）促进高速流动条件下天然气液化方法研究：利用非均相成核理论，研究不同物质、大小、浓度的外界核心对天然气液化过程及参数的影响规律，寻找有效促进高速膨胀过程中天然气液化的方法，有效提高天然气液化效率。

（4）高速流动条件下天然气液化过程实验研究：测量高速流动条件下天然气液化过程中速度场、压力场、液滴浓度、液滴大小等参数分布，验证建立的天然气液化数学模型的正确性。

5）先进性及创新点

（1）改进了单、双组分成核及生长模型，开展了单、双组分天然气超声速流动条件下气体凝结特性数值模拟分析。针对目前单组分、双组分成核模型存在未考虑真实气体效应及液滴半径对表面张力的影响等不足，对模型进行了修正。

（2）结合气、液流动控制方程组，单、双组分液滴凝结成核模型，Gyarmathy 单组分液滴生长模型，与所提出的双组分液滴生长模型及非均质凝结理论，对单、双组分天然气超声速流动状况下凝结特性及影响凝结流动过程的操作参数进行了分析，探讨了天然气在 Iaval 喷管内凝结液化的可行性。

（3）探讨了采用非均质成核理论促进天然气凝结的可行性。

（4）搭建了超声速流动条件下单组分、双组分气体凝结实验系统，对其凝结特性进行了实验研究。

6）应用价值和应用情况

《天然气超音速脱水技术应用项目》为中国海洋石油集团有限公司承担的国家"十三五"期间国产化项目，该项目将超音速旋流分离技术应用于天然气脱水，是国内首次将天然气超音速脱水技术应用在海上平台的尝试。该项目是本研究所涉及的高速流动条件下气体的凝结特性研究等内容的应用，可提高超音速旋流分离技术在天然气处理加工领域的现场应用数据积累。该项目是 3S 技术在海上平台应用前的试验项目，以渤中 34-9 油田项目契机，进行海上 3S 应用可行性分析，完成平台 3S 方案设计、采购、组装及调试运行。较三甘醇脱水等传统处理方法，超音速旋流分离技术具有占地空间小、能量损失小、运营成本低等优点，符合天然气工业安全、环保、节能降耗、降低开发成本的要求，支持无人值守，在海上平台应用前景广阔。

2.3　穿梭液化天然气（LNG）船关键技术研究

1）编制时间：2013 年 11 月 25 日。

2）项目来源：科技部 683 计划。

3）完成人：庞达、王小宁、金磊、段斌。

4）研究背景和研究内容

本课题围绕组合动力装置的穿梭LNG运输船，突破穿梭LNG船关键技术，完成一型适合我国海域边际油气田开采的具有自主知识产权的穿梭LNG船的概念设计和初步设计，并通过船级社的预审核。改变依赖国外设计局面，为承接工程项目创造条件，加快实现我国海上边际油气田资源的高效开发利用。具体步骤为：确定船型参数和线型，进行水动力计算，得出系泊系统和船体结构等的设计工况，通过规范计算、有限元直接计算和工程试验等方法，形成一型17万 m^3 级的组合动力穿梭LNG船的概念设计和初步设计。

（1）线型设计拟采取与国内外知名的水池合作进行线型优化。

（2）两船靠泊和液货晃荡分析通过CFD软件进行模拟。

（3）波浪载荷计算采用FLUENT软件分析计算。

（4）结构强度计算和疲劳分析通过MSC/Patran建全船三维有限元模型以及前后处理，应用MSC/Nastran进行求解计算。

（5）系泊系统选型研究，将进行系泊附件拉力试验进行验证。

（6）天然气组合动力研究通过与国内知名发动机厂商合作，研究天然气组合动力在穿梭LNG船上的实施方案。

2.4 液化天然气（LNG）海上转运系统技术研究

（1）编制时间：2014年11月18日。

（2）项目来源：科技部863计划。

（3）完成人：谢敏、唐永生、徐岸南、邹韬、高家镛。

（4）研究背景和研究内容

液化天然气（LNG）海上转运系统是深水油气勘探开发技术与装备项目下的关键设备，是LNG海上船对船、船对FSRU及船对FLNG之间输送的必需设备。本课题设立拟定以船型论证、两船并靠水动力分析与试验验证为基础，开发一型实用于两船并靠LNG装卸臂，攻克LNG海上转运系统中LNG装卸臂关键技术，为此设计相应的实验平台进行试验论证。同时开展LNG海上串联输送技术预研，为今后开发LNG海上串联输送装置打下基础。穿梭LNG船在进行装卸作业时，由于海域特点和环境参数（包括平均海平面、最大波高、最大波周期、温度和湿度范围、风速和风向等）的不同，导致穿梭LNG船和海上浮式装置的运动幅度各不相同，进而LNG转运时所采用的方式不同。一般有平行输送和串联输送两种方式。穿梭LNG船并靠LNG-FPSO或LNG-FSRU时，两船的相对运动，特别装卸臂处的绝对加速度及两船之间的相对加速度对装卸臂的设计至关重要。通过CFD的方法对两船并靠进行水动力分析可以获取相关参数，并提出靠泊优化方案，提高靠泊作业的极限海况。相关软件有法国船级社的HydroSTAR等，计算结果还需通过相关水池模型试验来验证。

（5）先进性及创新点

此前LNG海上转运系统为国外少数厂商垄断。因此开发具有我国特色、拥有自主知识产权的海上转运系统具有重要意义。

（6）应用价值和应用情况

本研究初步开发出一型并靠状态下LNG转运系统，有别于现有的硬管和软管系统。将经过进一步试验验证，取得自主的知识产权，填补我国在此领域的空白。同时为串靠状态下 LNG 转运系统开发积累宝贵经验。

3 生物天然气

3.1 一种利用小球藻净化沼液和提纯沼气的方法

（1）编制时间：2017 年 06 月 08 日。

（2）项目来源：湖北省自然科学基金计划。

（3）完成人：颜诚。

（4）研究背景和研究内容

本研究利用沼液作为小球藻（Chlorella vulgaris）的培养基，同时把沼气中的 CO_2 作为小球藻培养的碳源，研究了同时提出沼气和净化沼液的可能性。在无菌培养条件下，得出了最适生长条件为沼液浓度 50%、初始 pH 值 6.0、接种量、光质为红光。在此条件下沼液中的 COD、TN 和 TP 的去除率分别达到了 88.5%、91.2 和 95.3%，沼气中甲烷含量由原先的 40% 提升到 60.2%。本研究同时解决了沼气品质低下和高浓度污染物沼液污染环境的问题。

3.2 膜接触吸收制备生物天然气中的 CO_2/CH_4 分离研究

（1）起止时间：2014 年 1 月至 2016 年 12 月。

（2）项目来源：江苏省基础研究计划（自然科学基金）。

（3）完成人：龚惠娟。

（4）研究背景和研究内容

为此本研究开展了采用气-液膜接触吸收的 CH_4/CO_2 分离方法研究，其工作原理在于通过气-液膜接触吸收过程，可以显著增大气-液接触面积，提高气-液传质效率，从而有效降低操作压力，使得在较低的气体浓度或压力下，也能通过液相吸收获得高选择性与传质推动力，从而保证分离效率。本研究系统开展了影响膜形态与 CO_2 吸收性能的调节优化方法，在中空纤维膜中负载离子液体的促进 CO_2 吸收方法，以及膜接触吸收 CO_2 过程主要影响因素和分离 CH_4/CO_2 性能研究，获得了芯液组成、干程、非溶剂添加剂、PVDF ＋PTFE 复合膜材料等因素对 PVDF 中空纤维膜微观形貌，气体渗透率、液体穿透压、孔隙度等结构特征以及 CO_2 吸收性能的影响关系，确定了在 PVDF 中空纤维膜中负载离子液体可明显提升 CO_2 吸收通量的结果，并总结了膜接触器分离过程操作条件对 CO_2 吸收性能的影响。通过本研究，明确了膜接触吸收方法可在很低的气相压力下（20kPa），获得较高的 CO_2 吸收通量，不仅可高效率脱除 CO_2 并大幅度提高 CH_4 的提纯浓度，而且 CH_4 损失小于 0.1%，从而为该方法的进一步应用研究提供了理论依据。

（5）先进性及创新点

在制备生物天然气过程中，CH_4/CO_2 分离是将生物质气体提纯为生物天然气过程中的关键技术。目前有三种方法可以实现，分别是吸收法、变压吸附法和膜分离法，其中膜分离方法属于物理性分离，具有二次污染少、系统流程简单等优点，被认为是具有良好发展前景的提纯技术。目前的 CH_4/CO_2 气体膜分离原理是基于溶解-扩散机制来实现的，其明显特征是在分离系数与渗透速率之间存在着此消彼长的矛盾，这就要求只有在较高压力（或压差）下才能使分离系数与渗透速率均能满足工作要求。尽管研究工作者已经开展了多种对 CH_4/CO_2 气体分离膜的促进传递改性方法研究，其工作压力往往需要在 9～11kg 范围内，这仍明显高于有机胺吸收 CO_2 以及变压吸附过程中的操作压力。在较高压力下工作，不仅使运行能耗明显增加，而且对膜材料的抗压强度提出了更高要求。本课题针对气体分离膜在提纯生物质气体中存在的不足，开展了采用气液膜接触吸收的 CH_4/CO_2 分离方法研究。

3.3　北方地区沼气集中供气工程冬季增温保温能源边际报酬分析

（1）起止时间：2014 年 1 月至 2016 年 12 月。

（2）项目来源：国家自然科学基金青年科学基金项目。

（3）完成人：王亚静。

（4）研究背景和研究内容

本研究借鉴投入产出法、边际效用分析法、情景分析法、交叉验证法，以典型案例定量分析为主，分别在东北、西北和华北地区选取必要数量的秸秆沼气集中供气工程，按 6 种情景（3 种增温工艺×2 种保温方式）进行必要的数据观测和计量，通过组建能源边际函数群，获取不同增温条件下和不同保温下的变量参数，构建能源边际报酬通用模型，实现对北方地区秸秆沼气集中供气工程冬季增温保温能源边际报酬的定量化、模型化研究，进而开展其能源边际报酬最大化均衡点的优先序分析，并据此制定工艺优化方案，为我国北方地区沼气工程冬季增温保温工艺优化和技术改进以及秸秆新型能源化发展提供科学依据和决策支持。

（5）先进性及创新点

本课题分析了北方地区沼气集中供气工程冬季增温保温工艺的能耗与增温效果，并对其能源产出效益进行评价。通过对北方地区不同保温条件下秸秆沼气集中供气工程冬季增温保温能耗与沼气产出等相关数据的观测和计量，对不同增温保温工艺的能耗和能量投入产出率和能源边际报酬进行计算分析，构建北方地区沼气集中供气工程的能源边际报酬通用模型，最后通过模型验证和修正以及实证分析，实现对北方地区秸秆沼气集中供气工程冬季增温保温能源边际报酬的定量估算分析。其次制定了不同保温和不同增温情景下的沼气集中供气工程冬季增温保温工艺优化方案。

（6）应用价值和应用情况

本课题提出了北方地区沼气集中供气工程冬季增温保温工艺的优化应用方向：地下塞流式厌氧消化工艺用大棚保温，集热效果较好，且投资较低。塞流式沼气工程优先推广温室大棚保温＋燃煤补充增温工艺；地上卧式沼气发酵工程，适合供气户数不多的情况（原则上不超过 1000m³），优先推广江苏徐州市贾汪区马庄村的太阳能温室大棚保温工艺；其他露天沼气工程，优先推广河北沧州市青县耿官屯太阳能增温＋煤炭/电/生物质（如玉米芯、废旧木材等）。

3.4　能源草高效制备生物天然气关键技术研究

（1）编制时间：2016 年 01 月 13 日。

（2）项目来源：国家高技术研究发展计划。

（3）完成人：孔晓英。

（4）研究背景和研究内容

能源是社会和经济稳定发展的有效保障，环保型可再生能源的研究刻不容缓。本研究利用边际贫瘠土地，以能源草本植物的能源化利用为主线，从原料栽培、刈割、预处理、厌氧转化、净化、提质等关键技术进行攻关。获得了自主的能源草高效制备生物天然气的知识产权。筛选出了杂交狼尾草、柳枝稷、割手密等适宜制备生物燃气的能源草品种，亩产干草达4t；以杂交狼尾草为模式草种，综合生物质产量和厌氧发酵性能，研究刈割时间对原料消化性能有较大的影响；原创性开发低成本混合青贮技术，显著提高青贮品质，降低青贮成本；研制了高固体浓度发酵系统，并配套了相应的进出料系统；沼气高值利用方面，研制了相应的生物燃气净化、提质装备。通过集成上述关键技术，建立了能源草产气预测模型，并在惠州汝湖镇建立了一座300m³/d以能源草为主要原料制备生物燃气示范工程。并分析了能源草从原料准备到终端用户过程中C、N及化学能的转化分布。通过本课题的执行，构建了能源草种植-管理-青贮-预处理-发酵-高值化利用的技术平台，形成了完善的生物燃气原料供给、能源转化、高值化利用的技术体系和配套装备，为我国能源草高值能源化利用提供技术支撑。

（5）先进性及创新点

利用生物质资源厌氧发酵制备生物燃气的关键技术是提高生物燃气的转化率和生产速率，把生产成本降到最低，让其在和其他生物能源（燃料乙醇、生物柴油等）竞争过程中独占鳌头。近年来，为了更好地能源化利用纤维素类物质，学者们对影响纤维素类物质厌氧发酵产气率的因素进行了研究和探索，除了原料本身的因素外（化学成分等），主要包括预处理、纤维素类酶解、接种物和接种量、温度、pH值、纤维素类粒径、搅拌、金属离子等对提高纤维素类物质的厌氧发酵产气量的影响，除此之外，还有一些其他因素也会影响产气量，如：搅拌速度、有无重金属离子存在等，因此开展能源草制备生物燃气相关关键技术的攻关对于推进能源草在厌氧能源转化方面的应用具有重要意义。

（6）应用价值和应用情况

开展主动式培育原料厌氧转化制备生物天然气的研究，是缓解我国当前天然气需求快速增长，提高能源自给能力，改善三农问题，促进区域平衡发展，推进城镇化建设的重要手段，并能以此形成新能源领域的战略性新兴产业，提升科技创新驱动能力，占领生物燃气科技领域的国际制高点。

4 煤制天然气

4.1 煤制天然气典型工艺有毒空气污染物暴露特征及健康风险

1）起止时间：2014年1月至2016年12月。

2）项目来源：青年科学基金项目。

3）完成人：时进钢。

4）研究背景和研究内容

本课题以煤制天然气典型工艺为研究对象，通过全工艺流程分析、现场监测分析等方法，研究其产生的有毒空气污染物清单、工艺环节、排放规律，进而采用三维动态空气质量模型对有毒空气污染物的扩散进行模拟、获得浓度等值线分布情况，并进行有毒空气污染物暴露特征分析，最后采用多介质健康风险评价模型进行健康风险的计算分析，根据累积健康风险值的可接受程度研究提出合理的健康风险防范范围，为人体健康风险防范和管理提供依据。主要研究了：

（1）煤制气有毒空气污染物排放清单及排放规律。

（2）空气污染区排放调查以及污染物监测校核。

（3）有毒污染物排放清单分析。

（4）有毒空气污染物浓度扩散模拟以及人体暴露分析。全面研究研究煤制天然气典型工艺有毒空气污染物的排放清单、排放规律、扩散及暴露特征以及健康风险，建立一套化工项目及园区有毒空气污染物健康风险评估方法，进行健康风险的计算分析，根据累积健康风险值的可接受程度研究提出合理的健康风险防范范围，为人体健康风险防范和管理提供依据。

5）先进性及创新点

本课题基于全流程工艺分析和有毒空气污染物模型预测，将多介质人体健康风险评价模型对于有毒空气污染物人体健康风险的评估用于现代煤化工项目前期环境可行性论证中，突破健康损害事后评估的局限，该方法思路对于人体健康风险的预警、防范具有重要意义。建立化工园区有毒空气污染物健康风险评估方法、提出环境健康风险防护距离的概念，为化工行业从健康风险角度进行选址、布局以及人体健康风险防范管理提供技术支撑。

4.2　煤制天然气新工艺关键技术研究

（1）编制时间：2016 年 12 月 01 日。

（2）项目来源：国家高技术研究发展计划。

（3）完成人：程乐明、汪国庆、王青、马丽荣、周三。

（4）研究背景和研究内容

本课题目标是开发出煤的超临界催化气化、加氢气化制天然气两种新工艺、关键技术及装备，攻克超临界水催化气化材料防腐蚀关键技术和加氢气化喷嘴核心技术，分别形成煤的超临界催化气化和加氢气化工艺开发装置和中试装置，并实现连续试验运行，形成规模化装置工艺包。其中超临界水气化子课题完成了催化剂的设计和筛选实验研究和泥煤、褐煤、煤泥等低阶煤反应特性评价，获得不同煤种反应特性及催化剂方案，获得催化剂低成本回收方案；完成了低阶煤成浆性及高压输送性能评价、过程自热研究、高压分离及降压系统试验研究和反应器和换热器三维瞬态 CFD 流场模拟；完成核心设备放大规律研究，建立了原料、产品及副产品的分析标准，开发了煤的百吨级超临界水气化工艺包。其中加氢气化子课题完成了多个煤种的加氢气化反应性评价，获得了加氢气化反应动力学模型；建成了高压氢气密相输送实验平台，对原煤特性（水分、粒径）、压差、气体种类、管道长度和管径对输送过程的影响规律进行研究；建成了 10t/d 煤加氢气化 PDU 装置，完成了高温氢气喷嘴、气化炉以及工艺核心设备的设计、建造和调试运行验证，考察了包括煤种、温度等工艺条件的影响。建立了加氢气化炉数值模型，并对该模型进行验证。

（5）先进性及创新点

本课题开发的煤制天然气技术，产品气中具有较高的甲烷含量，意味着不仅可以提高煤制天然气的效率，还可以降低煤制天然气的成本，随着本课题的实施和今后的产业化，有望形成新型高效的煤制天然气技术，支撑我国煤制天然气的产业化发展。

（6）应用价值和应用情况

采用超临界水处理低阶煤，省去了低阶煤干燥脱水的高能耗过程，可以直接利用物料本身所含有的水，利用超临界水对煤中有机物的溶解特性和供氢特性，在较低温度下生成富含甲烷和氢气的气体，简化了工艺流程。同时大大减少了常规利用过程中粉尘及有害气体对环境的影响，从经济角度和能量转化效率来说，都是低阶煤利用的一种有效途径。煤超临界水催化气化过程可直接使用高水分含量的原煤，免去了常规气化方法中高能耗的原煤干燥过程，该过程的实施有望大幅提高低阶煤如褐煤、泥煤和煤泥的利用率及利用效率。

5 氢能利用

5.1 面向氢能源安全的光电敏感材料和新型光纤传感器关键技术

（1）编制时间：2017 年 12 月 17 日。

（2）项目来源：湖北省自然科学基金计划。

（3）完成人：王高鹏、周贤、杨明红。

（4）研究背景和研究内容

目前我国已在氢能领域取得了多方面的进展，成为氢能技术和应用领先的国家之一。为了预防氢气爆炸事故的发生，研究和发展安全、可靠、灵敏度高和可远距离传输的氢气传感系统具有重要意义。本研究将飞秒刻写微结构的光纤光栅与氢气敏感材料相结合，系统的研究了基于 Pd6-Ag1、Pd4-Ag1、Pd2-Ag1 钯银合金和 Pd87-Ni12、Pd83-Ni17 钯镍合金的微结构光纤光栅氢气传感器。结果表明溅射 Pd4-Ag1 合金膜螺旋微结构传感探头在灵敏度、响应时间及重复性方面都具有较佳的性能，双螺旋微结构比单螺旋微结构具有更高的灵敏度，相比同类型 FBG 光纤氢气传感器，微结构 FBG 探头在灵敏度和响应时间有了 2～3 倍的提高。研究的传感器最高灵敏度相较于标准 FBG 氢传感器提高 7 倍以上，薄膜寿命大幅延长，可靠性得以大幅提升。针对 Pd 合金薄膜类光纤氢气传感器对环境温度敏感的特性，研发了基于光加热的 Pd-Ni 合金光纤氢气传感器，该类传感器可以根据环境温度变化自动补偿，使得传感探头工作在恒定温度；针对钯合金薄膜类光纤氢气传感器对低浓度氢气（小于 1％体积比）不敏感的特性，研发了基于三氧化钨-钯-铂纳米复合薄膜的光纤氢气传感器，该类传感器具有更好的敏感性与可靠性，弥补了钯合金薄膜类光纤氢气传感器的不足。

5.2 膦、硼正负电荷中心植入聚合物骨架结构中形成电荷均匀负载型有机多孔材料及其在氢气存储上的应用基础研究

（1）起止时间：2013 年 1 月至 2015 年 12 月。

（2）项目来源：国家自然科学基金面上项目。

（3）完成人：阳仁强。

（4）研究背景和研究内容

有机多孔聚合物由于制备简便、可化学修饰、热稳定性好、储氢量大被认为是下一代最具有发展潜力的储氢材料，成为当前储氢技术研究的热点问题之一。本研究利用磷、硼元素可以形成四价电荷中心，通过不同化学方法将其引入多孔聚合物骨架结构中，制备电荷负载型有机多孔储氢材料。膦、硼正负电荷的引入可以提高材料对氢气分子的极化度，增加材料与氢气分子之间的范德华力，提高氢气吸附焓，从而提高储氢量；磷、硼元素的易化学修饰性，有利于实现材料电荷密度、孔道形貌、氢气吸附焓的二次调整；膦、硼正、负电荷中心通过周期性延伸固定于三维网格结构中，实现氢气吸附活性位点在材料主体结构中的均匀分布。通过改变调整材料的设计和合成，实现有机多孔材料对氢气吸附焓变、比表面积、孔道形貌三方面的权衡考虑，实现氢气存储的最优化。

（5）先进性及创新点

本研究推动了共轭微孔聚合物在分子设计和创新应用等方面的发展。特别是基于含膦基团、咔唑基团、噻吩基团的共轭微孔聚合物的合成和性能研究取得重要成果：含膦节点聚合物的易化学修饰性，为研究采用不同官能团修饰的微孔材料与气体吸附性的关系提供了借鉴"窗口"；对咔唑基共轭微孔聚合物的深入探讨则使我们在材料的空间结构设计方面有了全新的认识，并拓宽了其功能，扩展了应用；而不同空间结构以及刚性噻吩结构的设计合成，为多孔聚合物的后续设计提供了一条颇有前景的新思路。

5.3 光催化分解水制取氢气的 Ag/TiO_2 组装结构基于表面等离子体光子学原理的两种设计

1) 起止时间：2013 年 1 月至 2016 年 12 月。

2) 项目来源：国家自然科学基金。

3) 完成人：刘孝恒。

4) 研究背景和研究内容

光催化分解水制取氢气的研究至今仍是科学界的热点问题。最近，基于表面等离子体光子学原理的相关光催化研究又引起较大关注，该方法使用的催化剂仍可采用金属单质/TiO_2 等传统复合体，但此时光催化原理已发生颠倒性变化，即光辐射的有效接受体不是 TiO_2 而是某些纳米化金属单质。本课题通过控制纳米 Ag 的尺寸、几何形状以及和 TiO_2 的结合方式等手段，提高分解水制取氢气的效率，包括可见光的有效利用，产氢速度的提高等。

方法 1，采用十六烷基三甲基溴化铵（CTAB）作模板，首先获得 TiO_2 纳米线自组装阵列结构，再充分利用模板 CTAB 的功能：（1）通过 $AgNO_3$ 与模板中的 Br^- 反应等过程获取 Ag 单质；（2）CTAB 等可继续控制纳米 Ag 的形貌。这样可生成纳米 Ag/TiO_2 纳米线的交替复合结构。

方法 2，改进传统做法，适当提高 Ag 在复合体中的含量，将纳米 TiO_2 低密度组装到纳米 Ag 片表面，促成纳米 Ag 有效接受光辐照。

5.4 硼抑制金属间化合物中由氢气诱发的环境氢脆机理研究

1) 起止时间：2013 年 1 月至 2016 年 12 月。

2) 项目来源：国家自然科学基金。

3) 完成人：陈业新。

4) 研究背景和研究内容

本课题在前期研究工作的基础上，对化学计量比对有序态 Ni_3Fe 合金力学性能及环境氢脆作用机理进行了深入研究。用第一性原理计算了 Ni_3Fe 合金在有序化前后合金元素的电子态密度变化，研究了有序度对 Ni_3Fe 合金电子结构作用的机理。利用密度泛函理论和电子交换关联能方法计算了氢分子和氢原子在块体有序态 Ni_3Fe 合金表面（111）晶面上吸附的过程，分析了影响合金表面催化裂解氢分子能力的因素，在电子的层次上研究了有序态金属间化合物在氢气中发生环境氢脆的机理。通过测量不同有序度（Fe，Ni）3V 合金在氢气环境中的力学性能，研究了有序度对（Fe，Ni）3V 合金氢脆敏感性的影响，验证了 Ni_3Fe 合金有序度与合金氢脆敏感性之间关系的普适性。研究了硼含量对有序态（Fe，Ni）3V 合金的相组织、晶粒尺寸、在氢气中力学性能和氢扩散系数的影响，弄清了硼原子抑制有序态（Fe，Ni）3V 合金中由氢气诱发的环境氢脆的机理。通过研究硼含量对 Ll2 型的（Fe，Co）3V 和 Ni₃（Si，Ti）合金环境氢脆敏感性的作用，确认了硼原子及含量抑制这两种金属间化合物环境氢脆的机理。对硼原子在 L12 型金属间化合物 Ni₃Fe、（Fe，Ni）3V、（Fe，Co）3V 和 Ni₃（Si，Ti）合金中的分布、存在形态及其对相组织、力学性能和环境氢脆的作用进行归纳、分析，确定了硼抑制 L12 型金属间化合物中由氢气诱发的环境氢脆机理的普适性，探寻了金属间化合物在氢气环境中使用时的韧化途径。

5）先进性及创新点

① 第一性原理的计算结果表明，在有序化处理过程中，Ni₃Fe 合金中原子的电子可能在不同轨道间发生转移，从而改变了合金的催化裂解能力；有序态 Ni₃Fe 合金表面的 Ni 原子和 Fe 原子对氢分子具有较强的催化裂解能力，氢主要以原子的形式吸附在合金表面。

② 发现足够量的硼原子可以完全抑制有序态（Fe，Ni）3V 合金在氢气中拉伸时发生的环境氢脆，其机理与硼原子抑制有序态 Ni₃Fe 合金环境氢脆的机理相同。

③ 当合金中出现 σ 相后，硼原子抑制有序态（Fe，Ni）3V 合金由氢气诱发的环境氢脆的能力消失。

④ 发现在 L12 型的（Fe，Co）3V 合金中，硼原子具有其在 Ni₃Fe 和（Fe，Ni）3V 合金中的相同作用，可以抑制合金的环境氢脆。

⑤ 发现硼原子在 L12 型的 Ni₃（Si，Ti）合金中存在饱和固溶度，硼原子超过此饱和固溶度后合金中析出 Ti-B 化合物，而且添加的硼含量越多，Ti-B 化合物的含量随之增加。

⑥ 本项目的研究工作从正、反两个方面确认了硼原子抑制 L12 型金属间化合物环境氢脆的机理。

6）应用价值和应用情况

本项目通过研究硼原子在四种 L12 型的金属间化合物（Ni₃Fe、（Fe，Ni）3V、（Fe，Co）3V 和 Ni₃（Si，Ti）合金）中抑制合金在空气和氢气中的环境氢脆机理，确认了硼原子抑制 L12 型的金属间化合物的机理。只要硼原子在合金的晶界上偏聚足够的量，就可以完全抑制金属间化合物的环境氢脆。但是，如果硼原子在晶界上偏聚量不足，硼原子则只能部分消除合金在环境中的氢脆敏感性。此机理在 L12 型的金属间化合物中具有普适性。因此，此机理对未来新型 L12 型金属间化合物的设计、应用及韧化现有金属间化合物具有一定的指导意义。

6 液化石油气

火灾环境下 LPG 储罐的温度-压力-应力气液固耦合场的小波有限元研究

（1）起止时间：2013 年 1 月至 2015 年 12 月。

（2）项目来源：国家自然科学基金。

（3）完成人：赵斌。

（4）研究背景和研究内容

为了发现 LPG 储罐在火灾环境下温度-压力-应力气液固的耦合机理，利用小波有限元理论对其进行深入地研究。首先，根据气液两相流理论、三参数状态方程以及固体热传导理论建立 LPG 储罐温度-压力-应力气固液耦合场的数学模型。然后构造出 LPG 储罐在火灾环境下温度-压力-应力气固液耦合的小波有限单元，通过对耦合模型在空间和时间上的离散，获得 LPG 储罐在火灾环境下温度-压力-应力气固液耦合的小波有限元列式。接着，进行 LPG 储罐气液固耦合场各个物理量的多点测试，通过实验结果和数值计算结果的比较验证小波有限元的精确性。接下来，进行小波有限元法的收敛性分析，找出精确度最高，求解过程最稳定的耦合小波有限单元，从而可以提高计算的鲁棒性。最后，利用小波有限元分别对 LPG 储罐在不同火灾环境下温度-压力-应力气液固耦合机理进行分析，从而能够有效预测 LPG 储罐在火灾环境下的爆炸危险性，提出完善的 LPG 储罐防爆预警机制。

（5）先进性及创新点

本课题构造了火灾环境下 LPG 储罐温度-压力-应力气液固耦合场的小波有限元模型。通过仿真分析和试验测试验证了小波有限元法在火灾环境下 LPG 储罐温度-压力-应力气液固耦合场分析中的有效性，并且设计了相应的求解算法。

（6）应用价值和应用情况

本课题的研究结果能够有效地预测火灾环境下 LPG 储罐的爆炸危险性，为提出有效的 LPG 储罐安全管理措施提供有利的理论依据。

第二节　输配

1　场站工程

1.1　天然气管网能量计量与管理系统

（1）编制时间：2013 年 11 月 27 日。

（2）项目来源：国家高技术研究发展计划。

（3）完成人：叶朋、顾志烈、张旭辉、徐爱东、董胜龙等。

（4）研究背景和研究内容

针对石化、冶金、城市燃气等行业对气体成分检测、流量和天然气能量准确计量和管理信息化与自动化的需求，攻克研发高精度、高可靠、高安全、长寿命和智能化仪器仪表的关键技术，研制我国工业急需的高端和特种仪表，增强我国工业仪表的自主配套能力。

（5）先进性及创新点

本课题是"高端及特种仪器仪表"中重要研究目标和研究内容之一，进行天然气管网能量计量与管理系统研制，主要研制天然气能量计量高端仪器仪表，包括：用于天然气流量计量的气体超声波流量计，用于煤层气等杂质含量较高的天然气流量计量的双钝体涡街流量计，用于配气站下游的中小口径腰轮（罗茨）流量计，用于天然气能量计算的流量计算机，用于终端用户燃气计量的高精度智能燃气表。

（6）应用价值和应用情况

突破核心传感器制造、结构设计、处理算法、数据传输与管理等关键技术，构建天然气管网能量管理系统，满足燃气行业对高端仪器仪表的需求，形成自主配套能力。

1.2　高中压调压站冻堵、冻胀对安全运行影响分析及应对措施

1）起止时间：2015 年 1 月至 2018 年 6 月。

2）项目来源：北京市科学技术委员会。

3）完成人：李夏喜、刘瑶等人。

4）研究背景和研究内容

冻堵和冻胀是影响天然气输送管道安全的重大危险因素。天然气管道在输气过程中，气体经过分输调压装置后，就会在节流处快速膨胀，产生急剧压降，而气体在极短时间内来不及与外界发生热交换，因此气体温度急剧降低。该现象也被称为焦耳—汤姆逊效应，亦称"节流效应"，是天然气管道调压操作中常见现象。输气管道压力每降低1MPa，温度大约降低4～5℃，造成分输管线一直在零摄氏度以下低温运行，从而发生冻堵和冻胀。并且，管道设备长期处于设计温度以下，材料容易发生冷脆，存在安全隐患。本课题的目标是解决调压站冻胀、结霜和冰冻的问题。

（1）对于一台调压器阀口加热的装置，试验不同功率、加热面、上限温度的加热模拟实验，对加热技术实施过程中的加热功率、加热面、温差等参数进行优化，研究对调压器冻堵部分直接进行冻堵预防和快速化冰的可行性。

（2）对两套加热管道内天然气设备进行换热系统的水浴温度优化、换热管气侧传热优化、换热管排列优化是重点研究内容。在已有实验研究的基础上通过计算分析、数值仿真来进一步确定设计方案。

（3）设计制作另一台适用于不同口径调压器的阀口加热装置，进行加热模拟实验，优化性能参数并选取合适的天然气场站建立示范工程。

5）先进性及创新点

课题研究过程中，课题组分析计算，查阅了大量相关规范，根据对冻堵、冻胀问题的文献及现场调研结果，分析了冻堵冻胀问题出现的主要影响因素，按照防冻堵问题的需求设计了管道内天然气加热装置和调压器阀口加热装置技术方案，加工完成了两套管道内天然气加热装置、两套调压器阀口加热装置样机。为对管道内天然气加热装置的燃烧系统和换热系统进行性能测试分析，在北京建筑大学进行了基于实验室和实地工程场站内的两套管道内天然气加热装置的性能测试分析，为管道内天然气加热技术的应用和推广创造了可能。

6）应用价值和应用情况

课题成果具有重要的社会效益：

（1）可提高天然气管道运行安全系数，对调压站设施及管道的安全运行具有十分重要的意义。

（2）调压站冻胀、结霜和冰冻是调压系统存在的普遍问题，该课题示范工程可以为行业同类问题的解决提供可行的范例。

（3）天然气加热技术可以推广到天然气处理及更多工艺流程中。

（4）实施导则可为工程应用提供方案决策支持，为相关行业标准的制定提供参考。

2017年，管道内天然气加热装置和调压器阀口加热装置分别在高压管网分公司的三个厂站完成装置燃烧系统和换热系统的运行测试及示范工程建设和示范运行。

1.3　LNG站用成套设备的研究开发研究报告

1）编制时间：2013年09月23日。

2）项目来源：国家高技术研究发展计划。

3）完成人：陈惠琼。

4）研究背景和研究内容

在 2017 年，中国的天然气消费总量达到 2373 亿 m^3，其中的年增量超过 340 亿 m^3，增幅为历年之最。而 LNG 的进口量达到 515 亿 m^3，已然超过管道天然气进口量近 100 亿 m^3。在未来几年，中国天然气消费进一步增长的预期要求拓展上游气源，并配之以与消费规模相当的调峰能力。然而在上游气源领域，国内油气田自产气和管道天然气进口均已经处在满负荷运行状态。期望在短期内再实现大幅度的增量，实属相当艰难。更加倚重 LNG 的进口则成为一个必然的选项，而沿中国海岸线和长江规划的一系列接收站数量亦迅猛增长，全部投产后的近期总周转能力将超过 2 亿 t，液态 LNG 储备能力将达到 2653 万 m^3。

通过本研究，掌握两相流介质状态下的管道输送、振动疲劳、气蚀等技术，集成开发 LNG 橇装式加液站的关键技术，并形成自主知识产权；研制出 LNG 站用低温液态泵池、LNG 加气机和 LNG 加液枪，使其达到国际先进水平；开发出橇装式加液站控制系统；编制出 LNG 加液站、加液机等产品技术规范、维修、保养、操作技术规范和橇装站安全应急技术规范；集成三套 LNG 橇装式加液站示范工程，并投入运行，且通过国家许可单位组织的工程验收；同时通过相应的技术改造，建成橇装式加液站制造车间，实现 LNG 加液站成套设备国产化。

5）先进性及创新点

该项目创新点如下：

（1）通过对系统的关键设备的研究，充分考虑了 BOG 气的产生方式和降低 BOG 排放的方法、计量精度等，完成了橇装式加液站系统的集成。

（2）开展了 LNG 加液站控制技术、安全应急技术研究，实现 LNG 的接收、储存、调压、加气，实现高度自动和高度智能化，达到安全、经济、环保的效果。

（3）完成了 LNG 加液站无排放的卸装技术研究及研制出 LNG 站用低温液态泵池，使其在运行期间，未出现结霜现象。

（4）开发了高精度 LNG 加气机，该装置的精度达到 0.5%，而远远高于贸易结算的 1% 计量精度要求。

（5）开展了两相流介质状态下的管道输送技术研究，选用高真空多层绝热，有效地杜绝了两相流的产生。

（6）完成了泵抗气蚀技术研究，优化了过流流道，降低了水力损失，从而大大增加设备抗气蚀性能。

（7）开展了 LNG 加液枪密封技术研究，有效解决了加液枪平面密封和轴密封的问题。

6）应用价值和应用情况

（1）通过本研究，开发出了具有自主知识产权的橇装式 LNG 汽车加液站新产品，并实现了产业化。该产品已陆续投放市场，其应用单位有：中国海洋石油集团有限公司、中国石油化工集团有限公司等单位，在近几年的需求量在 100 套左右。

（2）本研究系四川空分设备（集团）有限责任公司、重庆四联油气设备制造有限公司、中海深燃能源有限公司、上海交通大学、杭州新亚低温科技有限公司合作研究。其中，四川空分设备（集团）有限责任公司为主要研制单位，完成了 LNG 站用成套设备的产业化建设，达到 50 套/年的组装能力；在车间里也进行了橇装站的生产，满足小规模量产的要求。而对于该研究研发的橇装式 LNG 加液站成套设备，到目前已实现的销售合同达到 3000 万元。

1.4 互联网＋技术在燃气民用表管理中的研究与应用

1）起止时间：2016 年 8 月至 2017 年 9 月。

2）项目来源：天津市建委科技项目。

3）完成人：刘晨、殷志伟等。

4）研究背景和研究内容

燃气计量采用互联网＋技术的民用燃气表的安装实施顺应国家"互联网＋行动计划"要求和抢占新兴产业制高点的要求。依靠新的科学技术为燃气行业服务，加快燃气行业信息化建设，提高能源管控力度。互联网＋技术在燃气民用表管理中的应用，主要是利用传统燃气营业收费管理模式与现代互联网＋技术的结合提高燃气企业民用燃气表具管理、收费管理水平，达到节省成本，提高服务质量的目的。通过采用稳定可靠的移动（移动、联通、电信）无线网络平台能够实现燃气表端数据直接传送到后台管理服务中心，实现远程阀门控制、用气状态监控、阶梯气价实时调整以及数据分析，异常报警等功能。结合手机 APP 软件可以完成远程充值、实时互动等功能，为燃气公司的燃气运营数据预测提供了可靠的数据依据。

该研究的主要内容包括：

（1）表端和服务器端通信、数据采集、阀门控制、告警提示、报表分析等基础功能。

（2）管理系统与互联网服务供应商的对接，实现网上报装/报修、网上缴费、信息推送、移动派工、自动应答等扩展功能。

5）先进性及创新点

该研究的成果的创新性特点有：

（1）系统自动完成抄表、收费、报表生成等业务，支持阶梯气价。

（2）支持多种付费方式：网上付费，营业厅付费，移动付费（微信、支付宝、银联）。基于互联网云客服平台，帮助燃气企业建立多渠道全业务客户服务中心。

（3）实时监控表具的计量信息与运行状态，远程控制阀门状态。

（4）支持大数据处理，按照不同的筛选条件（地区、时间段、用气类型等），获取相应的用气数据报表，实现各种数据对比，以及数据深度挖掘，形成报表，为供销差统计分析提供数据基础。

（5）服务器数据本地独立备份，异地容灾备份；磁阵存储技术；数据采用加密机存储技术；服务器采用应用和宕机监控，故障报警通知等一系列技术保障了数据安全。

6）应用价值和应用情况

研究过程中于一销小型工商户燃气表到期更换 400 户，更换表型为 G2.5；三销静海华苑小区民用表到期更换 216 户，更换表型为 G1.6；截至目前，已在武清、宁河、静海农村煤改燃项目中应用超过 17000 台。试挂用表及其管理系统运行稳定，能够实现如远程关阀及预设条件自动关阀、自动报警提醒、自动充值（电）提醒、实时数据查看、报表统计及分析、数据存储、日志查询等功能。配套管理系统运行稳定，售后响应及时，预期功能均可正常实现。

实践表明：采用互联网＋技术燃气表的安装实施提高了企业表具管理和营业收费管理效率和质量，降低了用工成本，同时通过互联网＋燃气表管理系统所提供的自主缴费、信息推送等附加服务,增强了企业对用户服务能力,满足提升供气安全的需求。该研究成果成功实施后可彻底解决了人工抄表入户难、抄表难、抄表数据相差大、收费难等问题,节省运营公司人力成本。丰富了用户了购气方式,大大降低了营业厅的收费压力。

1.5 基于 SCADA 系统实现调压站的智能化调控

(1) 起止时间:2017 年 3 月至 2017 年 12 月。

(2) 项目来源:郑州华润(企业项目)。

(3) 完成人:肖为民、李光亚等。

(4) 研究背景和研究内容

随着供气规模的扩展,城市燃气输配系统向着多气源、多通道、多压力级制的复杂系统发展,高中压调压站大部分建在城市四环路附近距离市区中心 10km 以上,在用气高低峰时使用的压力不同,传统的方法是由调压人员现场手动调节指挥器,这种调节出站压力的方式已无法满足调控需求。通过建立高效、可靠、安全的自动化、智能化调控系统,保障用户用气压力,淘汰及时性差、成本高的传统调控方式,全面提升供气保障质量。

项目不仅实现了调度中心对高中压场站压力、流量的远程监视、远程调节、远程控制,实现场站标准化、自动化运行,还进一步开发智能化调度平台,实现调度中心智能化。实现高中压调压站远程调节无人值守,淘汰人员驻守调节模式,节约人员成本。实现紧急切断阀的远程关闭,提升应急响应速度,有效控制险情和次生灾害的发生。充分发挥高压管道储气能力,淘汰高成本的储配站,大幅降低储气调峰成本。开发管网调控模型,初步实现智能化调控。

(5) 先进性及创新点

本项目采用调压器+调节阀调节工艺,首先通过指挥器设定保证调压器后压力 P_1、出站压力 P_2 不超限,之后通过远程控制电动执行器驱动调节阀实现出口压力、流量调节。通过自主创新研发高中压场站控制技术,对 SCADA 系统进行调度中心远程控制开发、站控远程控制开发、通信开发、数据库开发和配套的高中压场站工艺、RTU 技术改造和升级,实现调度中心对高中压场站压力、流量的远程监视、远程调节、远程控制,实现场站标准化、自动化运行。项目选用可靠性高、抗堵塞的调节阀,降低阀门故障率和维护成本。采用步进调节技术,使调节参数平稳变化,避免突变对设备的冲击。采用光纤和 4G 无线双通道 VPN 专线通信,保障通信链路稳定可靠。联锁保护和 ESD 保护,保障调控的安全性和紧急处置的及时性。整合周界报警、浓度报警、视频监视、远程喊话等系统,实现高中压站无人值守。研发自动控制、智能控制技术和管网宏观模型,实现智能化调控。

(6) 应用价值和应用情况

项目完成 4 座门站、14 座高中压调压站远程调控,年均远调 2100 余次,提升对用户的供气质量。完成 8 个高压紧急切断阀的远程紧急关闭控制,关阀时间由 60min 降为 60s,有效控制险情、降低次生灾害风险。淘汰人员驻守调压模式,实现高中压调压站无人值守,高压管道储气调峰能力提升 15 万 m^3,利用管网宏观模型,初步实现自动化调控、智能化调控,技术水平行业领先,大幅提升管理质量。项目的成功实施,充分释放了高压管线的储气能力 15 万 m^3,为淘汰落后产能提供了条件。城市燃气输配系统智能调控质量创新,大幅提升了城市燃气输配的计划准确性、运行安全性、调节可靠性、控制精确性,有效地促进了员工、股东、气源供应商、管道运输商等利益相关方的互动发展和绩效。

2 管网工程

城市地下综合管廊安全防控技术研究及示范

1）起止时间：2017 年 6 月至 2020 年 12 月。

2）项目来源：国家重点研发计划。

3）完成人：李颜强、杜建梅、高文学、赵伟、严荣松等。

4）研究背景和研究内容

该项目是国家重点研发计划"公共安全风险防控与应急技术装备"重点专项 2017 年立项的 35 个项目之一。项目针对综合管廊安全防控的风险预防、监测、识别、评估至事故应急处置的全过程，涵盖构成管廊主体系统的廊内管道、管廊本体、外部环境 3 个部分，开展理论方法研究、关键技术开发、仪器装备研制、系统集成、典型工程应用示范等。各课题按照系统论的方法，研究内容和过程互相配合，成果互为支撑，集中讨论融汇凝练，形成五大关键性成果：综合管廊复杂风险源辨识、典型事故致灾演化机理与综合评估方法，建立了综合管廊复杂风险清单和综合风险量化评估方法、揭示了综合管廊典型事故致灾演化机理；综合管廊全寿命周期本质安全规划设计技术；城市地下综合管廊本体、环境及管道检测监测技术和装备；综合管廊应急联动处置技术及动态决策方法，兼顾人防的管廊口部防护技术和装备，综合管廊结构性修复技术和配套装备；综合管廊安全防控智能化集成平台。

5）先进性及创新点

（1）针对综合管廊特点，为综合管廊风险源辨识设计构建了"能量转移理论-预先危险性分析-演化树"（EPE）模型的精准化解决方案，建立了结构基本完备、覆盖比较全面的综合管廊风险分类编码清单及危险性分析方法；初步揭示了密闭空间内电缆火及烟气蔓延规律、燃气爆炸的发展演化过程及超压分布规律、廊内气体泄漏扩散的时空演化分布规律。

（2）研发了管廊运营需求的纵向变形、渗漏监测系统，建立了火灾下管廊结构测点布置、安全性评估方法，纵向变形定量评价方法；建立了基于全波形反演算法的地速模型估计方法，研发了 400MHz 大宽带探地雷达，研制了适用于管廊内部环境监测的气体监测设备；针对管廊高危管道日常巡检和定期检验的问题，建立了高频涡流磁场管体缺陷磁力耦合模型，开发了多元阵列探头和检测方法，开发了管体腐蚀状态 FSM 监测设备和系统，开发管廊环境下的巡检机器人。

（3）提出了一种基于数字孪生技术的城市地下综合管廊安全管理模式，建立面向管廊总控中心和分控中心的两级智能化平台总体架构，通过数据全域标识、状态精准感知、实时分析实现综合管廊的模拟、监控、联动、预测和控制。

6）应用价值和应用情况

（1）对管廊建设规划的基本要求、规划方法、编制内容、技术要点及编制成果深度等内容的研究成果纳入《城市地下综合管廊建设规划技术导则》T/CECS 532—2018。全寿命周期本质安全综合管廊断面、节点和附属设施设计技术研究成果纳入《城市综合管廊设计导则》和多册国家标准设计图集。

（2）分析验证了供水管道和燃气管道安全共舱的可行性，提出了燃气供水管道共舱的断面形式。成果纳入《城市地下综合管廊管线工程技术规程》T/CECS 532—2018 相关章节。

（3）系统开展综合管廊与多类型市政基础设施的整合建设规划设计技术相关的案例、

标准和技术研究，成果纳入正在编制的《综合管廊与地下基础设施整合建设标准》。

（4）编制《城市地下综合管廊运行维护及安全技术标准》GB 51354—2019。

（5）2019 年 9 月，"城市地下综合管廊安全防控技术研究及示范"项目通过中期检查。

3 储气调峰

3.1 油气管道及储运设施完整性评价技术研究

1）编制时间：2018 年 12 月 27 日。

2）项目来源：国家重点研发计划。

3）完成人：帅健、王婷等。

4）研究背景和研究内容

油气储运系统的完整性评价一直受到管道行业的高度重视，尤其近年来的高压大口径高级管道以及大型原油储库的发展对管道完整性评价提出了挑战。本项目的目标在于研究提出适用于我国城镇油气管道从设计、施工、运行到报废全寿命周期的安全完整性管理体系，研发油气管道适用性评价及失效控制等关键技术。

研究围绕油气管及储运设施完整型评价技术开展技术攻关，共包括 4 个课题：高强度管钢完整性评价技术研究、大型储罐完整性评价技术研究、油气储运设施完整性评价技术研究、在用油气管道及储运设施微损试样研究方法。具体包括以下研究内容：

（1）高钢级钢管力学性能及服役条件对管道安全性的影响分析方法；

（2）大型储罐的失效模式以及罐体变形、缺陷方法的评价方法；

（3）包含复杂管系、场站压缩机组核心部件、过滤分离设备设施（压力容器）以及大口径焊接球阀等储运设施的完整性评价方法；

（4）在用油气管道及储运设施微损材料性能测试方法。

5）先进性及创新点

本项目以自主创新及集成创新为主，运用资料及现场调研、统计分析、数值模拟计算、实验室实验、现场测试等多种技术手段。在管道完整性评价技术方面，首次针对国产 X80 高钢级管道开展系统研究。在储罐完整性评价技术方面，国际及国内的相关研究未形成系统的储罐完整性评价技术方法，本项目首次形成了储罐完整性评价的成套技术方法。在油气管道，场站设施的评价方面，国际管道研究协会（PRCI）设立了专项对场站完整性进行研究，取得了较多的研究成果。但国内研究较国外仍存在空白，本项目填补了空白，建立了复杂管系、站场压缩机组核心部件、过滤分离设备设施（容器）以及大口径焊接球阀等储运设施的完整性评价方法。在油气储运设施力学性能在线检测方面，研制了小冲杆微损试样的材料性能试验方法研究与实验装置，提出基于能量原理与微损试样试验的材料性能评价方法。

6）应用价值和应用情况

本项目构建了油气管道完整性管理体系框架及其审核指标体系，提出完善我国油气管道安全监管体制的建议和以行政监察、市场经济、税收、保险综合型安全监管机制来建立长效机制的综合对策，为各级安监部门对管道进行安全监管以及管道企业对管道实施设计、安装、运营及报废全过程完整性管理提供支持技术与方法。

同时，本项目进行了一系列技术研究，研制了基于励磁效应的管体损伤非开挖检测设备、管道完整性管理软件系统等软硬件系统 6 套并编制了管道完整性管理体系审核标准行业标准（草案）。各部分技术及相关设备在西气东输、中俄管道、中石油大连油库等一系列大型工程中开展示范应用。

3.2 油气长输管道及储运设施检验评价与安全保障技术

（1）编制时间：2019年05月30日。

（2）项目来源：国家重点研发计划。

（3）完成人：黄明、崔凡等。

（4）研究背景和研究内容

本课题研究面向生命财产安全、生态环境和能源供应的油气管网系统安全综合评价指标与方法，研究管道安全保障的大数据分析技术，实现管道重大灾害预警及应急救援资源调配的决策支持，形成一整套管道和储运设施服役周期内安全保障技术体系，并开展关键技术的测试实验与安全保障技术体系的示范工程应用。

研究主要内容：建设管网安全保障大数据技术研究及决策支持平台，实现面向灾害预测分析的数据调度，尤其是对实时监控数据的快速响应，并形成可视化的数据处理分析结果；形成由检测技术、监测预警技术、风险评价技术、完整性评价技术以及应急维修抢险技术五方面组成的油气管道及储运设施安全保障技术体系；以西南及长江流域地下油气输送管道作为主要调查研究对象，建立针对崩塌、滑坡、水毁3类典型地质灾害的管道的1∶1作用模型，构建一整套管道地质灾害实验平台。重点解决了通过高效集成多源、异构的管道内外部数据，研究管道安全各因素潜在关联及大数据分析趋势分析技术，构建管网系统安全综合评价技术模型，揭示管道重特大灾害的触发、发展及复杂时空下的演化规律，为实现管网重大灾害区域预测及应急资源科学调配提供决策支持，实现了webgis地图发布和实验平台的物理模型的搭建。

（5）先进性及创新点

本项目利用GIS技术，借助Hadoop大数据平台实现管道大数据ETL清洗、转换。对于油气管网系统安全综合评价体系，形成了压力类指标、响应类指标、状态类指标的评价体系。其中压力类指标包括社会压力、环境压力以及供应压力；响应类指标包括应急响应类和日常响应类；状态类指标则是对油气管网系统发生事故、造成人员伤亡、环境污染、供应中断等进行评价的统计类指标。本项目还从力学特征和地球物理场响应特征两方面分析地质灾害体与管道之间的相互作用，初步分析破坏形成的机理和其对油气管道产生的瞬时、长时影响。针对管道安全问题进行现场实践勘察，确定了问题多发区的自然条件，并通过对目前已有部分地灾模型的调研，共同作为本次模型构建的理论基础。

（6）应用价值和应用情况

项目研发的大数据平台在中石油现有管道完整性平台上扩展发展，实现了管道数据的地图查询、浏览；基于GIS的管道数据空间分析；管网重大灾害预测结果发布与查询；管网应急资源调配分析结果发布与查询；数据接口等功能。同时本项目初步形成油气管道及储运设施安全保障技术体系框架，并形成技术体系总体方案，利用该体系评价管网面临的安全压力和自身的响应能力，可以作为监管部门对管道运营方进行监管的依据，运营方也可获得管道安全的控制指标，对管网的安全性进行定性判断。监管部门及运营商还可根据管道地质灾害实验平台模型试验结果，提出针对性的管道安全防护方法，为管道运行安全提供保障。典型地质灾害条件下所构建的油气管线实验平台，可作为管线铺设的参考依据和铺设后运营期管线风险评价的重要指标。

4 运营管理

4.1 城市燃气管网地震安全监控和紧急处理系统及其应用研究

1) 编制时间：2015 年 05 月 11 日。

2) 项目来源：国家高技术研究发展计划。

3) 完成人：马树林、高峰等。

4) 研究背景和研究内容

项目目标是研制开发城市燃气管道的地震安全监控和紧急处置系统，并实际安装运行。该系统主要用于城市供气系统的防震减灾，系统的作用有二：一是地震发生时，系统紧急处置设备自动响应判断，当达到系统设定的触发条件时，紧急处置设备自动响应，切断燃气流动，防止或减少地震次生灾害的发生，降低财产损失和人员伤亡；二是监控城市燃气管道，地震发生时能够快速判断地震破坏情况，为震后救灾提供科学准确的判断依据。研究内容分为 4 部分：研究开发城市燃气管网的地震安全监控和紧急处置系统；针对城市燃气管网抗震能力和地震破坏特点，进行燃气管网系统地震紧急处置系统设计方法研究，建立其阈值确定原则和方法；研发具有自主知识产权的相关设备：不同原理不同口径系列地震阀门，地震阀门监测标定设备，燃气管道地震阀门触发判断仪器，燃气管道地震参数监测传感器，监测网络通信方法和相关仪器，监控软件和其他配套软件；利用地震模拟振动台和其他实验手段开展燃气管道地震阀门稳定性可靠性的实验研究，燃气管道地震参数监测设备的实验验证研究；在城市燃气管网系统开展示范工程，完成安全运行和实际推广应用。

5) 先进性及创新点

(1) 研制开发城市燃气管网的地震安全监控和紧急处理系统并实际安装运行。针对城市燃气管网抗震能力和地震破坏特点，进行燃气管网系统地震紧急处理系统设计方法研究，建立其阈值确定原则和方法。

(2) 研发具有自主知识产权的相关设备：不同原理不同口径系列化地震阀门，地震阀门监测标定设备，燃气管道地震阀门触发判断仪器，燃气管道地震参数监测传感器，监测网络通信方法和相关仪器，监控软件和其他配套软件的开发。

(3) 利用地震模拟振动台和其他实验手段开展燃气管道地震阀门稳定性可靠性的实验研究，燃气管道地震参数监测设备的实验验证研究。

(4) 在唐山市燃气管网系统开展示范工程，完成安全运行和实际推广应用。

6) 应用价值和应用情况

(1) 城市燃气管网地震安全监控和紧急处置系统属于国内首套以城市燃气管网的防震减灾为直接目标的监控和应急装置。

(2) 国内率先进行城市燃气管网地震安全控制的示范，实现地震安全控制系统的实际应用。

(3) 燃气管网系统地震紧急处置系统设计方法研究，建立其阈值确定原则和方法。

(4) 全机械式地震阀门，动静态地震阀门检测标定方法和仪器仪表等设备的开发填补此方面空白。

(5) 研制的国内首套燃气地需应急自动处置系统在唐山投入使用。该系统可在不借助电源的情况下，在地震发生时按照设定的地震烈度值自动关闭燃气阀门，切断燃气的流动，还可实现远程监控，速报燃气管道紧急处置系统观测到的地震参数及阀状态。

4.2 基于风险的油气管道事故预防关键技术研究

1）编制时间：2014 年 12 月 19 日。

2）项目来源：国家高技术研究发展计划。

3）完成人：何仁洋、秦先勇等。

4）研究背景和研究内容

研究的目的是为完善输油输气和城市燃气管道事故预防技术体系——即检测监测技术体系和安全、风险、评价技术体系提供技术基础，完善科技发展长效机制，在"十一五"国家科技攻关课题成果的基础上，组织国内优势力量，开展联合攻关研究，为政府安全监察和企业安全管理提供科学的理论、方法和手段，保障生产生活安全，促进国民经济建设。经过团结协作、奋力拼搏，课题组按照"一个中心、两条主线、三个方面"的总体思路和"继承、创新、超前"相结合的指导思想，围绕输油输气和城市燃气管道事故预防技术体系的完善，针对埋地钢质管道、埋地聚乙烯管道、站场和穿跨越管段事故预防的共性、关键性突出问题，开展相关理论研究、仿真模拟，试验研究，研发了新产品，提出了检测监测方法和安全、风险、评价技术，研制了相关标准，完善了输油输气和城市燃气管道事故预防技术体系。

5）先进性及创新点

建立油气管道事故预防技术体系——即检测监测技术体系和安全、风险、评价技术体系，解决政府安全监察和企业安全生产中的紧迫、重大、关键、共性和难点技术问题为建立油气管道安全动态监管长效机制提供技术支撑。在消除安全隐患、确保油气管道安全运行、避免事故的同时，减少大量不必要的返修或报废和巨大的停产损失，为油气管道运行管理企业带来巨大的间接经济效益。

6）应用价值和应用情况

（1）准确、及时、高效地发现缺陷，并对其进行科学合理地评价，在消除安全隐患、确保输油输气和城市燃气管道的安全运行、避免事故的同时，减少大量不必要的返修或报废和巨大的停产损失，节约大量的资源，也为防止有毒有害介质泄漏、防止环境污染的提供根本技术出路，对于减少环境污染具有十分重要的意义。

（2）科学合理地从事故可能性和事故后果两方面综合确定输油输气和城市燃气管道站场的风险，对输油输气和城市燃气管道站场的安全状况进行综合评价，从而合理配置检验、维护、管理资源。

（3）规范燃气管道泄漏点定位方法，便于准确确定泄漏点，从而及时采取恰当的措施减少事故损失。

（4）在西气东输管道、深圳燃气管道、大庆油田站场输气管道、BP 公司甲苯（PX）管道、天津石化管道、陕京天然气管道、茂名石化管道、中石油西南油气田中青线管道上取得了成功的应用，节约了大量资源，并减少环境污染，取得了约 2.5 亿元的经济效益和巨大的社会效益。

4.3 三维 GIS 城市地下智慧管网系统研发及应用

（1）编制时间：2017 年 8 月 17 日。

（2）项目来源：湖北省科技支撑计划。

（3）完成人：姚艳华等。

（4）研究背景和研究内容

城市地下综合管线主要包括给水、排水、燃气、热力、电力、电信、工业、综合管沟8大类，其担负着能量与信息传递的工作，是城市赖以生存和发展的重要物质基础，被誉为城市的"生命线"。随着城市的建设和发展，地下管线的种类越来越多，数量越来越大，其最大的特点是隐蔽性较强，空间位置信息获取较为困难，因而在进行城市规划设计、建设施工和日常管理的工作中，如果缺少统一的管理系统和准确的管线信息，就会遇到诸多不便，甚至造成重大损失。

（5）先进性及创新点

城市管线管理中应用较为广泛的方法是传统的人工管理模式，即将管线的竣工资料整理成卷，实行档案管理。但这种方法已滞后于城市建设发展水平，加之信息化水平不高，因而许多城市地下综合管线的管理工作存在着很大的问题。传统的城市地下管线管理方式无法实现信息共享，效率低下，难以适应城市发展对海量数据管理的要求，造成资源的浪费，无法满足数字城市建设的需要。因此针对这种现状，迫切需要采用新技术和新方法来高效、动态管理城市地下综合管线基础数据，以满足管线相关部门的需要，使地下管线的管理步入科学化、规范化、信息化的轨道。

（6）应用价值和应用情况

智慧管网建设实施，针对当前城市地下管线管理中的问题，以及管线管理的实际需要，采用云计算技术、地理信息系统（GIS）技术、物联网技术等建立城市地下综合管线管理信息化系统，旨在实现地下管线的统一有效管理，提高城市规划、建设和管理水平，维护城市"生命线"的正常运行，这对保证城市人民的正常生产、生活以及社会发展具有重大的现实意义。

4.4　基于物联网和移动 GIS 技术的市政公用设施智能管养系统

1）编制时间：2017 年 7 月 24 日。

2）项目来源：湖北省科技支撑计划。

3）完成人：扈震等。

4）研究背景和研究内容

针对当前市政设施管养业务普遍面临手工化程度高、业务零碎分散，管养过程缺乏监管手段、管养结果缺乏评价手段等一系列问题，结合物联网、地理信息系统（GIS）、全球卫星导航系统（GNSS）、移动通信、大数据智能分析等先进技术，开展各类信息的智能识别和采集处理、"多源、异构、多尺度、多时态"市政设施管养数据的高效融合与存储、海量设施监控及运营数据的智能分析、市政设施管养业务体系、内业监控端和外业移动端的业务流转闭环等方面的研究工作。

5）先进性及创新点

建立市政设施管理的移动数据模型；结合市政公用行业物联监测数据应用特点，建立海量物联监测设备标准接入接口；以电子地图为背景，利用 GIS 可视化技术，结合手持移动终端设备，实现包含数据采集、数据管理、设施评价、设施巡检、维修养护、设施监管、绩效考评、业务监管、运行调度的市政设施管养全覆盖业务；采用 GIS 空间分析、数据挖掘等技术手段,对海量的设施监控及运营数据进行智能分析。

6)应用价值和应用情况

(1)对各类空间、业务及监测数据进行有效的融合,探索客观规律,建立符合实际业务的评价模型;在工作流引擎的支持下,实现供水、燃气、通信、供电、照明等不同行业的业务动态配置和流程化支持;结合上述研究成果,开发出市政公用设施智能管养软件包。

(2)实现市政设施管养的高效率、精细化和智能化提供科学依据和直接的技术支撑。

5 应急抢险

5.1 城镇油气管道重大事故风险防控与应急处置技术研发及示范

1)起止时间:2015 年 1 月~2018 年 12 月。

2)项目来源:国家科技支撑计划。

3)完成人:康荣学、贺行政等。

4)研究背景和研究内容

到 2015 年,我国石油天然气管道总长度将达到 15 万 km。但长期累积的石油天然气管道问题逐渐暴露,石油天然气长输管道安全事故呈现多发态势。这些石油天然气管道事故不仅造成了巨大的人员伤亡和财产损失,而且严重危及了社会和环境安全,已经成为制约我国社会经济发展与和谐社会建设的重要因素。严峻的安全形势迫切要求加强油气管道泄漏监测、预警和风险研判等系列安全生产保障技术与装备的研究。

作为《城镇油气管道重大事故风险防控与应急处置技术研发及示范》项目的重要组成部分,本课题紧紧围绕城镇油气管道泄漏监测预警与风险研判技术装备研发,开展油气管道泄漏巡检技术、泄漏现场红外光谱监控技术、油气泄漏动态监控与风险研判技术,以提升安全生产和应急技术。课题还进行了油气管道安全与环境风险监控预警对策措施与法规标准等方面的研究。提出安全与环境风险监控预警组织管理模式,从国家、区域、企业不同层次建立安全与环境风险监控预警管理制度,明确划分不同层次安全与环境机构各自职责、责任和权益。

5)先进性及创新点

(1)统计分析了国内外油气管道事故数据,基于防护层模型,建立油气管道风险预警指标体系。

(2)搭建完成了基于可调谐激光光谱技术进行微量甲烷检测的光路系统,初步完成了DFB 激光器的精密温控模块,并利用 FPGA 技术进行了初步的信号处理。

(3)针对红外光谱气体泄漏监控的关键技术,研究了适用的红外传感器工作特性及技术指标。

(4)基本完成了用于油气管道泄漏巡检移动机器人履带移动机器人样机,该样机可在街道、野地、废墟、草地、楼宇等非结构化环境下执行任务。基本完成了该机器人的控制系统及软件系统设计。

6)应用价值和应用情况

成果尚处于研究研发阶段,尚未进行应用示范及应用推广。

5.2 燃气应急抢险移动式高压燃气管道放散系统技术研究

1)起止时间:2016 年 1 月~2017 年 12 月。

2）项目来源：天津市南开区科学技术委员会。

3）完成人：梁建新、王健等。

4）研究背景和研究内容：

"燃气应急抢险移动式高压燃气管道放散系统"是为了解决燃气管道事故抢修过程中存在的安全问题，使高压天然气管道内的高压燃气快速、有效、安全放散，而研发的一种应急抢险移动式燃气管道放散装置。

该研究是在确定放散工艺条件下，制定方案，设计、制造加工了一种应急抢险移动式燃气管道放散的装置。该装置将在紧急情况下，在高压天然气管道事故抢修过程中，为加速管道放散提供有效的解决途径，保证有效而安全的放散，降低由于管道泄漏引起的燃气事故发生率，保障人民的生命财产安全。

该项目在确定了解决高压管道事故抢修放散的方案后，经过反复比较，最终采用车身的液压支脚将系统支起，液压工作站的动力则由车载的汽油发电机提供。经调研，确定最终采用车载放散管与放散井口直接对接的方式，这时放散管的受力状态最佳，最为安全。综合考虑稳定性及安全性，车载放散管确定选择管径 DN200 的无缝钢管，竖直高度为10m。并且制定了与系统相配套的事故抢修放散流程，合理布置高压管道阀室及放散井口的位置，设计与装置匹配的放散井。

5）先进性及创新点：

（1）该项目采用车载放散塔架形式，机动灵活，操作自动化；

（2）该项目采用液压驱动方式，整个放散过程安全；

（3）该项目采用牢固的主放散塔架与折叠的放散管及可拆卸固定拉杆相配合的组合方式，既满足了安全放散管的高度和稳定性要求，又解决了公路运输问题；

（4）该项目研发了快接法兰装置，可以快速、准确地导引车载放散管与放散井内固定管道连接对位；

（5）该项目利用天津市煤气热力规划设计院自主研发的阀控组件，可在阀室橇柜中完成放散作业，且由于放散管埋于地下通向放散井，放散作业安全。

（6）该项目研发的系统可在紧急情况下，保证高压天然气管道有效而安全地放散，极大地保护了人民的生命和财产安全，同时降低了燃气事故的发生率，由此能够促进燃气企业的可持续发展，产生了深远的经济效益和社会效益。

6）应用价值和应用情况：

（1）该系统在研发时，国内外尚无先例，是首创研发的解决高压管道抢修快速放散的可靠装备。今后在条件具备的情况下，增加车身驱动，使其纳入特种车辆范畴，届时将更具推广价值。

（2）天津市燃气热力规划设计研究院有限公司据此申请了 ZL 2016 1 0778591.4《一种燃气应急抢险移动式高压燃气管道放散系统》发明专利。

（3）天津市燃气热力规划设计研究院有限公司据此申请了 ZL 2015 2 1083452.7《一种燃气管道放散装置》实用新型专利。

6 智能管网

6.1 面向崇明世界级生态岛的智慧燃气建设研究

1）起止时间：2017 年 7 月～2019 年 10 月。

2）项目来源：上海市科委。

3）完成人：徐汶波、戚小虎等。

4）研究背景和研究内容

课题针对面向崇明世界级生态岛的智慧燃气建设中，如何保障燃气管道和设施的安全、实现燃气系统的协同调度、持续改进燃气服务的体验等一系列问题展开研究，按照"管网安全可控、调度高效及时、服务满足需求"的总体要求，拟通过智慧崇明燃气地理信息系统（Geographic Information System，简称 GIS）平台与北斗高精度定位的扩展应用的建设，建立健全燃气管网的三维空间数据，形成燃气管网的三维展示与数据融合平台，并开展多维燃气展示平台建设；开发手持巡检设备，进行管网压力监测与爆管分析模型研究，选择对甲烷高度敏感的植物，建立基于微信企业号的崇明应急处置系统，保障燃气管网运行安全；完善居民与非居民智能表远程精细化管理，提高抄表效率，加强实时开设账户、实时扣款等功能建设；依托智能监测信息技术，结合云理念和大数据处理，建立燃气实际用气量历史数据库，实时分析崇明地区燃气用气量规律变化，指导燃气负荷预测及用气量实时调度，落实"智能管网、智能调度、智能服务"的建设目标，构建崇明"生态＋"智慧燃气。

5）先进性及创新点

（1）建成崇明智慧燃气 GIS 平台、管网压力监测平台、基于微信企业号的应急处置系统、居民智能表集抄系统、非居民用户数据智能采集系统；充分利用各自系统的数据，搭建了一个多领域、多功能、高智慧的整合系统，实现了数据统一展现、统一分析、统一决策，全方面、多维度、多角度的智能管理，为同行业未来建设提供了一个发展方向。

（2）崇明管网数字化率达到 100％，崇明燃气管网的压力监测覆盖率达到 95％，崇明智能表覆盖率达到 90％；

（3）崇明智慧燃气各系统平台应具备可扩展性，并与自治型能源互联网等系统相兼容，主要用能数据可试点共享。

6）应用价值和应用情况

（1）崇明世界级生态岛的智慧燃气建设，整合了 GIS 系统、应急系统、客服系统、预警系统等各燃气系统，充分利用各自系统的数据，搭建了一个多领域、多功能、高智慧的整合系统，实现了数据统一展现、统一分析、统一决策，全方面、多维度、多角度的智能管理，为同行业未来建设提供了一个发展方向。

（2）在不断提升自身管理及对外服务的基础上还可以实现众多社会效益：实现精细化管理，提供更优质的服务；精简企业人员成本，提高人员工作效率；提升燃气使用安全性，降低重大事故的发生概率；利用智能化功能，为公司管理提供数据支撑。

（3）该项目产品通过了上海市科委的验收，并在上海燃气崇明有限公司投入实际应用。

6.2 城市生命线安全保障关键技术研究与应用

1）编制时间：2016 年 2 月 25 日。

2）项目来源：国家科技支撑计划。

3）完成人：杨前进、张利强、范继强、宗刚等。

4）研究背景和研究内容

研究针对城市生命线的脆弱性及风险性，制定了灾难评价指标分级标准，为区域单元的减灾防灾提供了科学支撑。将工程性防护措施转向非工程性预防措施上；运用管理手段来加强灾害的主动控制，分析导致灾害发生的可能性影响因素，采取专业防护措施达到减灾防灾的目的。在典型管网现状分析和现场调研的基础上，通过成灾原因分析以及现有标准规范分析，基于地下管道及其场地土的非线性力学特性的大量实验分析结果，提出适应地下管道抗震分析的管材、土体的物理力学参数参考值，从而研究制定了生命线工程抗灾设计指南。在应急处置技术与装备领域，主要研发了阀门应急状态下的控制装置，具体包括异常网络状态下的阀门控制技术，紧急状态下阀门无源控制技术等，研发了用于紧急状态下提供阀门动力的储能装置，通过在阀门电动装置上增加储能装置，解决在动力失效时，即电源断失、电控失效等情况发生时，由储能装置释放推动力，进行阀门的紧急关闭或开启，支持灾难事故状态下的管网紧急控制。

5）先进性及创新点

（1）研究开发的系统平台以基于物联网技术的在线监测为核心，围绕城市管网突发灾难事故应急处置需求，构建突发灾难事故减灾处理引擎，建立城市市政管网突发事件应急处置的模块化、构件化技术服务平台。

（2）结合示范工程实际需求，采用中间数据库方案，对示范区域现有自来水公司、燃气公司、热力公司 SCADA 系统信息数据进行分类集成，实现面向社会公众和管理部门的分类查询、报表、预警和控制等，为管网突发灾害提供实时监测、减灾处置、紧急修复、资源调度、组织协调等提供全方位支持，对保障管网安全具有重要意义，并具有重大产业推广价值。

6）应用价值和应用情况

（1）基于物联网技术的状态监测系统，构建高效的信息共享平台，对管网主管单位提供了对多种不同管线在线实时监测、运行预警与应急抢险高度等综合管理功能，对管网运营企业提供了保障管网安全运行的监测手段和执行手段，以实现对城市生命线工程的可视化动态管理，从而提高管网运营企业的管理效率和水平。

（2）构建突发灾难减灾应急处置信息化系统，实现突发灾难事故全过程的动态、可视化管理，并通过与管网防灾减灾无线监测装置和新型智能化管网阀门控制系统装置的集成应用，形完备的应急处置平台，有效地提高减灾决策和执行力，为管网突发灾害的实时监测、减灾处置、紧急修复、资源调度、组织协调等方面提供全方位支持。

（3）针对烟台、黄山具体的示范工程条件，开展已有成果的应用，包括管网防灾体系与抗灾设计方法、管网突发灾难事故信息监测系统及监测装置、远程控制装置、管网突发灾难事故应急处置系统等综合应用。

6.3 城镇燃气智慧建设项目实践

（1）起止时间：2017 年 1 月～2018 年 12 月。

（2）项目来源：郑州华润（企业项目）。

（3）完成人：耿同敏、崔强等。

（4）研究背景和研究内容

在建设智慧城市的大背景下，以中心城区次高压项目为契机，结合互联网、大数据、燃气云、北斗等领先技术，打造燃气的信息处理"大脑"，建设自感知、自适应、自愈合的智慧燃气。打造"管网＋场站＋小区"的全流程、全方位、多层次的智慧燃气新模式。

项目内容包括编制完成《郑州市智慧燃气建设总体规划》；"智慧管网"建设实践；"智慧场站"建设实践；"智慧小区"建设实践。"智慧管网"建设实践主要包括：管网仿真水力建模计算，通过模型科学计算确定管径、场站规模，合理布局；管道完整性数据采集，依托管道完整性数据采集平台，做到"心中有数"光纤安全预警，引进先进的光纤振动预警系统，建立不同的外力破坏模型，自我感知管道上方的各种施工，及时预防事故发生；定向钻陀螺仪技术应用，提升穿越部分的数据精准度，提高安全运营保证。"智慧场站"建设实践主要包括：采用切断＋监控＋电动调节阀模式代替传统调压器自切断模式，提高运行安全性。新建智慧场站已经实现与 SCADA 系统管网宏观模型相结合，实现门站、调压站一键多级多站联调。"智慧小区"实践则通过了解客户需求，根据用户对智慧的需求和对成本的接受程度，编制不同的智慧小区套餐，满足高中低端用户的智慧厨房需求。

（5）先进性及创新点

本项目中从规划设计到施工建设，应用智慧化手段，形成一个燃气数据实时传递、资源互动、信息共享、快速智能响应的智慧平台，不断提升管理效能和服务品质。采用了TGNET 仿真软件建立管网拓扑结构图，建立模型进行 24h 仿真模拟，选择最优路由及场站位置，实现智慧管网规划设计。将管道完整性理论综合应用二维码、北斗定位等技术，使管道施工数据更加完整、数字化、可视化，实现数据平台化管理；建设管网全生命周期管理体系。另外项目首次在城市燃气管线建设中应用光纤安全预警系统，通过对光纤信号的建模和分析，提供连续实时监控。基于神经网络模式识别技术，能够准确地识别出破坏事件，根据实时信息做出准确判断并采取措施，实现管网的智慧管理和预警防护。本项目还率先使用陀螺仪结合 GPS/北斗定位技术，实现定向钻穿越的管道信息精准可视；智能模拟导航，极大提高定向钻穿越精度，误差可控制在水平 0.25％L，高程 0.1％L。在智慧小区建设中，根据小区特点制定不同智慧配置套餐，满足新型城镇化建设的差异化需求；智能压力采集点布设，时刻保障用户的用气；不锈钢管、装配制施工推广实施，提高施工效率，减少施工浪费，外形美观，安全程度高。

（6）应用价值和应用情况

根据项目编制完成的《郑州市智慧燃气建设总体规划》，不断地推动企业对智慧平台的工作开展，对智慧管网、智慧场站、智慧小区进行建设实践，在行业内首次提出相关理念，不仅有助于推动我国燃气行业的发展，对于郑州建设智慧城市进程也有着巨大的帮助。而且项目充分结合 GPS/北斗及 LBS 定位技术定制专有 APP，随时随地使用手机APP 检索查询管线原始图档，为燃气抢险、选线勘查等提供便捷的技术支持。项目中高压调压站采用切断＋监控＋电动调节阀模式，提高运行效率，场站与 SCADA 系统管网宏观模型相结合，实现门站、调压站一键多级多站联调。在郑州市用户工程首次试点采用装配制施工，采用数控加工、生产线流水作业完成工厂预制，现场只做少量组装，提高用户用气安全、延长使用寿命，降低环境污染。民用扩频远传表采取模块化设计，与集中器通信支持有线、无线多种方式，预留 LORAWAN、NB-IoT 扩展应用，通过系统可以推送各类燃气业务信息，实现与用户的实时互动。

第三节　应用

1　燃气用具检测技术

燃气用具燃烧特性测试系统应用研究

1) 起止时间：2016 年 4 月～2019 年 3 月。

2) 项目来源：天津市科学计划。

3) 完成人：王启、高文学等。

4) 研究背景和研究内容

燃气互换性和燃具的适应性是城市燃气行业的重要问题，随着我国天然气的快速发展，改变了过去城市独立供气的格局，城镇燃气的供应与管理体系发生了重大的变化，目前已经形成多气源共网运行的格局。为解决多气源引起各类技术问题，如各类燃气燃烧特性及燃烧器具适用边界条件、转换过程燃烧器具适配改造等，本项目开展燃气用具燃烧特性测试系统应用研究，主要进行燃气用具气质适应性测试装置的调试、数据测定与优化定性，在现有燃气具燃烧特性的燃气互换性测试实验装置基础上，实现三种功能：动态实时流量测控的精准实验配气、进行燃气具燃烧特性的实验测试、实现低浓度原料气供应时的配气与实验测试；研发燃气具气质适应性、高精度配气及能效测试多用途的测试装置；建立燃气具燃烧性能测试评价的技术与设备，并进行产业化生产的探索。完善、优化燃气具燃烧特性测试、气质适应域研究的实验测定方法和燃气具性能测试技术，进行不同类型（包括天然气类、液化石油气类）燃气具燃烧特性区间的测定及燃气具适应域的研究，实现全组分燃气、全类型燃气具的燃烧特性研究，进行燃气用具燃烧特性及气质适应性测试装备技术升级，实现小批量、产业化生产。

5) 先进性及创新点

本项目以小型、集约的技术装置实现了高精度配气和燃具极限燃烧工况的迅速响应，创立了动态、实时燃烧特性测试的实验模式，完善传统的手动配气和自动配气装置不能实时、动态配气的缺陷，提出了燃具极限燃烧工况界限气的配制方法和流程，建立了燃气用具性能测试和燃烧工况测试的设备和装置，实验装置先进、安全、经济、实用，功能强大，具有很高的技术经济指标先进程度。

主要创新点如下：

(1) 实验测试燃气具的极限燃烧特性曲线，确定燃气具的气质适应域，形成城市燃气的互换性；提出了实验确定燃气具的气质适应性区间（适应域）和城市燃气互换域的技术方法和路线；

(2) 设计和建造了首台燃气具气质适应性测试燃烧装置，能够进行城市燃气"多气源、多燃烧工况或多指数配气"的实验测试，提供燃气具质量测试和性能测试的实验平台；

(3) 在燃气配气领域，实现了微小流量的高精度动态、实时配气；

(4) 实验确定和提出了表征不同燃烧方式的燃气具的关键燃烧特性参数。

6) 应用价值和应用情况

本技术成果利用燃气转换理论与自动化控制理论，在产品、工艺等方面实现了自主创新，填补了国内外空白，具有很高的技术创新程度。研究形成的实验装置成果可以测定燃具的气质适应域、燃烧特性区间及燃烧工况，提出的技术成果形成了量化燃气具设计质量、性能测试的实验手段，为我国燃气具行业的产品设计和质量评定、技术升级提供了实验测试平台。

该项目产品和成果可广泛应用于燃具生产行业、燃气具检测行业及各类燃具实验室、产品制造业等，目前该装置已在国家级燃具检测实验室和行业内大型企业公司得到推广应用，带动了相关产业的技术升级和产品更新，实现节能、环保、可持续应用。该技术产品的应用将具有很大的社会效益。

2 燃烧技术

低浓度煤层气的燃烧技术与热能利用研究

1）编制时间：2013 年 8 月 8 日。

2）项目来源：国家高技术研究发展计划。

3）完成人：林其钊、何贤钊等。

4）研究背景和研究内容

煤层气在煤层中生成，并以吸附、游离状态储存在煤层及邻近岩层之中，在煤矿开采过程中以气体形式释放。目前全世界每年因煤矿开采排入大气中的甲烷总量为 2500 万 t，其中 70% 为煤矿通风煤层气排放。将煤层气直接排放到大气中不仅浪费不可再生资源，而且会破坏大气臭氧层，加剧大气污染。因此，合理利用煤矿通风中的低浓度煤层气具有节能和环保的双重意义。本项目开展低浓度甲烷燃烧的化学反应动力学研究，建立了激波管的实验装置，研制了低压大电流的电热式电控破膜装置及可编程时序控制器，搭建 PLIF 测量平台；设计建立了低浓度甲烷燃烧测试实验平台，研究低浓度甲烷点火启动过程，探究不同的点火启动方法，进行低浓度甲烷燃烧器预热区的阻力特性研究与换热特性研究，分析了气流在燃烧去多孔介质中阻力特性，并实验研究了甲烷空气预混气在燃烧区多孔介质中燃烧的稳定性；开发低浓度甲烷燃烧器的燃烧取热技术，建立燃烧系统热平衡模型，计算不同运行参数的系统输入能、损失能和可用能，并在中心燃烧区取出热量，实现热能的高效利用。

5）先进性及创新点

（1）本项目设计建立了低浓度甲烷燃烧测试实验平台，集成计算机显示记录系统，实现不同流量范围的燃料与氧化剂进行精确供给电热控制与温度和烟气测量；

（2）首次采用综合阻力系数方法对流动阻力进行描述，并通过试验验证，此方法可推广应用于具有多弯头结构流体输送管路的流动阻力的计算与研究；

（3）设计开发了多孔介质燃烧器，分析了结构与运行参数对温度分布、火焰位置等特性的影响，为低浓度甲烷燃烧器中心燃烧区的设计提供依据。

6）应用价值和应用情况

本项目设计并加工制作了燃烧器初样、小试装置、中试燃烧器单元，开展了低浓度甲烷混合气化学反应动力学研究、Swiss-roll 结构流动与传热特性分析、预混气体在多孔介质中的流动阻力与燃烧稳定性实验、低浓度甲烷在小试、中试燃烧器单元装置流动、燃烧和取热实验。本研究形成的关键技术超焓燃烧，其研究结构可用于指导工业有机废气处理、生物质、垃圾、劣质煤等低热值固体燃料的热能利用、天然气制氢装置的设计与研究。本研究可以有效地利用通风煤层气，实现清洁排放，获取减排和节能收益，示范工程有力的促进煤矿通风的积极性，"以用促抽，以抽促安全"，有力调动煤矿风排瓦斯的积极性，推进煤矿安全生产。

3 冷热电联产及分布式能源

生物燃气热电联供技术集成与市场化模式研究

1）编制时间：2016 年 12 月 19 日。

2）项目来源：国家科技支撑计划。

3）完成人：董泰丽、张瑞娜、梁杰辉等。

4）研究背景和研究内容

本项目开展生物燃气热电联产技术集成与市场化模式研究，首先优选边际土地高产能源作物品种的基础上，优化能源玉米种植模式和沼肥施用管理方式；采用青贮能源玉米与鸡粪进行混合厌氧发酵以提高物料降解速率，使得物料利用率、容积产气率均有所提高；在湿法脱硫工艺的吸收、再生、硫分离三个阶段工艺参数的基础上，研究三段工艺中的关键影响因素，重点解决脱硫系统的关键工艺难题，提高 H_2S 去除率、增强脱硫系统的稳定性；以 1000kW 燃气发电机组为研究对象，完成燃气发电机组余热利用技术研究及热电联供方案的设计与分析；完成了燃气发电机组空燃比自动控制调节技术与机组智能化控制技术的研究与设计；完成了大功率的生物燃气发电机组设计开发与样机装配，并进行了台架性能测试实验；根据发电系统缸套水用于厌氧发酵系统预热及保温的能量平衡关系，构建了详细计算方法。结合民用示范工程运行工艺，以发电机组为核心，构建了系统能流图和热力计算表。计算表明系统的热电总销量可达 84.4%。

5）先进性及创新点

（1）项目研究形成的玉米与鸡粪混合厌氧发酵技术，极大提高了生物燃气工程厌氧发酵体系稳定性与混合厌氧发酵过程的容积产气率，提高物料降解速率；

（2）项目研究建立的高效稳定、操作简单的湿法脱硫工艺，极大减轻了劳动强度和劳动量，提高了脱硫效率，增强了脱硫系统的稳定性，保障生物燃气工程的安全高效稳定运行；

（3）项目开发的适用性高、响应速度快的燃气机组空燃比自动控制系统及控制方法，满足了国内外提高燃气发电机组热电总利用效率的需求，解决了燃气发动机空燃比控制方法限制其适用范围的问题；

（4）通过对生物燃气制备过程需能和热电联产系统产热、发酵系统余热的供能衡算，实现多元余热高效回收、梯级利用，满足生物燃气制备过程自热平衡，形成气、电、热高效联供系统能量优化技术，提升生物燃气工程的综合效益。

6）应用价值和应用情况

本项目研究成果形成的厌氧系统进水温度补偿节能利用技术，在老港渗沥液处理厂成功应用的基础上，已经在山东民和得到了推广，采用沼液出料加热厌氧罐进料，在冬季工况下，将冲洗污水从 2℃加热到 25.4℃，有效地降低了蒸汽使用量，每天减少约 49t。课题"种养结合的纽带——沼液深度开发利用的市场化模式"可有效实现沼液减量化、资源化、高值化、生态化，是推动生物燃气产业纳入生态循环农业的关键，同时课题研究构建沼液浓缩水溶肥标准化体系，推动沼液的市场化发展。

4 多能耦合技术

多种可再生能源耦合供能关键技术研究与集成示范

1）编制时间：2017年4月19日。

2）项目来源：国家科技支撑计划。

3）完成人：朱跃钊、陈海军等。

4）研究背景和研究内容

针对传统建筑用能高碳排放，单一可再生能源不稳定、价格高等问题，开展了多种可再生能源耦合供能关键技术研究，为城镇化建设提供多种用能系统解决方法。项目研发了包含湿污泥移动床高温催化裂解制富氢燃气、太阳能-空气能复合源热泵热水系统、多种可再生能源互补供能系统测试设备等，开发了多种可再生能源系统评价方法和控制策略，针对不同区域及气候特点，通过多种可再生能源系统规划方法，进行理论和经济性分析，获得能源效益、经济效益和环境效益评价策略；基于微弧线形菲涅尔集热器和生物质热化学转化技术，研制太阳能-生物质能产蒸汽系统，并建成了示范工程。基于上述关键技术和装备研究，在某学校建成了一套多种可再生能源互补耦合供能示范工程，采用太阳能、空气热泵、生物质能及风能等耦合互补，进行电、热、冷和热水联供。

5）先进性及创新点

（1）研发了湿污泥移动床高温催化裂解制富氢燃气、太阳能-空气能复合源热泵热水系统、太阳能水平环路热管蒸汽发生器、直通式全玻璃真空集热管、小型生物质直燃锅炉等系统以及多种可再生能源互补供能系统测试设备，开发了燃气焦油多级吸附净化等关键技术，达到国内先进水平；

（2）开发了多种可再生能源系统评价方法和控制策略：针对不同区域及气候特征，通过多种可再生能源系统规划方法、㶲理论和经济性分析，获得了其能源效益、经济效益和环境效益评价策略；基于需求侧用能预估和供能侧环境影响因素分析，预先修正多种可再生能源互补供能系统方案，获得不同约束条件下的专家决策模型。

（3）基于微弧线性菲涅尔集热器和生物质热化学转化技术，研制了太阳能-生物质能产蒸汽系统，并建成了示范工程，其中：生物质能系统产蒸汽 2t/h（0.8MPa），太阳能集热镜场 435m²，瞬时光热转换效率 40% 左右。

6）应用价值和应用情况

本项目研究形成的关键技术为太阳能、空气能以及生物质能等多种可再生能源的推广应用提供了理论和技术支撑，为多种可再生能源在建筑中耦合供能提供了依据。

基于上述关键技术和装备研究，在某学校建成了一套多种可再生能源互补耦合供能示范工程：采用太阳能、空气源热泵、生物质能及风能等耦合互补，对 8.64 万 m² 的体育馆（2.4 万 m²）、学生宿舍楼（6 万 m²）及食堂（0.24 万 m²）进行电、热、冷和热水联供。太阳能、空气源热泵以及生物质直燃锅炉系统，满足了宿舍 5000 人全年淋浴用水；空气源热泵系统满足了食堂夏季和冬季用冷和热（180kW）需求；太阳能光伏以及小型风电系统，满足了示范工程系统耗电需求（100kW）；太阳能和生物质能蒸汽系统满足了体育馆夏季 1900kW 制冷量和冬季 1400kW 制热量用能需求。

5　LNG 冷能利用技术

集成 LNG 冷能利用的超临界压缩空气储能系统研究探索

1）编制时间：2011 年 12 月 31 日。

2）项目来源：青年科学基金项目。

3）完成人：许剑等。

4）研究背景和研究内容

LNG 冷能产量巨大，与压缩空气储能系统高效耦合利用具有重要的理论意义和实用价值。本项目提出一种新的液化天然气冷能利用系统——集成 LNG 冷能利用的超临界压缩空气储能系统，研究了系统在热端和冷端的耦合特性、LNG 冷能利用的温度匹配特性、系统关键设备的节能特性，提出了三个效率的对比分析指标，发明了新型耦合系统。具体开展了 LNG 冷能利用与超临界空气储能系统集成的机理研究，自行开发了基于 Matlab 的总体计算程序，开展了系统参数的快速必选设计，初步分析了 LNG 储罐压力、温度、气化排气温度，储能过程空气流量，系统总压比、膨胀机总压比、效率、再热温度等参数对系统性能的影响；完成了进气冷却的低温压缩机耗功规律及降损机理研究，详细比较了进气参数对低温压缩机耗功和损的影响规律；进行了 LNG 冷能梯级利用与换热参数匹配的热力学分析与优化研究，采用理论分析、参数设计、数值模拟和模型试验相结合的方法，提出了新型换热器与利用 LNG 冷能的直接膨胀发电系统；开展了集成 LNG 冷能利用的超临界压缩空气储能系统优化研究，针对 LNG 冷能利用特点，提出将 LNG 冷能发电系统与压缩空气储能系统相耦合，并利用 Aspen Plus 开展了系统流程模拟，得出最优运行工况。

5）先进性及创新点

本项目提出一种集成 LNG 冷能利用的超临界压缩空气储能系统。针对当前 LNG 冷能利用温度不对口、利用效率低的问题，提出的低温区温度匹配的系统集成思路，拓宽了热力循环向低温区延伸的研究领域。丰富对冷能利用机理、超临界压缩过程机理、超临界流体流动与传热机理、超临界压缩空气储能理论的认识。

具体创新点如下：

（1）提出 LNG 冷能利用与超临界压缩空气储能系统集成的基础理论；

（2）揭示低温超临界压缩机的耗功规律和内部流动损失机理；

（3）建立低温超临界换热器的设计模型；

（4）建成国际首个集成 LNG 冷能利用的超临界压缩空气储能系统实验台。

6）应用价值和应用情况

项目研究成果形成了基于压缩空气储能的集成 LNG 冷能、发动机热能耦合利用的高效能源系统设计理念和方法原则，并由此拓展出了基于 LNG 冷能热能耦合利用的高效海岛能源系统、天然气加气站节能综合利用系统等研究方向，研制了天然气加气站用高效换热器和新型储罐等试验装置，在数值模拟、理论研究和部件实验等方面具有较好的成果。根据研究内容已发表论文 9 篇，申请国家专利 17 项，其中授权 11 项，获得省部级自然科学奖一等奖 1 项、省部级软科学研究二等奖 1 项。该研究将为广义冷能利用开辟新的领域，为 LNG 冷能利用和超临界压缩空气储能系统集成应用提供理论依据。

第四章　技术展望

我国天然气产业的创新发展正面临国内外复杂环境的深刻变化。2020年上半年受新冠肺炎疫情和国际油价大跌的影响，天然气表观消费量增速大幅放缓，城镇燃气发展受到一定程度影响。

行业可持续发展，归根结底要靠科技创新驱动。城镇燃气行业的科技发展方向要坚持需求导向和问题导向，各大燃气企业、高等院校、科研院所、社团组织要在研究型人才培养、产学研深度融合等方面加强合作，建立创新团队，提高自主创新能力，关注燃气行业重点领域和技术难点，争取在关键技术上快速取得突破，在全球能源治理方面发挥重要作用。

第一节　气源

习近平总书记2020年9月22日在第七十五届联合国大会一般性辩论上的讲话宣布中国将采取更加有力的政策和措施，二氧化碳排放量力争于2030年前达到峰值，努力争取2060年前实现碳中和。在此背景下，我国能源产业要加速清洁低碳转型，生物天然气、氢能技术等将助力实现碳中和目标。

1　发展方向

1.1　氢能相关技术

氢能行业前景广阔，我国在制氢方面具有良好的基础，工业副产氢和可再生能源制氢已开展项目示范，中国氢能联盟已牵头开启氢能在综合能源系统中的应用研究。但氢能产业链中基础设施较为薄弱，如何降低氢能供应链中制氢技术的成本问题、解决长距离大容量储运经济安全问题及终端加氢设施成本等问题将是未来氢能研究的重点，随着氢气的制备、储存、运输等技术的升级，氢气应用的成本将进一步下降，未来有望大规模进入市场。

"电转气"技术在未来有望成为氢能的主要利用形式。电解制氢后，将氢气直接混入天然气管道，或者合成甲烷后混入天然气管道；混合天然气在终端作为燃料提供热能。这种模式打破传统电力系统和天然气系统之间的壁垒，能够扩大可再生能源的利用和普及。利用风力发电、光伏发电等剩余电力电解水生成氢，然后提供给现有的燃气管道网络，或者利用电力、水及大气中的二氧化碳，通过甲烷化反应制造甲烷提供燃气，从而促进了"气网-电网"的深度融合。

通过电解水制氢技术及氢气与其他能源品种之间的转化，可提高可再生能源的消纳、提供长时间储能、优化区域物质流和能量流，进而建立多能互补的能源发展新模式。围绕氢能的多能互补模式如图4-1所示。

在区域电力冗余时，可通过电解水制氢将多余电力转化为氢气并储存起来；在电力和

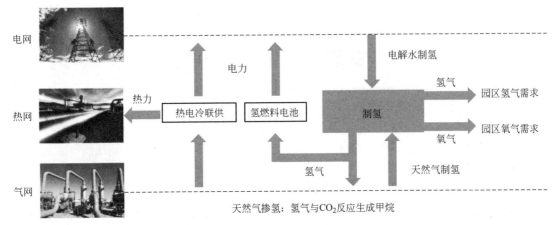

图 4-1　围绕氢能的多能互补模式

热力供应不足时，氢气可以通过电化学反应发电、热电联供、直接燃烧等方式来实现电网和热网供需平衡。氢气可以以 5%～20% 的比例掺入天然气管网，成为天然气的替代能源，还可与二氧化碳发生烷基化反应制成甲烷。

我国政府对氢能源产业给予高度重视，尤其在氢燃料电池车行业出台了不少扶持政策。未来，更多的推广扶持政策也将继续推出，政策利好氢能市场发展，同时也将带动整个产业链发展。

在天然气中掺混氢气，是过渡阶段天然气向氢转型的有效途径。

当前主要城市的天然气管网建设已基本成熟，但氢气储运设施仍不完善，将部分氢气掺混到天然气中并通过现有的天然气管道输送，可综合天然气储量大、热值高、价格便宜和氢气燃烧速率快、着火范围广的优点，在掺氢比例满足燃气互换性的要求下，无需终端用户更换燃具。

将氢气掺入天然气管网也可作为向市场输送纯氢的一种手段，节省建设氢气专用输送系统的成本，利用下游分离和净化技术，从接近终端的天然气混合物中提取氢气。

1.2　生物天然气

将有机废弃物通过生化或热化学的方法转换为生物天然气，是实现碳中和的一种重要途径。我国沼气发酵原料丰富，发展厌氧发酵产沼气技术，具有经济和环保双重效益。沼气发酵原料的选择、混合原料发酵技术、无机添加剂及填料等方面的研究将越来越深入。

在技术装备开发方面，优化开发适合废弃物处理、发酵、脱硫等标准化的工艺和流程，研制相应的预处理装备、新工艺发酵反应器、生物脱硫装置以及配套的进出料和搅拌系统，并在此基础上形成商业化生物燃气提纯、压缩等成套装备。

在政策推动方面，生物天然气发展较好的国家都实施了完整系统的法规政策，例如对沼气纯化后替代燃料免征石化燃油使用税、免征车辆拥堵税等优惠政策，并通过不断调整政策法规，确保生物天然气产业的可持续发展。

1.3　非常规天然气开发

非常规天然气主要包括致密砂岩气、煤层气、页岩气和天然气水合物等，其特点主要表现在具有自生自储、储层致密、扩散运移和广泛分布等，为满足国内日渐增长的天然气消费量需求，需要深入提升储量替代率和储采比的研究。

目前，提出增加经济可采储量、提高储采比可从以下方面发展：①加强海相碳酸盐岩气藏的勘探规划，积极拓展新区带、新层系，海相碳酸盐岩气藏是未来实现战略突破的主要领域。②加强致密气藏政策支持和体制改革，最大限度地提高储量的动用程度，由于致密气藏储层低渗致密、非均质性强、含水饱和度高、气水关系复杂，裂缝和"甜点"控产、单井产能差异大等特点，在目前的技术、经济条件下，大部分储量不能有效开发。如何将这部分储量动用起来，是天然气可持续发展面临的难题之一。③加强未动用储量动用界限及评价方法研究，积极推进区块流转。在目前的技术、经济条件下，90%以上的未动用储量无法有效动用。暂无效益储量普遍具有规模相对较小、储层物性差、单井产量低的特点，这部分储量有待于工程工艺技术的进步、成本的降低和气价的提高逐步开发动用。④重视老区精细管理、调整挖潜，最大限度地提高采收率，保证已投产大气田各指标达到方案设计，长期稳产、减缓递减是重要任务。

1.4 天然气液化及储运技术

LNG液化技术方面，更加高效节能的天然气液化技术将得到研究，如天然气超音速液化技术等。此外，由于小型LNG装置工艺简单、具有良好的可移动性，也将成为应用和研究的热点。

新型的薄膜式LNG储罐可独立实现结构、绝热和气密性的功能，使得每个部分得以优化，可有效避免事故的发生。因其在造价、工期和技术上的优势已经在国外广泛采用，随着薄膜储罐隔热材料和薄膜的逐步国产化，薄膜储罐将成为用来储存LNG的发展方向。

近年来随着内河罐箱运输试点成功，罐箱将被更加广泛地使用。在今后研究的过程中应充分考虑我国运输径路长、运输周期长的特点，以及多式联运的需求，提出能够满足运输需求的维持时间、充装量等重要指标。同时在LNG罐箱业务发展中可开发的潜力较多，尤其在可移动与可替换方面，开发的潜力较大。因此，在未来发展的过程中应该开发出各种新的业务与模式，打破传统工作的局限性，促使LNG罐箱业务的良好发展，具体可以从国际贸易、应急储备调峰、可移动式终端、可替换式标准燃料罐等方向发展。

随着2019年起长江沿岸LNG接收站的规划建设，内河LNG接卸和转运能力将得到稳步提升。同时，随着建设工作的深入，LNG运输船的船型开发和认可工作将持续进行。

LNG铁路运输运输半径大、网络完善，可以形成铁路运输网，有利于全国范围内调配LNG。目前我国尚未开展大规模LNG铁路罐箱运输，今后需要开展相关研究和试验工作，例如针对铁路运输专用LNG罐式箱做必要的冲击、倒摔及碰撞等安全性能试验。同时，电气化区段运输安全风险控制措施也亟待研究，以确保在安全阀起跳的情况下，排出的天然气不会影响或接触电气网。此外，利用物联网技术研究实现罐箱在途状态实时监控需要进一步考虑。

1.5 车用CNG压力等级提高

我国的CNG气瓶的制造水平和气瓶材料品质都有了显著提高，完全具备制造25MPa、30MPa乃至更高工作压力气瓶的能力。为维持CNG汽车在城市公交系统中占有一定的比例，提升CNG汽车的运行效率、降低NO_x排放、提高CNG汽车系统的工作压力是当前紧迫需实施的工作。

2 重点项目

2.1 LNG罐箱输送技术体系及标准规范

（1）LNG罐箱内河运输风险评价；

（2）LNG罐箱内河运输成本分析及适应性评价；

（3）LNG罐箱内河运输设计规范；

（4）LNG罐箱内河安全运营规程。

2.2 LNG罐箱铁路运输技术体系及标准规范

（1）LNG罐箱铁路运输风险评价；

（2）LNG罐箱铁路运输成本分析及适应性评价；

（3）LNG罐箱铁路运输设计规范；

（4）LNG罐箱铁路运输安全运营规程。

2.3 生物天然气技术研究

（1）城镇生物天然气生产潜力的研究；

（2）不同原料和技术路线的生物天然气生命周期环境影响评价；

（3）不同原料和技术路线的生物天然气成本分析；

（4）生物天然气用于城镇燃气的相关标准规范建立。

2.4 天然气掺氢技术体系及标准规范

（1）输气管道及配气管道掺氢风险评价；

（2）输气管道及配气管道掺氢生命周期环境影响评价；

（3）输气管道及配气管道掺氢生命周期成本分析；

（4）输气管道及配气管道掺氢对输送设备及终端应用设备影响；

（5）天然气掺氢相关标准体系的建立。

2.5 纯氢管道输送技术体系及标准规范

（1）氢气输送管道风险评价；

（2）氢气管道输送生命周期环境影响评价及成本分析；

（3）氢气输送管道标准体系建立。

2.6 压缩与液化氢气运输技术体系及标准规范

（1）压缩与液化氢气槽车运输风险评价；

（2）压缩与液化氢气运输经济性分析及技术优化；

（3）压缩与液化氢气运输相关标准建立。

第二节　输配

1 发展方向

1.1 储气调峰建设

（1）地下储气库调峰。纵观世界天然气储气技术的发展，地下储气库在季节调峰方面依然是主要手段。在考虑供气均衡性、做好布局的同时，考虑建设成本；在地质条件方面，利用当地已有的油藏、盐穴和含水层建设储气库地质；在技术装备方面，我国缺乏高压大型注采核心技术与装备，注气压缩机仍依赖进口，给大规模经济高效建设储气库带来严峻挑战。基于大数据、物联网等技术，做好储气库的运行调度优化。

（2）LNG 调峰。展望 LNG 调峰的发展，由于 LNG 储罐材料新技术的提出，大型储罐建设的成本降低。在可行情况下，进行常压大容积储罐的建设。由于 LNG 调峰具有快速性的优点，建立以地区企业为主的区域型 LNG 储气设施，将缓解我国目前调峰能力不足的现象。小型液化技术将发挥短平快的特点，促进闲散天然气资源的有效利用。

（3）吸附储气技术。是近年来新开发的一种储气调峰新技术，目前主要在国外有零星建设。由于压力变小，安全性能得到提高，在储存同等体积天然气时，减少了投资费用和运行费用，使用起来也比较灵活、方便。这种储气技术将作为一种先进的储气方式成为今后可能替代其他储气方式的发展方向。

（4）SCADA 系统。未来建立高效智慧的调度平台将在储气调峰发挥中枢系统的作用，利用 NB-IoT、5G 和物联网技术，结合传感器的发展建立一套带有专业分析优化软件的调度平台，将会是未来的发展趋势。

1.2 智能管网建设

智能燃气的产业链包括燃气基础设施、智能化信息平台和通信网络支持系统等。加强对 GIS 技术、SCADA 技术、卫星定位技术、无线通信技术、传感器技术、RFID 技术、云技术、系统集成等核心技术的应用。

（1）智能化技术。基于北斗和 GIS 系统的管道定位，实现高精准的负荷预测、管网仿真分析、停气分析、设备定位、巡线人员定位及巡线轨迹回放、SCADA 监控点定位、管道完整性管理、工程项目定位等核心技术。

（2）远程监控技术。主要在监控应用扩大、新的传感器技术及展现形式的进步等。从单一的场站监控发展到预防第三方破坏、密闭空间监控、阀井阀室监控、无人值守站场监控等。

（3）卫星定位技术。采用卫星定位方式获取当前位置，致力于提高在管网巡线系统、安检巡检系统、设备巡检系统、现场作业管理系统等移动作业系统的范围、精度和适应性。

（4）无线通信技术。采用先进的无线通信技术，扩大 NB-IoT 和 5G，以及 LORA 和 Zigbee 等技术在远程抄表、SCADA 远程数据传输、抢险维修视频信号传送、巡线系统、安检系统、现场作业系统的应用。

（5）RFID（无线射频）技术应用研究。通过无线射频扫描 RFID 标签、编号，用于安检系统、设备管理系统、钢瓶管理系统、现场作业系统等。

（6）云计算技术。通过虚拟服务器实现燃气公司服务器资源利用率的最大化。对于集团公司，通过云平台向子公司提供业务服务，节约 IT 投资，减少维护、实现节能降耗增效综合水平提升。

（7）三维技术应用。三维技术可实现多部门及时共享燃气场站信息，保证信息的时效性和真实性，实现动态化的管理，为场站智能化实现提供基础。

1.3 能量计量

计量技术正向着更加精细化、智能化的方向发展，推进天然气能量计量技术应用，实现对天然气精确、高效、经济的计量，不仅能体现贸易双方的公平性，而且能够大大降低企业成本，提高经济效益，有利于企业的良性发展。

能量计量原理为现场采集的流量、温度、压力等信号通过模/数转换、通信接口或网络实现传输；通过接受色谱仪直接传输过来的或网络发布的气质数据，计算密度、发热量等参数；流量积算仪应用组分、发热量等参数修正流量示值并计算能量；以上数据通过网络发送到中心服务器，中心服务器的能量计量软件实现不同时间段发热量平均值的计算及相关参数的计算（图4-2）。

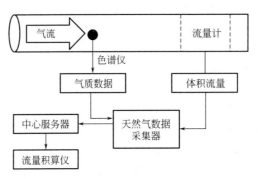

图 4-2 天然气能量计量系统的基本组成示意图

按国际标准，能量计量方法主要有算术平均法及加权平均法两种。能量计量是由组分通过查表和计算得到天然气的体积发热量。

能量计量系统存在不同的不确定度，主要有各测量仪表的不确定度；天然气密度的不确定度；天然气发热量的不确定度；标准状态体积流量的不确定度；加权平均发热量的不确定度；能量计量结果的不确定度等。

通过大量实验采用不同能量计量方法对计算结果影响较大。由于相邻时间内流量及气质数据会发生一定变化，使得算术平均及加权平均计算得到的发热量结果间的最大差可达到 0.5%，导致日平均发热量的变化不足 0.02%。说明对于单一气质来源的情况，可以采取日平均发热量与流量相乘得到热值。由于加权平均方法同时考虑了流量及组分对能量计量结果的影响，对于多来源气质或流量变化显著的情况，采取加权平均的方法得到发热量比算术平均方法更加合理。

1.4 完整性管理

围绕燃气泄漏检测技术以及系统高效运行技术，深入开展利用 SCADA 系统在通信技术、网络技术、计算机技术、控制技术上的优势，实现天然气场站和管网系统智能化运行的融合技术研究，更加有效地保障城镇燃气设施的安全运行，极大地提升输配系统安全供气管理水平。

（1）建立一体化指挥调度平台，形成燃气一体化管网 GIS 平台，推动北斗导航系统在燃气生产运行的进一步应用，大力提升指挥调度系统的应用水平；

（2）提升燃气泄漏检测技术的精度、灵敏度和适应性。基于 TDLAS 的扩展检测技术，如 CRDS（光腔衰荡）、ICOS（积分腔输出光谱），实现 ppb 级别的气体检测灵敏度技术。研发全集成激光甲烷检测芯片，大幅降低激光传感器成本。利用激光气体成像技术，实现对泄漏气团进行空间成像的可视化。

（3）燃气场站无人值守技术。在实现场站智能化的基础上，加快燃气场站工艺放散系统的远程监控和放散量分析、监控系统的设备小型化和采集精确化、供电系统的发电方式和利用效率升级、远传系统的无线带宽扩展以及场站管理系统的人工智能提升等各技术领域智能化发展。

在输气管道管理方面，其技术发展倾向提升原有安全管理系统的网络安全性，网络安全防护策略可以有效防护针对工控终端的攻击，减少了非法接入的威胁，降低了恶意软件的破坏性，提升数据机密性、安全性及可靠性，实现数字化管理，提升管理效率，管网输配技术向绿色能源与节能减排方向发展。

1.5 应急抢险

天然气管网应急抢险系统，需要精确的定位系统，先进的无线通信技术以及管道抢险修护技术，搭建硬件与软件集成相结合的抢险体系，确保燃气供应的稳定、安全运行。

应急抢险新技术研究，移动式应急供气装置应用推广，检测监控多功能集成一体化技术应用，提升应急作业环境检测和监控的精准度，逐步实现检测仪器多功能小型化的发展目标。

北斗导航卫星通信技术，在天然气应急抢险中发挥巨大作用。将北斗精准定位终端与管线泄漏检测设备对接，读取并上传检测作业全程数据，同步加载精准坐标。通过实时北斗高精度位置信息及精准地图信息，实现对隐患、事发现场的快速定位以及寻址与响应，提升应急抢险的准确性和及时性。

基于 VR 等可视化技术的抢维修、应急演练等的真实性与体验性更强，可有效增强员工应急意识及处理突发事件的能力，降低培训成本，保证安全，突破时间与场地等客观条件限制。同时，应急指挥可视化可辅助指挥中心形成更为及时有效的指挥方案。

2 重点项目和关键技术

2.1 地下储气库调峰技术体系及标准规范

（1）地下储气库经济技术方案研究；

（2）北京周边建设地下储气库经济技术方案研究。

2.2 LNG 调峰技术体系及标准规范

（1）液化天然气应急储备调峰站设计标准；

（2）农村小型液化天然气供气设施技术规程。

2.3 智能管网技术研究

（1）城市燃气高压规划管网输储调技术创新管理；

（2）城镇智能燃气管网云平台建设项目；

（3）基于物联网技术智能燃气大数据平台；

（4）智能远传表互联互通及智能管控平台应用研究；

（5）城镇燃气智能建设项目实践；

（6）基于 SCADA 系统实现调压站的智能化调控；

（7）工程移动平台和客服移动作业；

（8）互联网＋智能燃气助推传统燃气行业转型升级。

2.4 三维技术体系

（1）城镇燃气门站虚拟仿真实验；

（2）油气集输工艺分析平台；

（3）天津市天然气供应安全保障系统研究；

（4）互联网＋技术在燃气民用表管理中的研究与应用。

2.5 完整性管理技术体系

（1）城市燃气管网完整性管理技术及应用；

（2）燃气管道与站场完整性管理关键技术；

（3）燃气智能管网工况仿真系统开发与研究；

（4）城镇燃气管网第三方施工现场监护技术规程。

2.6 应急抢险技术体系及标准规范

（1）研制快速切换的应急调压供气装置；

（2）研发水下燃气管道新型测量装置；

（3）压缩与液化氢气运输相关标准体系建立；

（4）燃气管道泄漏点定位技术研究。

第三节　应用

城镇燃气是经济发展的命脉，是城市生命线的重要组成部分，在社会经济体系中占据重要的地位，是国民经济发展和人民美好生活的重要保障，关系到城市各行各业生产经营运行通畅、人民生活安定有序。2020年我国宏观经济稳中趋缓，环保政策下的"煤改气"工程减少，天然气消费增长明显放缓。随着物联网技术、大数据及人工智能技术的不断发展，信息化技术与燃气行业的深度融合，燃气应用终端产品逐步进行数字转型、智能升级与融合创新，不断向着节能、环保、安全、高效、智能化的方向发展。

1 发展方向

1.1 智能家居

智能家居倡导通过高新技术创造更加安全、宜居的生活环境，新理念的提出加快了居民用气技术智能化建设。随着电子技术引入燃气具领域，燃气具的自动化程度显著提高，逐步开发熄火保护、防干烧等保护装置，未来将可燃气体监测报警装置与智能燃气表联动，进一步提升家用燃气的安全性。为提高燃气利用效率，燃气具行业将逐步开发自适应燃烧技术，基于物联网、传感器技术的发展，通过实时反馈燃烧状态，达到精确控制燃烧的技术水平。此外，还可以进一步优化燃气具结构，开发多孔介质燃烧新技术、冷凝新技术及水冷低氮新技术等，实现燃气的高效利用。安全舒适是智能家居的核心要求，燃气应用终端将开发大流量恒温、零冷水等相关技术，提高消费者的舒适度与满意度。

1.2 商用灶余热回收

商用燃气灶火力猛、热负荷大，加快了烟气流速，导致锅底面积与烟气换热不充分，极大降低了燃气热效率，传统商用燃气灶的热效率一般不超过30％，造成了大量能源的浪费。针对商用燃气灶热效率低、能量损耗严重、碳排放量大等一系列缺点，开展商用灶的余热回收技术十分必要且有意义。余热回收利用技术可通过增加余热回收装置实现，采用预混式燃烧方式，在燃气灶尾部安装热交换器回收室，用烟气余热来预热空气，有效减少烟气带走的余热。传统鼓风式中餐炒菜灶和大锅灶的炉膛内空间比较大，且炉膛结构采用耐火砖、耐火土等厚重材料，这些材料隔热性能不好，且十分笨重，导致大部分热量被商用灶本身吸收，从而产生热量流失，通过开发新型保温材料，让更多的热量留在燃烧室内，提高烟气温度，更有利于传热，从而提高热效率，同时新型保温材料的使用可以大大降低商用灶的质量，降低运输成本。

1.3 工业锅炉节能减排

目前，我国工业锅炉已经形成了比较完备的体系，随着国家节能环保要求的提高以及科学技术的发展，今后工业锅炉行业的发展主要在于核心设备与关键技术的自主研发、节能措施的推广以及检测和自动化程度的完善提高，且节能减排依然是工业用气技术的重点发展与研究方向，燃气工业锅炉将向着低氮燃烧、冷凝换热与多燃料适应目标发展。为实现此目标，将开展燃气燃烧控制技术的研究，基于传感器技术，开发智能控制技术优化空燃比，通过技术研究提高工业用气设备热效率，降低用气消耗，减少污染物排放。

1.4 能源综合利用

为充分利用燃气能源，将深入开展燃气能源综合利用技术的研究。随着清洁能源利用、智能物联网等技术的不断完善，开发多种能源利用形式之间的集成应用将成为冷热电联供系统发展的新趋势；分布式能源技术通过与智能微电网融合，带动智能冷热气网共同发展，进而形成集成化智能区域供能系统，并向开发能源综合服务业务方向发展；天然气压力能利用方面，发电技术向着智能化方向发展，构造管网智能化完整性管理，通过压力和温度的梯级利用，建立天然气压力能利用综合系统，实现产业化应用。基于 LNG 冷能回收利用技术，开发冷能梯级利用方案以提高冷能利用效率，此外，为最大限度利用 LNG 冷能，耦合其他能源进行综合应用将是 LNG 冷能利用的重点发展方向。

2 关键技术

2.1 燃气具自适应燃烧技术

用离子针充当实现检测燃烧工况的传感器，测量诊断火焰离子的特定特性，基于各种燃烧参数而形成的离子化特性，通过精准的燃气阀、系统安全模块和高精度传感元器件，采用补偿和离子电流反馈系统揭示出整个燃烧工艺中多个本质的信息，达到根据我国不同燃气品质或气种变化进行智能调整的目标，实现完全无人干预并做到燃烧效率与系统可靠性的双重最大化。

2.2 基于物联网的智能监控技术

随着电子技术引入灶具领域，使得灶具的自动化和智能化程度都有所提高，有些高档产品增加了油温过热保护装置、防干烧保护装置等，部分产品还具有煎、炒、煮、炸等多种功能。智能多功能燃气灶具将减少火焰外溢，热能外泄，可避免烫伤及火灾事故，自动定位保持较好地燃烧距离。未来智能多功能燃气灶安全防护系统将报警与关闭气源联动并加以控制。通过将燃气泄漏报警器技术与燃气表安全切断技术相融合，形成燃气泄漏安全切断技术，可以实现燃气泄漏的实时感知与安全切断。通过采用延时报警手段、自检系统以及防反接电源电路的设计，实现了燃气泄漏报警器的高抗干扰性，保障燃气使用的安全管理。

2.3 商用灶烟气余热利用技术

商用灶一般要求火力猛、热负荷大，其结果是烟气流速加快，而提高烟气流速意味着有限的锅底面积来不及吸收大多数的能量，大量的热量白白跑掉，导致热效率低下。将炉膛设计成双层内空的，外层为保温层，内层为辐射层，这种结构把燃气在炉膛里燃烧后产生的热量先加热炒锅后,高温烟气通过辐射板时,高温废气所携带的部分热量加热辐射板,转变成辐射热再次有效利用。同时辐射板增大了烟气的流动阻力,延长了高温烟气在炉膛内的滞留时间,也在一定程度上为提高热效率做出了贡献。

2.4 工业锅炉燃烧智能控制技术

由于传统的人工控制方式控制效果不佳,而当前基于数学建模的控制方法需要大量高精度的检测仪表而造价高昂,智能控制将是未来优化空燃比的发展方向,主要研究方向有模糊控制技术、烟气温度自适应模糊控制技术、专家系统控制技术以及数学模型+模糊控制技术等。

2.5 基于天然气的冷热电联供能源集成系统

天然气冷热电联供系统受用能特点的影响较大,通过与其他技术联合使用形成能源集成系统,融入风电、太阳能、生物质能、地源热泵、水源热泵、蓄热蓄冷装置、热回收等,构建的多能互补能源系统,使其发挥各自优势,实现能源供应的耦合集成和互补利用,提高系统的经济性及运行稳定性,保障冷热电用户需求。

2.6 融合智能微电网,形成集成化智能区域供能系统

分布式能源特点是布局分散灵活,可与大电网互为备用,提高供电可靠性和供电质量。智能微电网依靠"互联网+"技术,集各类分布式电源、储能设备、能量转化设备、负荷监控和保护设备于一体,通过智能管理和协调控制,可以最大化地发挥分布式能源的效率,同时可带动天然气管网智能控制技术、供热供冷管网智能控制技术、蓄热蓄冷等蓄能技术的发展,构建以分布式能源为基础的智能区域供能系统。通过智能冷热网连接分布式能源站、换热站和用户,形成集成的供热、供冷、供电系统,且可以通过开展配售电业务,实现发、配、售一体化,形成区域一体化综合能源服务,进而更好地满足用户多样化和定制化的需求。

2.7 天然气压力能利用技术产业化与智能化应用

根据压力和温度梯度进行逐级利用,建立天然气压力能利用综合系统,协调调压门站的供气负荷与发电或制冷负荷之间的平衡。完善系统工艺,依据压力等级、膨胀比、发电规模、成本造价、操作条件、工艺驳接、使用寿命等影响因素,进行设备选型,建立运维和管理新程序。结合数字化、信息化、智能化技术的发展,构建智能化天然气压力能利用系统,进行信息共享,完善数据管理、单元识别、风险管控和效能评价等标准流程,实现与场站管理系统的有机融合。

2.8 LNG冷能梯级利用效率提升

基于不同LNG冷能回收利用技术对冷能需求和冷能利用效率,开发不同的冷能梯级利用方案,依据冷能利用效率及效率的对比分析,选择合适的匹配方案。分析冷能综合利用系统效率的影响因素和冷能衰减规律,从适用条件、工艺优缺点、经济费用、所适用级数方面对冷能梯级利用级间单元工艺适用性进行综合分析,研究冷能随环境温度、系统温度、系统压力的衰减规律。采用LNG冷能回收与其他能源的耦合利用,例如低温太阳能,通过分析复合能源系统,针对薄弱环节提出改进措施,以提高能源综合系统的利用效率和效率,有利于最大限度的利用LNG冷能,实现经济效益的最大化。

附录

1 科研项目

序号	领域类别	项目名称	完成时间	提交单位
1	气源	城镇燃气质量服务试点评价研究	2018 年 12 月	中国市政华北院
2		天然气多气源互换性与气质控制关键技术	2016 年 6 月	中国市政华北院
3		城镇油气管道安全完整性管理技术方法研究	2017 年 12 月	中国石油大学
4		油气管道完整性管理软件系统及应用	2019 年 12 月	中国石油大学
5		城镇高压燃气管道风险评价方法研究	2017 年 12 月	中国石油大学
6		燃气管道翻转内衬修复适用性研究	2017 年 12 月	中国石油大学
7		管道内检测评价软件系统	2018 年 8 月	中国石油大学
8		LNG 气化器除冰机	2020 年 3 月	港华燃气
9		城市有机废弃物燃气化利用潜力及技术优化研究	2020 年 12 月	重庆大学
10		常熟市生物燃气发展潜力及利用规划	2019 年 12 月	重庆大学
11	天然气掺氢	燃气管网掺氢研究项目技术研究	2020 年 11 月	重庆大学
12		城镇燃气管网掺氢可行性方案咨询	2019 年 12 月	重庆大学
13	输配工程	基于燃气流量识别的安全控制器研究	2015 年 12 月	中国市政华北院
14		城镇燃气门站虚拟仿真实验	2019 年 11 月	西南石油大学
15		无损管钳的研制	2019 年 12 月	华润燃气
16		城市地下综合管廊中燃气建设管道设计研究	2017 年 1 月	华润燃气
17		城镇燃气管网安全风险管控研究	2018 年	昆仑燃气
18		燃气管线进入综合管廊工程施工、验收、运行、维护等研究	2016 年 12 月	中国市政华北院
19		主编国标《压力管道规范供应管道(燃气)》	2016 年 12 月	中国市政华北院
20		《燃气过滤器》标准编制研究	2016 年 12 月	中国市政华北院
21		燃气调压设施加速失效技术应用研究	2016 年 12 月	中国市政华北院
22		编制《市政基础设施维护指南》	2018 年 12 月	中国市政华北院
23		燃气输配设备安全基本技术要求标准编制研究	2019 年 12 月	中国市政华北院
24		水平定向钻施工钢质管道轨迹的验证与完善	2018 年 6 月	北京燃气
25		北京埋地燃气管网腐蚀评估预测技术研究	2018 年 12 月	北京燃气
26		蓝焰燃气设计计算软件	2017 年 10 月	天津能源

序号	领域类别	项目名称	完成时间	提交单位
27	场站运营	场站运行管理项目	2020 年 6 月	深圳燃气
28		高中压调压站冻堵、冻胀对安全运行影响分析及应对措施研究	2018 年 6 月	北京燃气
29		城镇燃气厂站区域阴极保护关键技术研究	2017 年 10 月	北京燃气
30	管网运营	城市燃气管道典型场所泄漏扩散仿真与风险评估研究	2020 年 4 月	重庆大学
31		市政燃气阀门安全快速开关关键技术研究	2020 年 12 月	广州燃气
32		NB-IoT 民用远传报警器	2018 年 10 月	沈阳燃气
33		城市燃气管网完整性管理技术及应用	2018 年	深圳燃气
34		双重预防机制研究	2019 年 12 月	深圳燃气
35		燃气智能管网工况仿真系统开发与研究	2017 年 12 月	深圳燃气
36		编制《城镇燃气管网泄漏评估技术规程》	2018 年 12 月	中国市政华北院
37		燃气管道开孔封堵自动化关键技术应用研究	2017 年	北京燃气
38		燃气管线开裂根源性分析与风险管控研究	2018 年 9 月	北京燃气
39		带气作业智能降压监控管理系统研究	2017 年 12 月	北京燃气
40		开直埋闸井截门通用扳手	2017 年 11 月	北京燃气
41		燃气应急抢险移动式高压燃气管道放散系统技术研究	2017 年 12 月	天津能源
42	安全与应急	地铁杂散电流对埋地燃气管道干扰影响的有效评估与防护技术研究	2018 年 12 月	北京燃气
43		燃气管道与站场完整性管理关键技术	2019 年 12 月	西南石油大学
44		燃气流量及使用安全测控数据采集及分析技术研究	2021 年 12 月	广州燃气
45	智慧管网	城镇智慧燃气管网云平台建设项目	2020 年 6 月	深圳燃气
46		广州燃气管网输配能力技术研究	2021 年 6 月	广州燃气
47		基于"互联网+"技术的远程视频辅助设计研究及应用	2018 年 12 月	华润燃气
48		管网仿真系统	2017 年 12 月	港华燃气
49	农村供气	农村燃气管理和技术政策措施研究	2019 年 12 月	中国市政华北院
50		乡镇和中心村天然气利用研究	2018 年 9 月	重庆大学
51	燃气应用安全技术	特定地上密闭厨房燃气泄漏风险评价研究	2020 年 12 月	重庆大学
52		基于住宅厨房燃气泄漏爆炸和 CO 中毒防范的烟机运行机制及系统设计	2020 年 3 月	重庆大学
53		全预混燃气热水器不锈钢换热器耐腐蚀性能研究	2019 年 5 月	重庆大学
54		防攀爬倒刺研发	2018 年 12 月	华润燃气

序号	领域类别	项目名称	完成时间	提交单位
55	燃气应用信息化技术	互联网＋技术在燃气民用表管理中的研究与应用	2017 年 9 月	天津能源
56		客户信息与燃气立管或楼幢的捆绑	2016 年 12 月	港华燃气
57		基于物联网技术智慧燃气大数据平台	2019 年 12 月	成都燃气
58		深圳燃气 2020 年企业运营管理及 CIS 系统运维优化项目	2020 年 12 月	深圳燃气
59		深圳燃气科研项目管理系统云平台	2019 年 11 月	深圳燃气
60		建筑燃气安全智慧终端关键技术及产品开发	2019 年 3 月	中国市政华北院
61		城镇燃气设备材料分类与编码	2016 年 12 月	北京燃气
62		新型智能燃气技术开发	2019 年 11 月	重庆大学
63	其他	燃气输配设备可靠性技术研究	2015 年 12 月	中国市政华北院
64		天津市天然气供应安全保障系统研究	2015 年 12 月	天津能源
65	居民用气	基于物联网技术的光电直读无线智能远传预付费系统产业化项目	2015 年 8 月	成都燃气
66		超声波智能燃气表	2018 年 12 月	成都燃气
67		水冷全预混燃烧器技术开发	2018 年 8 月	重庆大学
68		燃气灶用"聚能圈"理论与应用研究	2016 年 12 月	重庆大学
69	商业用气	极限热效率下燃气灶具适应性与通用性研究	2018 年 12 月	重庆大学
70		公服用户防盗气技术措施研究	2018 年 11 月	北京燃气
71	工业用气	燃烧器极限情况下的边界条件分析研究	2017 年 12 月	重庆大学
72		超声波燃气表环境适应性研究	2017 年 5 月	重庆大学
73	车船用气	船舶 LNG 应用试点及船用 LNG 加注方案研究	2019 年 12 月	重庆燃气
74	天然气压力能利用	天然气压力能发电上网项目	2016 年	深圳燃气
75	燃气应用节能减排技术	燃气用具燃烧特性测试系统应用研究	2019 年 3 月	中国市政华北院
76		家用燃气具污染物排放特性和测试技术研究	2016 年 12 月	中国市政华北院
77		《商用厨房燃具》标准研究	2015 年 12 月	中国市政华北院
78		燃气用具和设备检测升级关键技术研究（一）	2017 年 12 月	中国市政华北院
79		燃气用具和设备检测升级关键技术研究（二）	2017 年 12 月	中国市政华北院
80		《燃气燃烧器和燃烧器具用安全和控制装置》ISO 标准转化编制研究	2019 年 12 月	中国市政华北院

序号	领域类别	项目名称	完成时间	提交单位
81	其他	高效冷凝换热器应用与验证	2020 年 8 月	重庆大学
82		基于 NB-IoT 通讯协议更新的燃气表	2019 年 9 月	天津能源
83		城市公用事业智能化高精传感器技术国家地方联合工程实验室项目	2016 年 11 月	成都燃气
84		应用 O2O 模式的深圳市优化用气营商环境	2019 年 8 月	深圳燃气
85		北京市天然气发展影响因素研究	2016 年 12 月	北京燃气
86		北京市非民用燃气计量系统设计施工验收规程	2018 年 12 月	北京燃气
87		城市燃气用气指标及用气规律研究	2018 年 11 月	北京燃气
88		农村小型液化天然气供气设施技术规程	2017 年 1 月	北京燃气
89	综合	郑州市天然气利用工程	2015 年 12 月	华润燃气
90		薄壁不锈钢管管材管件及环压工具的通用性研究	2019 年 12 月	华润燃气
91		智能远传表互联互通及智能管控平台应用研究	2017 年 12 月	华润燃气
92		基于 SCADA 系统实现调压站的智能化调控	2017 年 12 月	华润燃气
93		城镇燃气智慧建设项目实践	2018 年 12 月	华润燃气
94		郑州市燃气安全新技术应用示范	2017 年 12 月	华润燃气
95		天然气压差液化自动控制系统在城市调峰中的应用创新	2017 年 12 月	华润燃气
96		城市燃气高压规划管网输储调分析研究与应用	2016 年 9 月	天津能源
97		28kW 以下两用炉研究	2018 年 4 月	重庆大学
98		两化融合管理体系建设及贯标项目	2018 年 10 月	深圳燃气

2 研究报告

序号	领域类别	研究报告名称	完成时间	提交单位
1	管道天然气	上海特高压直流输电线路(接地极)对天然气主干网的干扰及影响因素研究	2017 年 6 月	上海燃气
2		城镇燃气质量服务试点评价研究	2018 年	中国市政华北院
3		天然气多气源互换性与气质控制关键技术	2016 年 6 月	中国市政华北院
4	管网工程	重庆主城区城镇天然气设施及管网规划	2016 年	重庆燃气
5		优化工程管理流程以提升工程建设效益的策略	2018 年	港华燃气
6		居民住宅燃气引入管工厂化预制	2016 年	港华燃气
7		小直径长距离天然气管道过江隧道关键技术突破性研究	2016 年	上海燃气
8		燃气管线进入综合管廊工程施工、验收、运行、维护等研究	2016 年	中国市政华北院
9	场站运营	城市燃气管道内检测卡堵风险分析及应急处置措施	2019 年 5 月	深圳燃气
10	管网运营	基于 AI 的燃气管道监控系统应用研究	2019 年 8 月	深圳燃气
11		燃气管道泄漏点定位技术研究	2019 年 6 月	北京燃气

序号	领域类别	研究报告名称	完成时间	提交单位
12	输差控制	管道检测技术应用探究	2019 年 7 月	深圳燃气
13	安全与应急	纺织行业煤改气能源解决方案的研发	2015 年	港华燃气
14		天然气管线入廊设计、施工及运维技术规程——以南京市南部新城片区综合管廊项目为例	2020 年 3 月	港华燃气
15	智慧管网	基于 ArcGIS 的城镇燃气测绘技术与管理系统的研发	2020 年	港华燃气
16		面向崇明世界级生态岛的智慧燃气建设研究	2019 年 1 月	上海燃气
17	农村供气	农村燃气管理和技术政策措施研究	2019 年	中国市政华北院
18	燃气应用信息化	超高层居民住宅燃气安全供应系统的研究及应用	2018 年	港华燃气
19		客户工程智能化服务管理系统的研发	2021 年	港华燃气
20		TMS 大数据系统如何有效为企业提供管理标杆服务	2018 年	港华燃气
21		南京港华智慧燃气顶层设计(1.0 版)	2019 年	港华燃气
22		研制燃气 IC 卡气量圈存装置	2017 年 5 月	港华燃气
23		上海城市燃气大数据开发及应用示范	2018 年 5 月	上海燃气
24		建筑燃气安全智慧终端关键技术及产品开发	2019 年	中国市政华北院
25		燃气智慧厨房关键技术及应用研究	2018 年	北京燃气
26	其他	重庆地区居民冬季天然气供暖方式研究	2015 年	重庆燃气

3 专利技术

序号	领域类别	专利名称	授权时间	提交单位
1	管道天然气	城市燃气管道事故风险评估和应急决策辅助系统	2019 年 1 月	港华燃气
2		一种燃气管道穿越地上悬河防止管涌的装置	2019 年 1 月	陕西首创天成
3		通信光缆随高压燃气管道共同定向钻穿越的连接结构	2018 年 4 月	陕西首创天成
4		一种管道用支承设备	2017 年	佛燃能源
5		一种自防护型高压天然气输送管道	2019 年 2 月	南京市燃气工程设计院
6	液化天然气	一种可调浸没燃烧鼓泡管套装置	2018 年 2 月	北京优奈特
7		一种橇装气化器综合控制箱	2017 年 10 月	北京优奈特
8		一种合理回收液化天然气储罐内蒸气的装置	2018 年 6 月	北京优奈特
9		一种 LNG 供气系统	2017 年 8 月	新奥
10		一种泵卸车运 LNG 残液回收技术	2019 年	陕西燃气
11		一种 LNG 储罐的 BOG 回收系统	2018 年 1 月	陕西燃气
12	其他方面	一种天然气水合物合成分解一体化工艺及系统	2018 年 3 月	中国市政华北院
13	场站工程	一种新型压缩天然气储配站	2016 年 12 月	陕西首创天成
14		一种 LNG 卫星站供气系统	2016 年	佛燃能源
15		一种用于 CNG 储配站的高压储气装置	2019 年 9 月	陕西首创天成

续表

序号	领域类别	专利名称	授权时间	提交单位
16	管网工程	一种用于天然气管道的螺旋推进清管器	2019 年 10 月	台州市城市天然气
17		一种附墙空间管道固定支架	2018 年 1 月	北京优奈特
18		一种阴极保护系统极化电位测量仪及评价方法	2019 年 4 月	佛燃能源
19		一种埋地 PE 管内部示踪线的引出接线结构及其接线方法	2017 年 2 月	佛燃能源
20		一种阴极保护系统极化电位测量仪及评价方法	2018 年 2 月	佛燃能源
21		一种 PE 管夹具	2016 年 2 月	佛燃能源
22		一种无损伤管钳用的夹持机构	2019 年 11 月	华润燃气
23		一种无损管钳	2019 年 10 月	华润燃气
24		无损管钳	2019 年 6 月	华润燃气
25		旧管道非开挖修复中旧管道内壁清理设备	2019 年 5 月	港华燃气
26		一种用于 PE 管焊接施工的网格线绘制装置	2019 年 9 月	港华燃气
27	场站运营	一种阀门用启闭装置	2015 年 5 月	港华燃气
28		高效高精度管道防腐状态远程监测系统	2018 年 7 月 3 日	上海燃气
29		一种管道补偿器	2016 年 9 月	上海燃气
30		一种调压器压力自动监测手持设备	2016 年 9 月	上海燃气
31		用于楼板墙体贯穿部的管道防腐结构	2019 年 3 月	上海燃气
32		帽式预置燃气阀门井	2019 年 3 月	上海燃气
33		用于控制球阀开合的扳手	2018 年 12 月	上海燃气
34		一种调压器压力自动监测手持设备	2016 年 9 月	上海燃气
35		一种不锈钢法兰补偿器	2019 年 2 月	上海燃气
36		天然气在线检定装置	2015 年 6 月	上海燃气
37		燃气调压器压力测试装置	2018 年 1 月	上海燃气
38		一种埋地管道监测系统	2018 年 2 月	上海燃气
39		一种埋地燃气管道的阴极接线装置	2019 年 5 月	上海燃气
40		城市输气管网供气能力模拟方法及模拟系统	2018 年 1 月	上海燃气
41		一种利用透平膨胀机的管网压力能方法及装置	2019 年 4 月 9 日	深圳燃气
42		一种 LNG 储罐泄漏热辐射分析实现方法	2019 年 3 月	深圳燃气
43		一种燃气双向计量调压装置	2018 年 1 月	佛燃能源
44		天然气发电的双气源联合供气系统	2017 年 9 月 5 日	佛燃能源
45	管网运营	燃气管道阀门控制系统	2020 年 3 月	广州燃气
46		一种基于复杂工况的高压燃气管线排流保护远程监测系统开发	2020 年 12 月	广州燃气
47		一种燃气双向计量装置	2017 年 10 月	佛燃能源
48		一种管道用支承设备	2017 年 2 月	佛燃能源
49		一种管道固定设备	2017 年 2 月	佛燃能源

序号	领域类别	专利名称	授权时间	提交单位
50		一种三通的自动测漏装置	2017 年 2 月	佛燃能源
51		一种用于更换阀门根部密封垫的装置	2018 年 6 月	佛燃能源
52		一种防爆风机风管支架装置	—	佛燃能源
53		一种天然气调压器拆装工具	—	佛燃能源
54		燃气管道安全预警系统	2018 年 5 月	佛燃能源
55		一种高精度的燃气能源计量装置	2018 年 11 月	佛燃能源
56		新型调压器切断报警器	2019 年 4 月 5 日	佛燃能源
57		一种燃气应急抢险移动式高压燃气管道放散系统	2019 年 10 月	天津能源
58	管网运营	一种调压站远程加密模块	2019 年 3 月	沈阳燃气
59		一种燃气嗅探犬训导设施	2019 年 5 月 7 日	港华燃气
60		一种基于风险因素识别的施工工地巡查优化方法及系统	2019 年 3 月	深圳燃气
61		一种可检测可燃气体的地下电子标签探测仪	2019 年 2 月	深圳燃气
62		一种带摄像头的地下电子标签探测仪	2019 年 2 月	深圳燃气
63		地下电子标签的定位系统、方法及地下电子标签探测仪	2018 年 10 月	深圳燃气
64		一种基于声回波信号解调的管道泄漏监测方法	2018 年 5 月	北京燃气
65		一种燃气管道放散装置	2016 年 5 月	天津能源
66	输差控制	一种可调节角度的太阳能无线智能燃气表	2018 年 11 月	佛燃能源
67		一种用于液化石油气钢瓶防爆的安全罐	2018 年 1 月	重庆大学
68		燃气吹扫桩封堵器	2016 年 8 月	重庆燃气
69		燃气吹扫桩封堵套	2016 年 8 月	重庆燃气
70		燃气吹扫桩排水器	2016 年 9 月	重庆燃气
71		燃气管道抢修防误解装置	2016 年 8 月	重庆燃气
72		低压燃气埋地管排水试压装置及排水和试压方法	2018 年 3 月 2 日	重庆燃气
73	安全与应急	燃气封堵和立管试压一体的装置及封堵试压方法	2018 年 8 月 3 日	重庆燃气
74		一种适用于中高压燃气管的封堵试压装置及燃气管封堵试压结构	2017 年 8 月 8 日	重庆燃气
75		一种燃气管封堵装置及燃气管封堵结构	2017 年 8 月	重庆燃气
76		一种燃气管封堵检测装置及燃气管封堵检测方法	2019 年 1 月 4 日	重庆燃气
77		一种燃气管安装装置及燃气管安装机构	2017 年 8 月 8 日	重庆燃气
78		一种抵御涌浪的脱缆钩控制箱	2020 年 3 月 17 日	深圳燃气
79	智慧管网	港华东陆管网定位资讯系统	2018 年 7 月 3 日	港华燃气
80		一种基于 CO_2 冷媒的天然气压力能利用装置	2019 年 11 月	深圳燃气

序号	领域类别	专利名称	授权时间	提交单位
81	燃气应用安全技术	一种埋地金属管道的阴极保护系统与阳极检测系统及方法	2020 年 1 月 3 日	重庆燃气
82		室外天然气立管改良防攀爬装置	2018 年 5 月	华润燃气
83		天然气立管防攀爬装置	2018 年 7 月	华润燃气
84		一种防腐蚀燃气管道	2019 年 11 月	华润燃气
85		一种阴极保护测试桩	2019 年 11 月	华润燃气
86		超柔管摆动弯曲检测试验台	2016 年 12 月	港华燃气
87		超柔管抗弯曲扭曲检测试验台	2016 年 12 月	港华燃气
88		一种阀门专用支撑装置	2018 年 5 月 9 日	天津市罡世燃气科工贸发展有限公司
89		一种新型燃气管道通孔器	2019 年 2 月	
90		一种燃气管道通孔器	2019 年 2 月	
91		一种检测板	2018 年 11 月	
92		一体式燃气表出气管	2016 年 4 月	
93		一种一体式燃气表出气管	2018 年 11 月	
94	燃气应用信息化技术	燃气自助售气终端	2016 年 4 月	
95		燃气 IC 卡表用户自助购气充值移动支付终端机	2018 年 5 月	
96		物联网智能设备管理服务云平台	2019 年 7 月 3 日	重庆燃气
97		一种燃气表开关阀方法	2018 年 4 月	港华燃气
98		一种户内燃气安全监控智慧终端及安全监控方法	2019 年 12 月	北京燃气
99	其他方面	多功能玻璃钢测试桩	2018 年 4 月	重庆燃气
100	居民用气	一种窑洞内厨房用具有便于安装功能的燃气管道	2019 年 1 月	陕西首创天成
101		一种用于中餐炒菜灶的防空烧装置	2018 年 1 月 5 日	重庆大学
102		一种喷火柱中心点可调式节能燃气灶	2018 年 5 月	佛燃能源
103	商业用气	一种用于向趸船供应天然气的管道	2015 年 7 月	重庆燃气
104		一种用于向趸船供应天然气的控制柜	2015 年 7 月	重庆燃气
105		一种向趸船供应天然气的方法	2016 年 9 月	重庆燃气
106		一种趸船天然气供应系统及其供气方法	2017 年 1 月	重庆燃气
107		一种用天然气直接加热空气烘干丝的浆丝机	2016 年 2 月 3 日	港华燃气
108	工业用气	一种高精度的燃气能源计量装置	2017 年 12 月	佛燃能源
109	热电(冷)联产及分布式能源	一种风光气相结合的家用冷热电三联供系统	2019 年 11 月	佛燃能源
110		一种实现天然气和太阳能相结合的家用冷热电三联供系统	2018 年 6 月	佛燃能源
111	车船用气	车用液化天然气冷能利用装置	2019 年 2 月	南京市燃气工程设计院
112		压缩天然气加气站的加气系统	2019 年 3 月	
113		压缩天然气加气站的加气装置	2019 年 3 月	

序号	领域类别	专利名称	授权时间	提交单位
114	天然气压力能利用	一种利用气动马达的管网压力能回收方法及装置	2019 年 2 月	深圳燃气
115	燃气应用节能减排技术	供暖系统无线阀门控制器	2017 年 9 月 6 日	港华燃气
116		一种利用 BOG 回收 NGL 的系统	2019 年 1 月	深圳燃气
117		家用燃气快速热水器烟气排放安全装置	2018 年 3 月	中国市政华北院
118		一种燃气灶具优化设计评价方法及其测试系统	2017 年 3 月	中国市政华北院
119		一种可再生能源-燃气联供的多能互补供热系统性能测试方法及所用测试装置	2018 年 5 月 8 日	中国市政华北院
120		应用于独立供热采暖系统的多能互补供热系统	2017 年 2 月	中国市政华北院
121	综合	一种具有漏气报警功能的 NB-IoT 膜式燃气表	2020 年 1 月	天津能源
122		一种基于窄带物联网技术的燃气表	2020 年 1 月	天津能源
123		一种利用 NB-loT 设备的物联网燃气表	2020 年 1 月	天津能源
124		一种天然气输送管线全方位监测分析、应急处理系统及其运行方法	2020 年 6 月	天津能源
125		一种二级增压天然气液化装置	2019 年 11 月	华润燃气
126		基于协议转换的燃气扩频远传表抄表系统	2018 年 6 月 1 日	华润燃气
127		一种模块化协议转换控制终端及燃气扩频远程抄表系统	2018 年 8 月	华润燃气
128		一种基于物联网和蓝牙技术的 IC 卡写卡装置	2019 年 3 月	华润燃气
129		一种燃气充值装置	2019 年 12 月	华润燃气
130		双调压装置及调压箱	2017 年 4 月 5 日	华润燃气
131		一种快开式过滤器专用拆卸工具	2015 年 11 月	华润燃气
132		一种调压气路、调压装置及调压设备检测平台	2015 年 12 月	华润燃气
133		工业皮膜表防盗表箱	2017 年 3 月	华润燃气
134		一种管道使用的可调节支架	2017 年 3 月	华润燃气
135		LNG 加气站 BOG 微型热电联产装置	2015 年 12 月	中燃控股
136		一种计算 LNG 储罐内 BOG 存量及产生量的方法	2016 年 4 月	中燃控股
137		LNG 加气站 BOG 微型热电联产装置	2015 年 12 月	中燃控股
138		用于 LNG 加气站的 LNG 储罐外 BOG 冷凝回收系统	2016 年 8 月	中燃控股
139		无排污储罐及供气系统	2017 年 8 月	中燃控股
140		LPG 带泵罐车及卸液系统	2017 年 7 月	中燃控股
141		用于 LNG 加气站的 BOG 回收利用系统	2017 年 7 月	中燃控股
142		用于涂布机的天然气直燃装置及干燥系统	2017 年 7 月	中燃控股
143		具有精确补偿温度和压力功能的民用超声波燃气表	2017 年 7 月 25 日	中燃控股
144		自预热式无焰氧化燃烧器及燃烧设备	2017 年 8 月 2 日	中燃控股
145		一种利用地热加热天然气的调压系统	2018 年 1 月 16 日	中燃控股

序号	领域类别	专利名称	授权时间	提交单位
146		一种利用地热加热天然气的调压系统	2018 年 11 月 27 日	中国燃气
147		一种新型的高效节能坩埚炉	2018 年 11 月 27 日	中国燃气
148		一种烟气余热梯级利用的高效热浸镀锌装置	2018 年 11 月 27 日	中国燃气
149		一种利用可再生能源的多能互补供能系统	2019 年 3 月 29 日	中国燃气
150		一种利用天然气压力能的发电装置	2019 年 3 月 29 日	中国燃气
151		一种天然气烧制建盏的方法	2020 年 4 月 24 日	中国燃气
152		一种天然气烧制建盏系统	2019 年 11 月 15 日	中国燃气
153		一种带燃烧气氛控制的天然气窑炉	2019 年 11 月 15 日	中国燃气
154		一种天然气直燃式加热烤烟房	2020 年 7 月 28 日	中国燃气
155		多功能 IC 卡补登机/多功能 IC 卡补登机电路	2018 年	港华燃气
156		一种滑动式钢结构罩棚	2016 年	港华燃气
157		一种液化天然气储存罐	2017 年	港华燃气
158		一种低温气体气化器的安装基础结构	2017 年	港华燃气
159		一种穿越 LNG 管沟的交叉位置设计结构	2018 年	港华燃气
160		一种使用寿命长的桥管支架结构	2018 年	港华燃气
161		一种天然气管表面画网格线模板	2019 年	港华燃气
162	综合	燃气 IC 卡便携式充值系统	2017 年	港华燃气
163		CNG 加气枪头拆卸装置	2017 年	港华燃气
164		卸车软管托架	2017 年	港华燃气
165		一种 CNG 加气枪头填料拆卸工装	2018 年	港华燃气
166		一种燃气立管沉降测量仪	2017 年	港华燃气
167		一种民用燃气压力与泄漏检测水镜装置	2017 年	港华燃气
168		一种免锤型二合一打波器	2018 年	港华燃气
169		一种液化天然气管道支架	2019 年	港华燃气
170		一种无线抄表通信中继方法	2017 年 8 月 25 日	成都燃气
171		一种天线筒装置及其装配方法及一种电子设备	2018 年 3 月 30 日	成都燃气
172		一种用于燃气表的温度检测系统	2017 年 12 月 8 日	成都燃气
173		一种天然气的气体流量计量方法	2015 年 7 月 15 日	成都燃气
174		一种解决光电直读计数器进位误差的方法	2015 年 4 月 12 日	成都燃气
175		燃气表无线扩频收发系统及其 PCB 版图结构	2017 年 3 月 15 日	成都燃气
176		带温度补偿的压力传感器校准方法	2016 年 3 月 16 日	成都燃气
177		一种节能自动 AD 温度采集监控系统	2016 年 10 月	成都燃气
178		一种基于流量计量装置的 RS485 抗干扰通讯系统	2017 年 3 月 8 日	成都燃气

序号	领域类别	专利名称	授权时间	提交单位
179	综合	一种基于流量计量装置的流量采集系统	2016 年 6 月 8 日	成都燃气
180		一种流量计量装置脉冲输出信号处理系统	2017 年 7 月 28 日	成都燃气
181		一种干簧管装配装置、干簧管计数器以及其装配方法	2017 年 4 月 26 日	成都燃气
182		一种基于电磁感应的直读计量装置	2018 年 3 月 30 日	成都燃气
183		一种天线筒装置及其装配方法及一种电子设备	2017 年 6 月 27 日	成都燃气
184		一种用于燃气表的阀门控制系统及燃气表	2017 年 5 月 24 日	成都燃气
185		用于燃气表的温度检测系统	2017 年 12 月 8 日	成都燃气
186		燃气表无线扩频收发系统及其 PCB 版图结构	2017 年 3 月 15 日	成都燃气
187		物联网增强型无线扩频收发系统及其 PCB 版图结构	2017 年 3 月 8 日	成都燃气
188		一种磁感应字轮计数器	2017 年 10 月	成都燃气
189		一种磁感字轮直读装置	2018 年 1 月 30 日	成都燃气
190		一种用于字轮计数器的磁感字轮	2017 年 11 月	成都燃气
191		一种磁感断轴字轮直读计数器	2018 年 5 月 1 日	成都燃气
192		一种燃气流动监测装置和室内安全保护系统	2018 年 5 月 13 日	重庆大学
193		一种多功能燃气便民服务车	2019 年 5 月 7 日	佛燃能源
194		一种胺液消泡加注系统	2019 年 7 月 23 日	深圳燃气

4 技术标准

中国城市燃气协会标准委员会团体标准

序号	标准编号	标准名称	主编单位	发布时间
1	CGAS001—2016	《宽边管件连接涂覆燃气管道技术规程》	香港中华煤气港华投资有限公司	2016 年 2 月 24 日
2	CGAS002—2017	《城镇燃气经营企业安全生产标准化规范》	中燃协安委会	2017 年 11 月 10 日
3	T/CGAS003—2017	《民用智能燃气表通用技术要求》	昆仑能源有限公司	2017 年 12 月 25 日
4	T/CGAS004—2018	《小型丙烷储罐供气技术标准》	深圳中燃哈工大燃气技术研究院有限公司	2018 年 6 月 26 日
5	T/CGAS005—2018	《燃气管道穿放光纤套管技术规程》	香港中华煤气有限公司	2018 年 9 月 17 日
6	T/CGAS006—2019	《基于窄带物联网（NB-IoT）技术的智能燃气远传抄表系统》	深圳市燃气集团	2019 年 4 月 1 日
7	T/CGAS007—2019	《非民用智能燃气表通用技术要求》	北京市燃气集团	2019 年 10 月 28 日
8	T/CGAS008—2020	《燃气用不锈钢集成管道技术规程》	浙江铭仕不锈钢	2020 年 6 月 10 日
9	T/CGAS009—2020	《城镇燃气标志标准》	北京市燃气集团	2020 年 9 月 1 日
10	T/CGAS010—2020	《城镇燃气管道非开挖修复更新工程技术规程》	北京市燃气集团	2020 年 9 月 1 日
11	T/CGAS011—2020	《电子温压修正膜式燃气表》	辽宁航宇星物联仪表科技有限公司	2020 年 9 月 1 日

5 获奖项目

序号	领域	获奖项目名称	获奖时间	奖项名称	颁发单位	提交单位
1		天然气多气源互换性与气质控制关键技术	2019 年 1 月	华夏建设科学技术 三等奖	华夏建设科学技术奖励委员会	中国市政华北院
2		郑州市天然气利用工程	2017 年 1 月	第十四届中国土木工程 詹天佑奖	中国土木工程学会、北京詹天佑土木工程科学技术发展基金会	华润燃气设计研究中心
3		郑州市中心城区次高压燃气工程	2019 年 11 月	优秀勘察设计奖	中国勘察设计协会	华润燃气设计研究中心
4	管道天然气	大同市城镇燃气环高压管道网	2019 年 8 月	河南省优秀工程咨询成果 二等奖	河南省工程咨询协会	华润燃气设计研究中心
5		大连市天然气置换方案	2019 年 8 月	河南省优秀工程咨询成果 一等奖	河南省工程咨询协会	华润燃气设计研究中心
6		安彩公司 2 号阀室~温县工业园区高/中压调压高压站供气管道项目——天然气管道高压穿越沁河工程	2015 年 12 月	陕西省第十八次优秀工程设计 三等奖（建筑、市政类）	陕西省住房和城乡建设厅	陕西首创长成
7		北京市天然气利用系统工程	2015 年	第十三届中国土木工程 詹天佑奖	中国土木工程学会北京詹天佑土木工程科学技术发展基金会	北京燃气
8	液化天然气	一种泵卸车运 LNG 残液回收技术	2019 年	2019 年陕西省科技工作者创新创业大赛银奖	陕西省科协、省发展改革委、省教育厅、省科技厅	陕西燃气
9	其他	《液化石油气供应工程设计规范》GB 51142—2015	2019 年	标准创新奖 二等奖	中国建设科技集团股份有限公司	中国市政华北院

序号	领域	获奖项目名称	获奖时间	奖项名称	颁发单位	提交单位
10	场站工程	基于 CFD 与燃烧理论的 LNG 泄漏蒸气云扩散及火灾热辐射危险区域研究	2019 年 1 月	华夏建设科学技术 三等奖	华夏建设科学技术奖励委员会	中国市政华北院
11		1000m³ 常压 LNG 储罐设计技术研究	2016 年	科学技术进步奖 三等奖	中国建设科技集团股份有限公司	中国市政华北院
12		天然气多气源互换性与气质控制关键技术	2016 年	科学技术进步奖 一等奖	中国建设科技集团股份有限公司	中国市政华北院
13		基于 CFD 与燃烧理论的 LNG 泄漏蒸气云扩散及火灾热辐射危险区域研究	2017 年	科学技术进步奖 二等奖	中国建设科技集团股份有限公司	中国市政华北院
14		《城镇燃气技术规程》GB 50494—2009	2019 年	标准创新奖 一等奖	中国建设科技集团股份有限公司	中国市政华北院
15		《城镇燃气设计规范（2020 年版）》GB 50028—2006	2019 年	标准创新奖 一等奖	中国建设科技集团股份有限公司	中国市政华北院
16		若羌县城乡一体化建设——天然气 CNG 供气点项目可行性研究报告	2016 年	陕西省 2016 年度优秀工程咨询成果奖 三等奖	陕西省工程咨询协会	陕西首创天成
17		舱室内天然气管道爆炸的影响性研究	2019 年	科学技术进步奖 三等奖	中国建设科技集团股份有限公司	中国市政华北院
18	管网工程	居民用户室内燃气管道改造规范	2016 年 3 月	二等奖	中石油昆仑燃气有限公司	昆仑燃气
19		城镇燃气管网第三方施工现场监护技术规程	2017 年 3 月	二等奖	中石油昆仑燃气有限公司	昆仑燃气
20		小直径长距离天然气管道过江隧道关键技术突破性研究	2016 年 12 月	2017～2018 年度申能集团优秀科创新 一等奖	申能集团	上海燃气
21		深圳市天然气储备与调峰库工程 EPD 总承包项目 T-211 储罐土建和安装工程	2017 年 1 月	优秀焊接工程 2017	中国工程建设焊接协会	深圳燃气

序号	领域	获奖项目名称	获奖时间	奖项名称	颁发单位	提交单位
22		超高压城镇燃气输配系统运行与维护关键技术	2020年1月	佛山市"2019年度科技先锋奖"	佛山市科技人才协会	佛燃能源
23		超高压城镇燃气输配系统运行与维护关键技术	2020年1月	佛山高新技术进步奖	佛山市高新技术产业协会	佛燃能源
24	管网工程	开发燃气管道水平定向钻设计工具	2017年8月	第二届全国质量创新大赛 二等奖	中国质量协会	佛燃能源
25		靖江市天然气高压管线及配套工程	2017年9月	陕西省第十九次优秀工程设计 三等奖	陕西省住建厅	陕西首创天成
26		青云店LNG供应站天然气工程	2019年	北京市优秀工程勘察设计奖 三等奖	北京工程勘察设计行业协会	优孛特
27		华能北京热电厂燃气热电联产项目天然气供气工程	2019年	工程勘察、建筑设计行业和市政公用工程优秀勘察设计 三等奖	中国勘察设计协会	优孛特
28	储气调峰	北京周边建设地下储气库经济技术方案研究	2019年	北京市工程咨询优秀成果 二等奖	北京市工程咨询协会	优孛特
29	场站运营	研发水下燃气管道新型测量装置	2019年6月	广东省第三十九次质量管理小组代表会议成果发表奖	广东省质量协会	佛燃能源
30		北京燃气管网防腐关键技术与设备研究	2015年	中国腐蚀与防护学会科学技术奖 一等奖	中国腐蚀与防护学会	北京燃气
31		北京燃气管网防腐安全关键技术与设备研究及推广应用	2016年	北京市科学技术奖 三等奖	北京市人民政府	北京燃气
32	管网运营	城市燃气不停输作业关键技术及成套工艺装备研究	2017年	北京市科学技术奖 三等奖	北京市人民政府	北京燃气
33		燃气管线在线检测抢修和安全评价技术及工程应用	2017年5月	华夏建设科学技术 二等奖	华夏建设科学技术奖励委员会	哈尔滨工业大学等
34		基于声学的新型城市燃气管道泄漏定位技术	2018年	优秀论文 一等奖	中国土木工程学会燃气分会2019年学会	北京燃气

序号	领域	获奖项目名称	获奖时间	奖项名称	颁发单位	提交单位
35		燃气管道泄漏故障诊断技术研究与应用	2017 年 2 月	天津市科学技术进步三等奖	天津市人民政府	天津能源
36		研制快速切换的应急调压供气装置	2019 年 11 月	2019 年广东省南粤之星优秀质量管理小组金奖称号	广东省质量协会	佛燃能源
37	管网运营	研发燃气管道形变监测新装置	2017 年 8 月	2017 年第十七届全国 QC 小组成果发表会一等奖、第二届全国质量创新大赛一等奖	中国质量协会《中国质量》杂志社	佛燃能源
38		研制快速切换的应急调压供气装置	2019 年 4 月	2019 佛山市"汇盈杯"QC 成果发表会优胜奖	佛山市质量管理协会	佛燃能源
39	输差控制	油气集输工艺分析平台	2019 年	2019 年陕西省科技工作者创新创业大赛 铜奖	陕西省科协、省发展改革委、省教育厅、省科技厅	陕西燃气
40		一种泵卸车运 LNG 残液回收技术	2019 年	2019 年陕西省科技工作者创新创业大赛 铜奖	陕西省科协、省发展改革委、省教育厅、省科技厅	陕西燃气
41		市政管网防灾减灾关键技术研究与应用	2018 年	北京市科学技术进步奖 三等奖	北京市人民政府	北京燃气
42	安全与应急	特大城市燃气管网风险监测与管控关键技术研究及应用	2019 年	北京市科学技术进步奖 二等奖	北京市人民政府	北京燃气
43		特大城市燃气管网风险监测与防范关键技术研究及应用	2019 年	第一届全国安全科技进步奖 一等奖	中国安全生产协会	北京燃气
44		智能微声传感技术应用	2016 年	中国人工智能学会吴文俊人工智能科学技术奖 二等奖	中国人工智能学会	北京燃气
45	智慧管网	城市燃气安全预警与智能化关键技术研究与应用	2018 年	北京市科学技术奖 二等奖	北京市人民政府	北京燃气

序号	领域	获奖项目名称	获奖时间	奖项名称	颁发单位	提交单位
46	智慧管网	基于北斗精准时空信息的市政管网风险管控关键技术与应用	2018年	华夏建设科学技术奖 三等奖	华夏建设科学技术奖励委员会	北京燃气
47		面向市政管网的高静准、全空间北斗关键技术及应用	2020年	卫星导航定位科技进步奖 一等奖	中国卫星导航定位协会	北京燃气
48		燃气调压设施加速失效测试技术与评价方法	2017年2月	天津市科技进步奖 三等奖	天津市人民政府	中国市政华北院
49		《城镇燃气调压器》GB 27790—2011	2018年	标准科技创新奖 三等奖	中国工程建设标准化协会	中国市政华北院
50		燃气调压设施加速失效测试技术及评价方法	2015年	科技进步奖 一等奖	中国建设科技集团股份有限公司	中国市政华北院
51	燃气应用安全技术	燃气调压设施加速失效技术应用研究	2016年	科学技术进步奖 三等奖	中国建设科技集团股份有限公司	中国市政华北院
52		燃气用具和设备检测升级关键技术研究（二）	2017年	科学技术进步奖 三等奖	中国建设科技集团股份有限公司	中国市政华北院
53		《燃气过滤器》GB/T 36051—2018	2019年	标准创新奖 三等奖	中国建设科技集团股份有限公司	中国市政华北院
54		《瓶装液化石油气调压器》GB 35844—2018	2019年	标准创新奖 二等奖	中国建设科技集团股份有限公司	中国市政华北院
55	燃气应用信息化技术	基于物联网技术智慧燃气大数据平台	2018年	中国城市燃气协会青年论文大赛 二等奖	中国城市燃气协会	成都燃气
56		管道完整性管理系统	2019年	中燃控股发展论坛论文大赛 二等奖	中国城市燃气协会	成都燃气
57		港华管理信息系统（TMS）	2016年1月	2015中国最佳信息化项目奖	《IT经理世界》、《新金融世界》、CIO. e 行网《计算机世界》	港华燃气

序号	领域	获奖项目名称	获奖时间	奖项名称	颁发单位	提交单位
58	燃气应用信息化技术	新型城市燃气客户服务云平台的创建与实践	2015年11月	广东企业管理现代化创新成果二等奖	广东省人力资源和社会保障厅、广东省总工会	深圳燃气
59		创新互联网+燃气移动作业平台	2017年1月	中国能源企业信息化管理创新奖	中国信息协会	深圳燃气
60		互联网+智慧燃气助推传统燃气行业转型升级	2017年7月	首届全国优质服务大赛 一等奖	中国质量协会	深圳燃气
61		实施城市燃气行业智慧服务解决方案	2018年1月	2018年全国质量标杆	中国质量协会	深圳燃气
62		工程移动平台和客服服务协作	2018年1月	2017中国能源企业信息化卓越成就奖	中国信息协会	深圳燃气
63		步入智慧燃气新时代构建能源企业新安全	2018年8月	2018中国能源企业信息化管理创新奖	中国信息协会	深圳燃气
64		城市燃气管网信息数据发布中心管理系统	2017年5月	集团内部技术发明奖	新奥能源控股有限公司	新奥
65		基于物联网技术的光电直读无线智能远传预付费系统产业化项目	2015年	四川省专利 三等奖	四川省人民政府	成都燃气
66	居民用气	扩频无线燃气表	2016年	成都市科技进步 二等奖	成都市人民政府	成都燃气
67		城市公用事业智能化高精传感器技术国家地方联合工程实验室项目	2019年	2019年成都市地方名优产品推荐目录	成都市扶持名优产品领导小组办公室	成都燃气
68		超声波智能燃气表	2020年	成都市"首版次"软件产品	成都市经信局	成都燃气
69		研制燃气表新阻水装置	2018年7月	2018年第十八届全国QC小组成果发表奖 二等奖	《中国质量》杂志社	佛燃能源
70	工业用气	燃气流量计新型测温装置	2018年7月	第十八届全国QC小组成果发表奖 一等奖	中国质量协会	佛燃能源
71	燃气应用节能减排技术	确定燃气具燃烧特性区间的测试实验装置	2016年1月	华夏建设科学技术 三等奖	华夏建设科学技术奖励委员会	中国市政华北院
72		燃气技术标准建设(一)《商用厨房燃具》标准研究	2016年	科学技术进步奖 三等奖	中国建设科技集团股份有限公司	中国市政华北院

序号	领域	获奖项目名称	获奖时间	奖项名称	颁发单位	提交单位
73	燃气应用节能减排技术	《商用燃气燃烧器具》GB 35848—2018	2019年	标准创新奖 三等奖	中国建设科技集团股份有限公司	中国市政华北院
74		《燃气燃烧器具质量检验与等级评定》GB/T 36503—2018	2019年	标准创新奖 三等奖	中国建设科技集团股份有限公司	中国市政华北院
75		《燃气燃烧器具实验室技术通则》CJ/T 479—2015	2019年	标准创新奖 三等奖	中国建设科技集团股份有限公司	中国市政华北院
76		《家用和小型餐饮厨房用燃气报警器及传感器》GB/T 34004—2017	2019年	标准创新奖 三等奖	中国建设科技集团股份有限公司	中国市政华北院
77	多能耦合技术	山地城镇清洁能源供暖供冷关键技术与应用	2020年9月	重庆市2019年度科技进步 二等奖	重庆市人民政府	重庆大学
78	综合	智能远传表互联互通及智能管控平台应用研究	2018年5月	河南省市政公用业2018年优秀技术创新 二等奖	河南省市政公用业协会	华润燃气
79		城镇燃气智慧建设项目实践	2018年5月	河南省市政公用业2018年优秀技术创新 一等奖	河南省市政公用业协会	华润燃气
80		基于SCADA系统实现调压站的智能化调控	2018年5月	河南省市政公用业2018年优秀技术创新 一等奖	河南省市政公用业协会	华润燃气
81		基于SCADA系统实现调压站的智能化调控	2019年7月	第四届全国质量创新大赛 QIC-III 技术成果	中国质量协会	华润燃气
82		城镇燃气智慧建设项目实践	2018年5月	河南省市政公用业2018年优秀技术创新 一等奖	河南省市政公用业协会	华润燃气
83		天然气压差液化自动控制系统在城市调峰中的应用创新	2018年5月	河南省市政公用业2018年优秀技术创新 一等奖	河南省市政公用业协会	华润燃气
84		城市燃气高压规划管网输储调技术创新管理	2018年3月	天津市第二十四届企业管理现代化创新成果 一等奖	天津市企业管理现代化创新成果审定委员会	天津能源
85		150kW商用泛能机	2018年1月	2017年获得新奥技术发明 一等奖、2018年获得新奥科学技术进步鼓励奖	新奥能源控股有限公司	新奥集团

致谢

本书是中国城市燃气协会科学技术委员会（以下简称科技委）2020年工作成果。在中国城市燃气协会（以下简称协会）领导、协会各专业工作机构大力支持协助下，由科技委成员单位和行业内专家团队组成的编写组，于2019年5月正式启动，历时一年半编制完成。协会理事长刘贺明、执行理事长李雅兰、秘书长赵梅多次参与讨论，并协助安排调研，对报告给予了大力支持。

协会信息工作委员会、安全管理工作委员会、液化石油气委员会、分布式能源专业委员会、智能气网专业委员会、液化天然气专业委员会、标准工作委员会等专业委员会，以及科技委成员单位，提供调研数据近500条，覆盖24家企业，20家设计院和研究机构，以及13家高等院校。大家的共同努力，使得《报告》较为全面地总结了2015～2019年城镇燃气科技发展概况，较为详细地介绍了近五年来中国城镇燃气行业取得的主要技术进展，并对其中较为重要的科技成果进行了简要介绍。

作为行业内首份《报告》，我们希望能为政府、行业、企业出台相关政策、制定技术标准、确定研发方向提供借鉴。然而，2020年突发的新冠疫情，原定赴各企业实地走访调研的计划，最终只能以调查问卷形式开展。受限于统计口径差异和数据来源的局限性，缺点和不足在所难免，敬请谅解。竭诚欢迎各界读者和专家批评指正，提出宝贵改进意见。

感谢为《报告》编制提供帮助和支持的协会各专业委员会、科技委成员单位、行业内的专家学者和科技工作者。科技委的工作目标是引领中国燃气行业技术进步、促进行业可持续健康发展。希望本书的出版能抛砖引玉，带动更多企业和机构加入到此项工作中，促使《报告》进一步完善，为行业发展尽绵薄之力。

中国城市燃气协会科技委主任
北京市燃气集团有限责任公司副总经理、董事会秘书